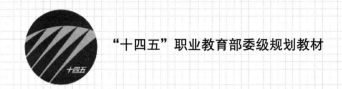

“十四五”职业教育部委级规划教材

纺织品检测技术

吴惠英◎主　编
夏剑雨　徐超武　张　俊◎副主编

中国纺织出版社有限公司

内 容 提 要

本书立足企业生产实际和岗位真实需求，以纺织品检测流程为主线，选取典型纺织品讲解检测任务实施过程，系统介绍了常见纺织服装产品的技术要求及相应的性能检测标准和检测方法。全书采用“项目→任务”的模块化结构，将单个环节项目任务化，每个项目分为若干个子任务，每个学习任务都与纺织品检测流程不同环节的工作任务紧密联系，便于学习者逐步掌握纺织品检测知识要点，有很强的实用性和可操作性。

本书可作为高职高专院校纺织品检验、贸易及相关专业的教材，也可作为纺织品检测人员的参考书。

图书在版编目（CIP）数据

纺织品检测技术/吴惠英主编；夏剑雨，徐超武，张俊副主编．--北京：中国纺织出版社有限公司，2023.7

“十四五”职业教育部委级规划教材

ISBN 978-7-5229-0258-6

Ⅰ.①纺…　Ⅱ.①吴…②夏…③徐…④张…　Ⅲ.①纺织品—检测—高等职业教育—教材　Ⅳ.①TS107

中国版本图书馆 CIP 数据核字（2022）第 249076 号

责任编辑：孔会云　　特约编辑：陈彩虹　　责任校对：寇晨晨
责任印制：王艳丽

中国纺织出版社有限公司出版发行
地址：北京市朝阳区百子湾东里 A407 号楼　邮政编码：100124
销售电话：010—67004422　传真：010—87155801
http://www.c-textilep.com
中国纺织出版社天猫旗舰店
官方微博 http://weibo.com/2119887771
三河市宏盛印务有限公司印刷　各地新华书店经销
2023 年 7 月第 1 版第 1 次印刷
开本：787×1092　1/16　印张：14.75
字数：300 千字　定价：58.00 元

前言

纺织工业是我国的传统支柱产业和具有明显国际竞争优势的产业，关系到我国的国计民生，也是新时代背景下打造的科技、绿色、时尚产业，出口导向型发展战略使我国的纺织业出口贸易得到快速发展。

21 世纪初，我国加入世界贸易组织，使我国的现代纺织品检测行业得到了前所未有的机遇。与此同时，纺织品行业面临着更大的市场挑战，只有不断提高产品质量，才能在竞争激烈的国际市场中立于不败之地。在纺织品行业和市场大环境下，纺织品检测是非常重要的一个环节，决定了纺织企业生产的产品能否被消费者所接受。“十四五”时期是纺织服装检测产业由大变强、力争使中国制造和中国服务成为高质量的标志、建设纺织检测强国的重要时期，为适应高质量、高效率现代化经济体系建设的需要，未来要把提高供给体系质量作为主攻方向，而纺织品检测是助推纺织行业高质量发展的驱动器，为纺织行业高质量发展提供了技术支撑。

为了更好地拓展高职院校纺织品检验与贸易、现代纺织技术、染整技术及高端纺织产业链企业相关人员的职业技能及专业知识，我们编写了《纺织品检测技术》一书，以期更好地帮助学生和纺织品检测从业人员胜任纺织品检测工作，继而积极推进我国纺织品检测行业的发展，提高我国纺织品在国际上的竞争力。纺织品检测人员的检测能力和水平对检测结果的准确性、检测成本的控制都有重要影响。因此，加强纺织品检测人员对检测流程、检测标准、检测方法、结果分析等的学习和应用，能够使检测人员胜任纺织品检测工作岗位的要求。

本书由苏州经贸职业技术学院的吴惠英主编并统稿。项目一由苏州经贸职业技术学院的吴惠英、李沛赢和江苏盛虹纺织品检测中心有限公司的周强共同编写；项目二由苏州经贸职业技术学院的吴惠英、夏剑雨共同编写；项目三由苏州经贸职业技术学院的吴惠英、通标标准技术服务有限公司苏州分公司的刘尚楠共同编写；项目四由苏州经贸职业技术学院的张俊、陶然和江苏盛虹纺织品检测中心有限公司的俞月莉共同编写；项目五由苏州经贸职业技术学院的徐超武、张俊共同编写。

书中的案例均来源于企业，本书的编写得到了苏州市高端纺织产教融合联合体各大企业的大力支持，尤其感谢盛虹集团有限公司、江苏盛虹纺织品检测中心有限公司、苏州市晨煊纺织科技有限公司，在此表示真诚的谢意。

由于编者水平所限，书中的不足之处在所难免，不妥之处，敬请广大专家及读者批评指正。

编者

2022 年 10 月

目录

【知识导图】

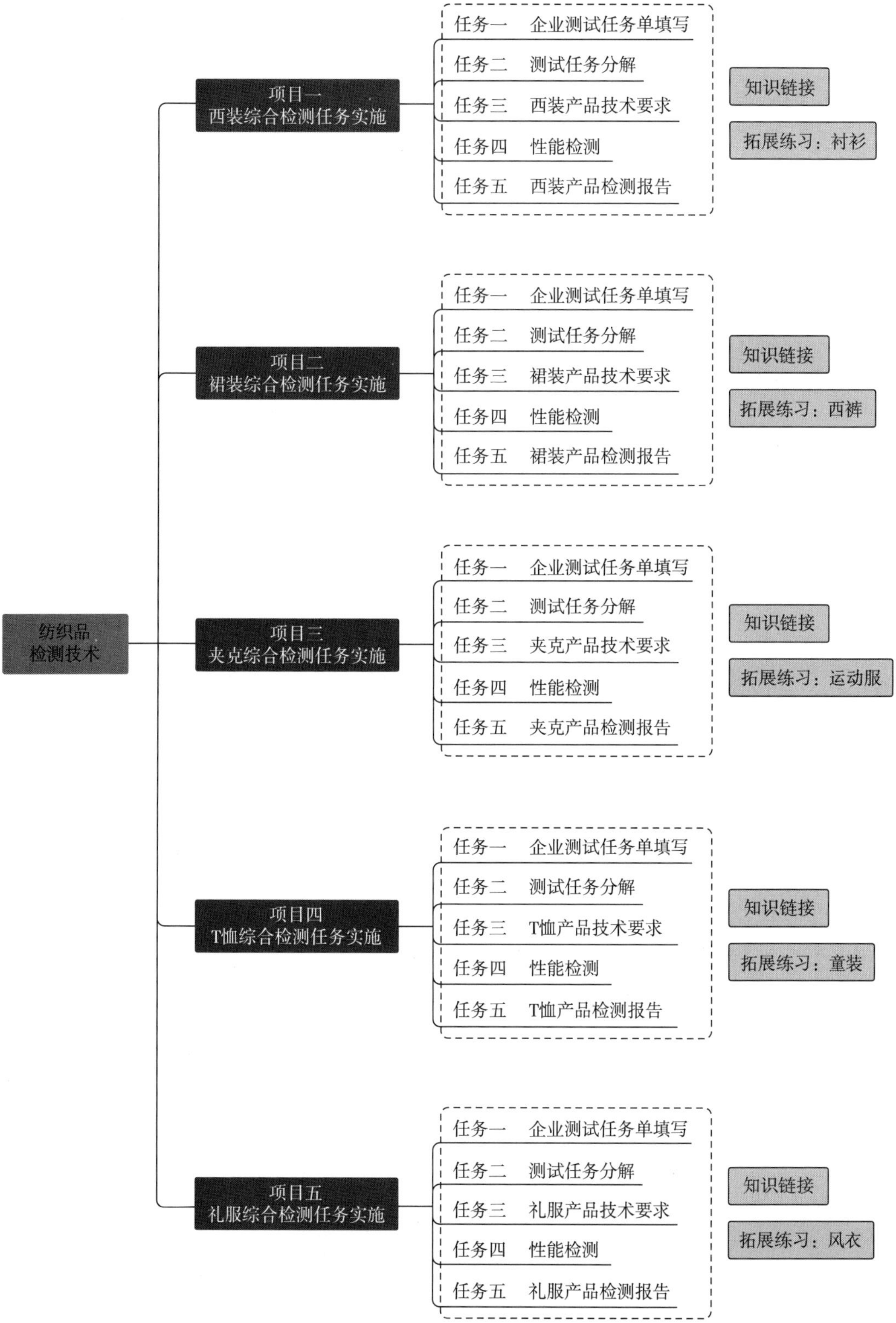
纺织品检测技术
项目一 西装综合检测任务实施
任务一 企业测试任务单填写
任务二 测试任务分解
任务三 西装产品技术要求
任务四 性能检测
任务五 西装产品检测报告
知识链接
拓展练习：衬衫
项目二 裙装综合检测任务实施
任务一 企业测试任务单填写
任务二 测试任务分解
任务三 裙装产品技术要求
任务四 性能检测
任务五 裙装产品检测报告
知识链接
拓展练习：西裤
项目三 夹克综合检测任务实施
任务一 企业测试任务单填写
任务二 测试任务分解
任务三 夹克产品技术要求
任务四 性能检测
任务五 夹克产品检测报告
知识链接
拓展练习：运动服
项目四 T恤综合检测任务实施
任务一 企业测试任务单填写
任务二 测试任务分解
任务三 T恤产品技术要求
任务四 性能检测
任务五 T恤产品检测报告
知识链接
拓展练习：童装
项目五 礼服综合检测任务实施
任务一 企业测试任务单填写
任务二 测试任务分解
任务三 礼服产品技术要求
任务四 性能检测
任务五 礼服产品检测报告
知识链接
拓展练习：风衣

项目一 西装综合检测任务实施

【项目导入】

江苏盛虹纺织品检测中心有限公司与客户苏州市晨煊纺织科技有限公司签订合同，针对客户提供的西装进行性能检测，对其产品质量给出评价。检测公司在接到该订单后，为了更加准确有效地完成合同，将不同性能检测任务分发给各部门，最终汇总形成一份完整的西装产品检测报告。

【课程思政目标】

（1）通过对盛虹集团有限公司及江苏盛虹纺织品检测中心有限公司的介绍，使学生认识到中国企业在世界的影响力，培养学生的爱国情怀。

（2）通过企业的纺织品检测案例，培养学生的工匠精神、劳模精神。

【学习目标】

（1）根据客户要求进行任务分解。

（2）运用纺织品检测知识，熟练掌握西装产品的相关检测。

（3）对测试结果能够进行正确表达和评价。

（4）具备分析影响测试结果准确性的能力。

【能力目标】

（1）具备西装产品综合检测能力。

（2）检测标准的选择和应用。

【素养目标】

（1）培养学生具有良好的职业道德和职业素养。

（2）培养学生的团队合作精神和创新精神。

【知识点】

西装产品的技术要求、检测任务实施、报告编写等。

【技能点】

（1）测试标准的选择与解读。

（2）检测方法的学习和使用。

（3）样品的制备、测试、数据分析。

（4）测试报告的填写。

任务一　企业测试任务单填写

江苏盛虹纺织品检测中心有限公司

TEXTILE TESTING APPLICATION（纺织品测试申请表）

SHWS-4.1-2-01　Form No.（编号）SH-WS 4042719

Invoice Information（开票信息）：________________

Applicant Name（申请公司名称）：________________

Address（地址）：________________

Contact Person（联系人）：________　Telephone（电话）：________　Fax（传真）：________

Buyer（买家）：________　Order No.（订单号）：________　Style（款号）：________

Sample Description（样品描述）：________________

Brand Standard（品牌标准）：☐ Marks & Spencer　☐李宁　☐安踏　☐美邦　☐森马　☐以纯　☐利郎　☐其他____

Requirement Grade（要求等级）：☐优等品　☐一等品　☐合格品

Standards/Methods Used（采用标准/方法）：☐ ISO　☐ AATCC/ASTM　☐ JIS　☐ JB　☐ FZ/T　☐ Other ____

Sample No.（样品编号）：________　Sample Quantity（样品数量）：________

Test Required（测试项目）：________

Dimensional Stability/尺寸稳定性	Method/方法	Physical/物理性能	Method/方法
☑ Washing/水洗	________	☐ Tensile Strength/断裂程度	________
☑ Dry Heat/干热	________	☑ Tear Strength/撕裂程度	________
☐ Steam/汽蒸	________	☐ Seam Slippage/接缝滑落	________
Colour Fastness/色牢度		☐ Seam Strength/接缝强度	________
☑ Washing/水洗	________	☐ Bursting Strength/顶破/胀破程度	________
☐ Dry-cleaning/干洗	________	☐ Pilling Resistance/起毛起球	________
☑ Rubbing/摩擦	________	☐ Abrasion Resistance/耐磨性	________
☐ Light/光照	________	☐ Yarn Count/纱线密度	________
☐ Perspiration/汗渍	________	☐ Fabric weight/织物克重	________
☐ Water/水渍	________	☐ Threads Per Unit Length/织物密度	________
☐ Chlorinated Water/氯化水	________	☐ Flammability/燃烧性能	________
☐ Chlorine Bleach/氯漂	________	☐ Washing Appearance/洗后外观	________
☐ Non-Chlorine Bleach/非氯漂	________	☐ Down Proof/防沾绒	________
Functional/功能性		Chemical/化学性能	
☐ Spray Rating/泼水	________	☐ Fibre Content/成分分析	________
☐ Rain Test/雨淋	________	☑ pH Value/pH 值	________
☐ Hydrostatic Pressure Test/静水压	________	☑ Formaldehyde Content/甲醛	________
☐ Air Permeability/透气性	________	☐ Azo Test/偶氮染料	________
☐ Water Vapour Permeability/透湿性	________	☐ Heavy Metal/重金属	________
☐ Ultraviolet/抗紫外线	________	☐国家纺织产品基本安全技术规范	GB 18401—2010
☐ Chromaticity/荧光度	________	Other Testing（其他）防静电，耐熨烫色牢度	

Working Days（工作日）______天　报告传递方式：☐自取　☐邮寄　☐短信　☐邮件

Return Remained Sample（剩余样品是否归还）：☐ Yes（是）　☐ No（否）　Expense（费用）：________

Report（报告）：☐ Chinese Report（中文报告）　☐ English Report（英文报告）

Authorized Signature（申请人签名）：________　Date（日期）：________

Received Signature（接收人签名）：________　Date（日期）：________

吴江盛泽镇西二环路 1188 号　邮政编码：215228　No. 1188Xierhuan Road, Shengze, Wujiang　Post Code：215228

Tel：+86-0512-63525197　Fax：+86-0512-63525390　E-mail：jczx@shgroup.cn

任务二　测试任务分解

实验室接收到客户的检测委托单后，会经过样品接单、任务分解（图 1-1）、样品准备、样品测试、原始记录汇总、报告编制、发送客户七个步骤。纺织品检测流程如图 1-2 所示。

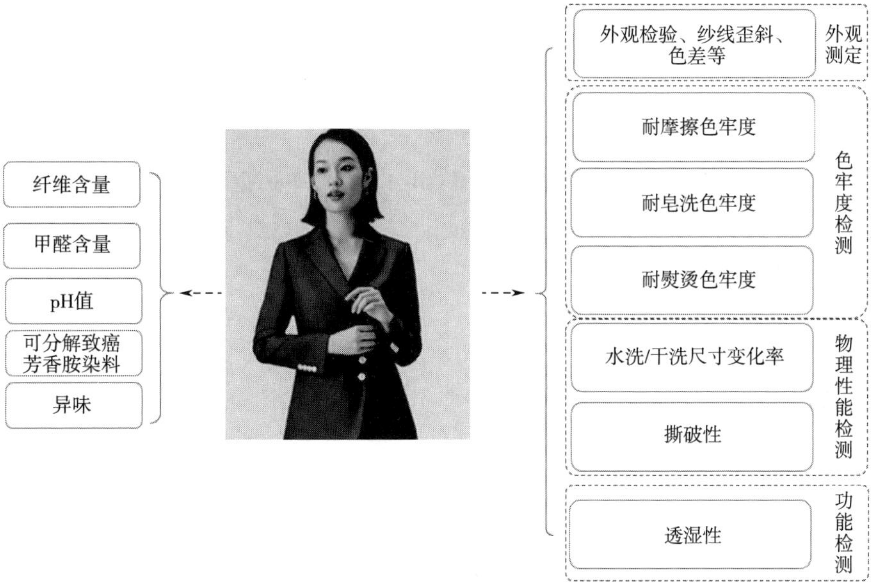

图 1-1　西装产品测试任务分解

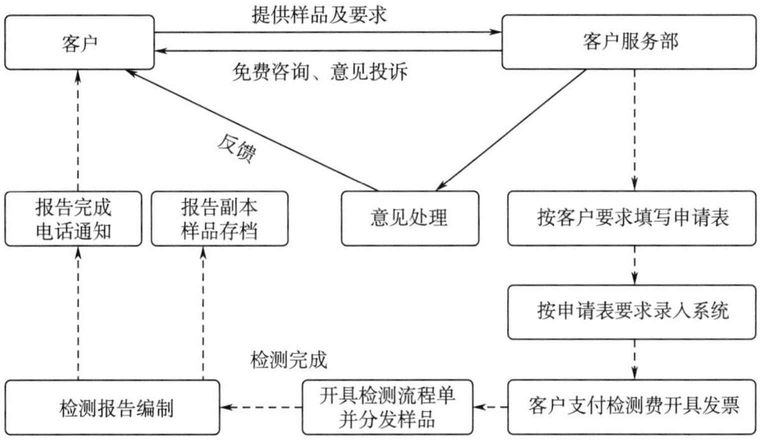

图 1-2　纺织品检测流程

任务三　西装产品技术要求

依据国家针对女西装的检测标准进行技术要求分析，标准为 GB/T 2665—2017《女西服、大衣/Women's suits and coats》。

一、使用说明

成品使用说明按 GB/T 5296.4—2012 和 GB 31701—2015 的规定。

二、号型规格

（1）号型设置按 GB/T 1335.2—2008 和 GB/T 1335.3—2009 的规定。

（2）主要部位规格按 GB/T 1335.2—2008、GB/T 1335.3—2009 和 GB/T 14304—2019 中的有关规定自行设计。

三、原材料

1. 面料

采用符合本标准相关质量要求的面料。

2. 里料

采用与所用面料相适应并符合本标准相关质量要求的里料。

3. 辅料

（1）衬布、垫肩、装饰花边、袋布。采用与所用面料、里料的性能相适应的衬布、垫肩、装饰花边、袋布，其质量应符合本标准相关规定。

（2）缝线、绳带、松紧带。采用与所用面料、里料、辅料的性能相适应的缝线、绳带、松紧带（装饰线、装饰带除外）。

（3）纽扣、拉链及其他附件。采用适合所用面料的纽扣（装饰扣除外）、拉链及其他附件。纽扣、装饰扣，拉链及其他附件应表面光洁、无毛刺、无缺损、无残疵、无可触及锐利尖端和锐利边缘。拉链啮合良好、顺滑流畅。

注：可触及锐利尖端和锐利边缘是指在正常穿着条件下，成品上可能对人体皮肤造成伤害的锐利尖端和边缘。

四、经纬纱向

面料经纬纱向按表 1-1 规定。

表 1-1　经纬纱向　　单位：cm

部位名称	纱向规定
前身	经纱以领口宽线为准，不允许歪斜；底边不倒翘
后身	经纱以腰节下背中线为准，西服歪斜不大于 0.5，大衣歪斜不大于 1.0；色织条格料不允许歪斜
袖子	经纱以前袖缝直线为准，大袖片歪斜不大于 1.0，小袖片歪斜不大于 1.5（特殊工艺除外）
领面	纬纱歪斜不大于 0/5，色织条格料不允许歪斜
袋盖	与大身纱向一致，斜料左右对称
挂面	经纱以止口直线为准，不允许歪斜

五、色差

（1）袖缝、摆缝色差不低于 4 级，其他表面部位高于 4 级，衬布影响造成的色差不低于 4 级（特殊设计除外）。

（2）套装中上装与下装的色差不低于 4 级。

六、外观疵点

成品各部位疵点允许存在程度按表 1-2 规定。成品各部位划分如图 1-3 所示。优等品前领面及驳头不允许出现疵点，其他部位只允许一种允许存在程度内的疵点。未列入本标准的疵点按其形态，参照表 1-2 中相似疵点规定。

表 1-2　成品各部位疵点允许存在程度

疵点名称	各部位疵点允许存在程度		
	1 号部位	2 号部位	3 号部位
纱疵	不允许	轻微，总长度 1.0cm 或总面积 0.3cm^2 以下；明显不允许	轻微，总长度 1.5cm 或总面积 0.5cm^2 以下；明显不允许
毛粒	1 个	3 个	5 个
条印、折痕	不允许	轻微，总长度 1.5cm 或总面积 1.0cm^2 以下；明显不允许	轻微，总长度 1.5cm 或总面积 1.0cm^2 以下；明显不允许
斑疵（油污、锈斑、色斑、水渍等）	不允许	轻微，总面积 0.3cm^2 以下；明显不允许	轻微，总面积 0.5cm^2 以下；明显不允许
破洞、磨损、蛛网	不允许	不允许	不允许

注　疵点程度描述：

轻微：疵点在直观上不明显，通过仔细辨认才可看出。

明显：不影响总体效果，但能明显感觉到疵点的存在。

图 1-3　成品各部位划分图

七、缝制

（1）针距密度按表 1-3 规定，特殊设计除外。

表 1-3　针距密度

项目		针距密度	备注
明暗线		不少于 11 针/3cm	—
包缝线		不少于 11 针/3cm	—
手工针		不少于 7 针/3cm	肩缝、袖窿、领子不低于 9 针/3cm
手拱止口/机拱止口		不少于 5 针/3cm	—
三角针		不少于 5 针/3cm	以单面计算
锁眼	细线	不少于 12 针/1cm	—
	粗线	不少于 9 针/1cm	—

注　细线指 20tex 及以下缝纫线，粗线指 20tex 以上缝纫线。

（2）各部位缝制线路顺直，整齐、牢固。主要表面部位缝制皱缩按男西服外观起皱样照规定，不低于 4 级。

（3）缝份宽度不小于 0.8cm（开袋、领止口、门襟止口缝份等除外）。滚条、压条要平服，宽窄一致。起落针处应有回针。

（4）上下线松紧适宜，无跳线、断线、脱线、连根线头。底线不得外露。各部位明线和链式线迹不允许跳针，明线不允许接线，其他缝纫线迹 30cm 内不得有连续跳针或一处以上单跳针。

（5）领面平服，松紧适宜，领窝圆顺，左右领尖不翘。驳头串口、驳口顺直，左右驳头宽窄，领嘴大小对称，领翘适宜。

（6）绱袖圆顺，吃势均匀，两袖前后、长短一致。

（7）前身胸部挺括、对称，面、里、衬服贴，省道顺直。

（8）左右袋及袋盖高，低、前、后对称，袋盖与袋口宽相适应，袋盖与大身的花纹一致（若使用斜料，则应左右对称）。袋布及其垫料应采取折光边或包缝等工艺，以保证边缘纱线不滑脱。袋口两端牢固，可采用套结机或平缝机（暗线）回针。

(9) 后背平服。

(10) 肩部平服，表面没有褶，肩缝顺直，左右对称。

(11) 袖窿、袖缝、底边、袖口、挂面里口、大衣摆缝等部位叠针牢固。

(12) 锁眼定位准确，大小适宜，扣与眼对位，整齐牢固。纽脚高低适宜，线结不外露。

(13) 商标和耐久性标签位置端正、平服。

八、规格尺寸允许偏差

成品主要部位规格尺寸允许偏差按表 1-4 规定。

表 1-4　规格尺寸允许偏差　　单位：cm

部位名称		规格尺寸允许偏差
领大		±0.6
总肩宽		±0.6
胸围		±2.0
衣长	西服	±1.0
	大衣	±1.5
袖长	圆袖	±0.7
	连肩袖	±1.2

九、整烫

(1) 各部位熨烫平服、整洁，无烫黄、水渍及亮光。

(2) 覆黏合衬部位不允许有脱胶，渗胶、起皱及起泡，各部位表面不允许有沾胶。

十、理化性能

成品理化性能按表 1-5 规定，其中，3 岁以上至 14 岁儿童穿着服装的安全性能还应同时符合 GB 31701—2015 的规定。

表 1-5　成品理化性能

项目		分等要求		
		优等品	一等品	合格品
覆黏合衬部位剥离强力/N		6		
面料起毛起球/级　≥	精梳（绒面）	3-4	3	3
	精梳（光面）	4	3-4	3-4
	粗梳	3-4	3	3

续表

项目		分等要求		
		优等品	一等品	合格品
接缝性能	精梳面料	缝子纰裂程度≤0.6cm		
	粗梳面料	缝子纰裂程度≤0.7cm		
	里料	缝子纰裂程度≤0.6cm		
面料撕破强力/N ≥		10		
洗涤后外观	干洗后起皱差/级	>4	≥4	≥3
	其他	样品经洗涤（包括水洗、干洗）后应符合 GB/T 21295—2014 表 13 中外观质量规定		

注 按 GB/T 4841.3—2006 规定，颜色深于 1/12 染料染色标准深度为深色，颜色不深于 1/12 染料染色标准深度为浅色。

1. 水洗尺寸变化率、耐皂洗色牢度、耐湿摩擦色牢度和水洗后外观不考核使用说明注明不可水洗产品；干洗尺寸变化率、耐干洗色牢度和干洗后外观不考虑使用说明不可干洗产品。
2. 仅参考领子和大身部位。粗梳面料不考虑非织造布黏合衬如在剥离强力试验中无法剥离，则不考虑此项目。
3. 袖窿缝不考虑里料。劈裂试验结果出现纱线滑落、织物撕裂或缝线断裂现象判定接缝性能不符合要求。

任务四　性能检测

知识点一　西装外观检测

西装外观检测

课程讲解

一、外观检验

外观检验一般采用灯光照明，照度不低于 600lx，有条件时也可采用北空光照明。

二、纱线歪斜程度

纱线歪斜程度测定按 GB/T 14801—2009 规定。

三、色差确定

测定色差程度时，被测部位必须与纱向一致，采用北空光照射，或用 600lx 及以上的等效光源。入射光与被测物约成 45°，观察方向与被测物大致垂直，距离 60cm 目测，与 GB/T 250—2008 样卡对比。

四、外观疵点

外观疵点允许存在程度测定时，距离 60cm 目测，并与男女毛呢服装外观疵点样照对比，必要时采用钢卷尺或直尺进行测量。

五、缝制

缝制按规定，成品宜穿着在胸架（或人体模型）上进行检验。针距密度在成品缝纫线迹上任取 3cm 测量（厚薄部位除外）。

（1）针距密度按表 1-6 规定，特殊设计除外。

表 1-6 针距密度

项目		针距密度	备注
明暗线		不少于 11 针/3cm	—
包缝线		不少于 11 针/3cm	—
手工针		不少于 7 针/3cm	肩缝、袖窿、领子不低于不 9 针/3cm
手拱止口/机拱止口		不少于 5 针/3cm	—
三角针		不少于 5 针/3cm	以单面计算
锁眼	细线	不少于 12 针/1cm	—
	粗线	不少于 9 针/1cm	—

注 细线指 20tex 及以下缝纫线；粗线指 20tex 以上缝纫线。

（2）各部位缝制线路顺直，整齐、牢固。主要表面部位缝制皱缩按男西服外观起皱样照规定，不低于 4 级。

（3）缝份宽度不小于 0. 8cm（开袋、领止口、门襟止口缝份等除外）。滚条、压条要平服，宽窄一致。起落针处应有回针。

（4）上下线松紧适宜，无跳线、断线、脱线、连根线头。底线不得外露。各部位明线和链式线迹不允许跳针，明线不允许接线，其他缝纫线迹 30cm 内不得有连续跳针或一处以上单跳针。

（5）领面平服，松紧适宜，领窝圆顺，左右领尖不翘。驳头串口、驳口顺直，左右驳头宽窄，领嘴大小对称，领翘适宜。

（6）绱袖圆顺，吃势均匀，两袖前后、长短一致。

（7）前身胸部挺括、对称，面、里、衬服贴，省道顺直。

（8）左右袋及袋盖高，低、前、后对称，袋盖与袋口宽相适应，袋盖与大身的花纹一致（若使用斜料，则应左右对称）。袋布及其垫料应采取折光边或包缝等工艺，以保证边缘纱线不滑脱。袋口两端牢固，可采用套结机或平缝机（暗线）回针。

（9）后背平服。

（10）肩部平服，表面没有褶，肩缝顺直，左右对称。

（11）袖窿、袖缝、底边、袖口、挂面里口、大衣摆缝等部位叠针牢固。

（12）锁眼定位准确，大小适宜，扣与眼对位，整齐牢固。纽脚高低适宜，线结不外露。

（13）商标和耐久性标签位置端正、平服。

知识点二　纺织品耐摩擦色牢度检测

纺织品耐摩擦色牢度
课程讲解

一、基本知识

耐摩擦色牢度也称为摩擦色牢度。根据引起褪色的摩擦条件不同，摩擦色牢度又分为干摩擦色牢度和湿摩擦色牢度。干摩擦褪色的机理主要是摩擦力引起织物或服装上染料的脱落；湿摩擦褪色的机理除了摩擦力的作用外，摩擦色牢度的高低与染色工艺质量及染料品种密切相关。一般浮色越多，牢度越差；染料与纤维间结合力越弱，牢度越差。一般不溶性染料（如还原染料、硫化染料）的摩擦色牢度较差。摩擦色牢度试验主要是用机械往复摩擦来检验有色织物表面上附着染料的耐磨性。干摩擦色牢度是用干的摩擦布来摩擦干试样布，湿摩擦色牢度是用规定含水率的湿摩擦布来摩擦干试样布。

二、技术依据与基本原理

1. 主要技术依据

GB/T 3920—2008《纺织品　色牢度试验　耐摩擦色牢度》。

2. 基本原理

将试样分别与一块干摩擦布和一块湿摩擦布摩擦，评定摩擦布沾色程度。

耐摩擦色牢度测试仪可通过两个可选尺寸的摩擦头，提供了用于绒类织物和用于单色织物或大面积印花织物两种组合试验条件。耐摩擦色牢度测试仪可通过两个可选尺寸的摩擦头，提供了用于绒类织物和用于单色织物或大面积印花织物两种组合试验条件。

三、试样准备

（1）按取样要求准备试验样品（见知识链接一）。

（2）当被测试样是织物或地毯时，需准备两组尺寸不小于 50mm×140mm 的试样，以分别用于干摩擦试验和湿摩擦试验。每组各两块试样，其中一块试样的长度方向平行于经纱（或纵向），另一块试样的长度方向平行于纬纱（或横向）。若要求更高精度的测试结果，则可额外增加试样数量。

当测试有多种颜色的纺织品时，应细心选择试样的位置，使所有颜色都被摩擦到。若印花布各种颜色的面积足够大时，对单个颜色分别评定；若颜色面积小且聚集在一起时，可参照标准，也可选用 ISO 105-X16 中配有旋转式装置的测试仪进行试验。

四、样品测试

（1）摩擦色牢度测试仪型号较多，如 Y571 系列摩擦色牢度测试仪（图 1-4）、M304 型纺织品耐摩擦色牢度测试仪、HD571 型摩擦色牢度测试仪及 PK-246 系列摩擦色牢度测试仪等。

摩擦色牢度测试仪具有两种可选尺寸的摩擦头做往复直线摩擦运动。

①用于绒类织物（包括纺织地毯）：长方形摩擦表面的摩擦头尺寸为 19mm×25.4mm，摩擦头施以向下的压力为（9±0.2）N，直线往复动程为（104±3）mm。

②用于其他纺织品：摩擦头由一个直径为（16±0.1）mm 的圆柱体构成，施以向下的压力为（9±0.2）N，直线往复动程为（104±3）mm。

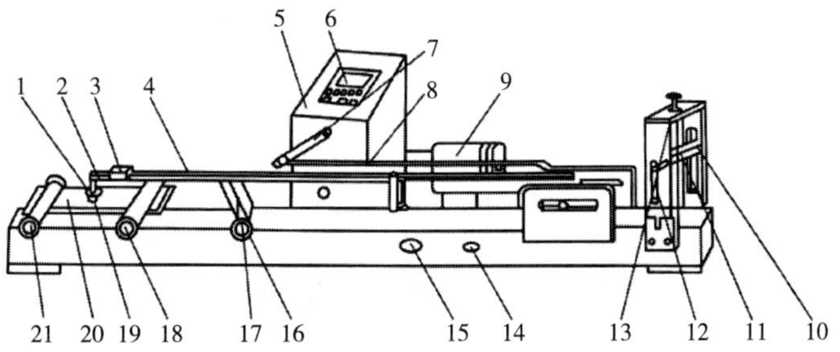

图 1-4　Y571 系列耐摩擦色牢度测试仪示意图

1—套圈　2—摩擦头球头螺母　3—重块　4—往复扁铁　5—减速箱　6—计数器　7—曲轴　8—连杆　9—电动机　10—压轮　11—滚轮　12—摇手柄　13—压力调节螺钉　14—启动开关　15—电源开关　16—撑柱捏手　17—撑柱　18—右凸轮捏手　19—摩擦头　20—试样台　21—左凸轮捏手

（2）棉摩擦布，符合 GB/T 7568.2—2008 的规定。其可剪成（50±2）mm×（50±2）mm 的正方形，用于圆形摩擦头；也可剪成（25±2）mm×（100±2）mm 的长方形，用于长方形摩擦头。

（3）600 目氧化铝耐水细砂纸，或者不锈钢丝直径为 1mm，网孔宽约为 20mm 的金属网。其中，对纺织织物可优先选用 600 目氧化铝耐水细砂纸。

（4）评定沾色程度用灰卡，符合 GB/T 251—2008。

五、测试过程

在试验仪平台与试样之间，放置一块金属网或砂纸，以助于减小试样在摩擦过程中的移动。将试样正面向上平展于摩擦色牢度测试仪的试样台 20 上，使试样的长度方向与摩擦头的运行方向一致，用夹紧装置右凸轮捏手 18 和左凸轮捏手 21，将试样固定在试验仪平台上。

（1）干摩擦。

①将调湿后的摩擦布平放在如图 1-4 所示耐摩擦色牢度测试仪的摩擦头 19 上，以使摩

擦布的经向与摩擦头的运行方向一致，用套圈 1 固定，不能松动。然后，小心地将摩擦头放在试样上。

②按下启动电源 15 及启动按钮 14，摩擦头会自动在试样布上来回摩擦 10 次，往复动程为 100mm，时间为 10s。取下摩擦布，在 GB/T 6529—2008 规定的标准大气下调湿，并去除摩擦布上可能影响评级的任何多余纤维。

（2）湿摩擦。

①称量调湿后的摩擦布，将其完全浸入蒸馏水中，并且在完全浸湿后取出，使用轧液辊挤压（或其他适宜装置调节摩擦布的含水率）后，再称重，并计算含水量，以确保摩擦布的含水率达到 95%~100%。但是，当摩擦布的含水率可能严重影响评级时，可以采用其他含水率。比如，常采用的含水率为（65±5）%。

②重复上面干摩擦布的操作。

③湿摩擦结束后，将湿摩擦布在室温下自然晾干后评级。

六、原始记录汇总

根据测试方法的要求，完成原始记录汇总，见表 1-7。试验结果评定：

（1）评定时，在每个被评摩擦布的背面放置三层摩擦布。

（2）在适宜的光源下，用评定沾色用灰色样卡评定摩擦布的沾色级数。

表 1-7　耐摩擦色牢度原始记录单

耐摩擦色牢度　　江苏盛虹纺织品检测中心有限公司 Jiangsu Shenghong Textiles Testing Center Co.,LTD.

江苏盛虹纺织品检测中心有限公司　　SHWS-028-2019

检测标准：________　样品编号：________　抽样日期：________

干　　湿

结果：________　________

备注：

检测：________　审核：________　日期：________

共　页，第　页

小提示

（1）如有染色纤维被带出留在摩擦布上，必须用毛刷把它除掉。

（2）试验前应仔细检查摩擦头的摩擦面是否平滑。

（3）耐摩擦色牢度检测时，一般没特殊说明或要求者，均在试样正面进行。

知识点三　纺织品耐皂洗色牢度检测

一、基本知识

耐皂洗色牢度的褪色机理包括染料与纤维结合键的断裂作用、水和洗涤剂对织物上染料的溶解作用以及洗涤过程中的振荡、揉搓等机械作用三类。影响耐皂洗色牢度的因素包括染料与纤维结合键的强弱、染料本身的溶解性、洗涤的温度及洗液的 pH 值等。所以，不同的检测条件下，测试结果也是不同的。耐皂洗色牢度有五种检测方法，检测时可根据客户的要求等选用检测方法。

纺织品耐皂洗色牢度
课程讲解

二、技术依据与基本原理

1. **主要技术依据**

GB/T 3921—2008《纺织品　色牢度试验　耐皂洗色牢度》。

2. **基本原理**

纺织品试样与一块或两块规定的标准贴衬织物缝合在一起，置于皂液或肥皂和无水碳酸钠混合液中，在规定时间和温度条件下进行机械搅动，再清洗和干燥。以原样作为参照样，用灰色样卡或仪器评定试样变色程度和贴衬织物沾色程度。

三、仪器设备与用具

（1）耐皂洗色牢度测试仪。此测试仪的常用型号有 SW-4、SW-8 及 SW-12A 三种。其中，SW-12A 型耐皂洗色牢度测试仪的结构如图 1-5 所示，它由装有一根旋转轴杆的水浴锅构成。旋转轴呈放射形，支撑着多只容量为（550±50）mL 的不锈钢容器，且容器的直径为（75±5）mm，高为（125±10）mm，从轴中心到容器底部的距离为（45±10）mm，轴和容器的转速为（40±2）r/min，水浴温度由恒温器控制，使检测溶液保持在规定温度±2℃内。

（2）天平。精确至±0.01g。

（3）机械搅拌器。最小转速为 1000r/min，并确保容器内物质充分散开，防止沉淀。

（4）耐腐蚀的不锈钢珠。其直径为 6mm。

（5）加热皂液的装置。如加热板。

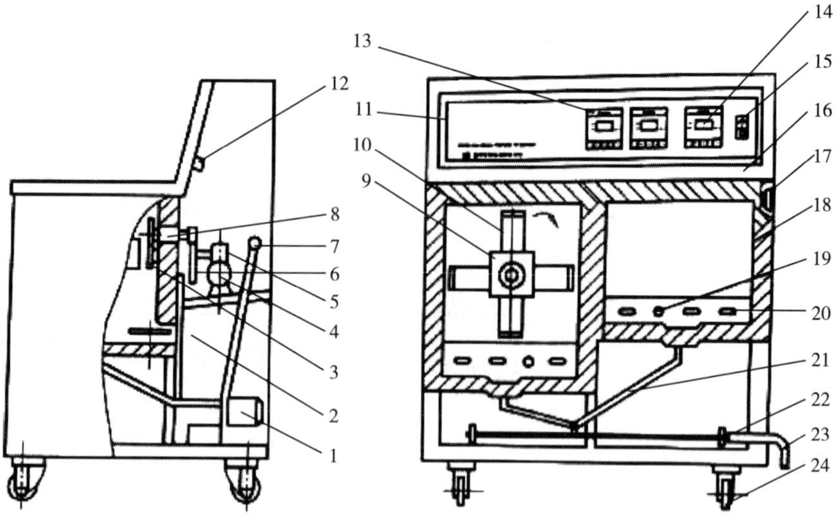

图 1-5　SW-12A 型耐皂洗色牢度测试仪的结构示意图

四、试验试剂与材料

（1）肥皂，成分含量按干质量计，含水率不超过 5%，并且还要使游离碱（以 Na_2CO_3 计）≤0. 3%，游离碱（以 NaOH 计）≤0. 1%，总脂肪物≥850g/kg，制备肥皂混合脂肪酸冻点≤30℃，碘值≤50，以及肥皂不应含荧光增白剂。

（2）无水碳酸钠（Na_2CO_3）。

（3）三级水，符合 GB/T 6682—2008。

（4）采用灰色样卡，用于评定变色和沾色的程度，符合 GB/T 250—2008 和 GB/T 251—2008；或者采用光谱测色仪，依据 GB/T 8424. 1—2001、FZ/T 01023—1993 和 FZ/T 01024—1993 评定变色和沾色。

（5）贴衬织物，具体可参考 GB/T 6151—2016。

①多纤维贴衬织物，符合 GB 11404，根据试验温度可选用含羊毛和醋纤的多纤维贴衬织物（用于 40℃和 50℃的试验，某些情况下也可用于 60℃的试验，需要在试验报告中注明），或者选用不含羊毛和醋纤的多纤维贴衬织物（用于某些 60℃的试验和所有 95℃的试验）。

②两块单纤维贴衬织物，符合 GB 7565、GB/T 7568、GB 11403、GB/T 13765—1992 及 ISO 105-F07：2001。第一块与试样的同类纤维制成，第二块由表 1-8 规定的纤维制成。如果试样为混纺或交织品，则第一块由试样中主要含量的纤维制成，第二块由试样中次要含量的纤维制成，或另作规定。

（6）一块染不上色的织物（如丙纶织物），以备不时之需。

表 1-8　单纤维贴衬织物

第一块	第二块贴衬织物	
	40℃和 50℃的试验	60℃和 95℃的试验
棉	羊毛	黏胶纤维
羊毛	棉	—
丝	棉	—
麻	羊毛	黏胶纤维
黏胶纤维	羊毛	棉
醋酯纤维	黏胶纤维	黏胶纤维
锦纶	羊毛或棉	棉
涤纶	羊毛或棉	棉
腈纶	羊毛或棉	棉

五、试样准备

织物：在试验前，应按下列方法之一来制备组合试样。

（1）取大小为 100mm×40mm 的试样一块，正面与一块大小为 100mm×40mm 多纤维贴衬织物相贴合，沿一短边缝合。

（2）取大小为 100mm×40mm 的试样一块，夹于两块 100mm×40mm 单纤维贴衬织物之间，沿一短边缝合。

六、试验步骤

（1）根据被测试样的纤维性质及客户要求，结合表 1-9 中的参数选定检测方法，并按照所采用的检测方法来制备皂液。这时，建议用搅拌器将肥皂充分地分散溶解在温度为(25±5)℃的三级水中，搅拌时间为（10±1）min。

表 1-9　检测条件

检测方法编号	温度/℃	时间/min	钢球数量	肥皂/(g/L)	碳酸钠/(g/L)
1	40	30	0	5	—
2	50	45	0	5	—
3	60	30	0	5	2
4	95	30	10	5	2
5	95	240	10	5	2

（2）将组合试样以及规定数量的不锈钢珠放在容器内，按照 1∶50 的浴比，预热至检测温度±2℃的需要量的皂液，盖上容器，立即依据规定的温度和时间进行操作，并开始计时。

注意其他检测所用洗涤剂和商业洗涤剂中的荧光增白剂，可能会沾污容器。如果在后来使用不含荧光增白剂的洗涤剂的检测中，使用这种沾污的容器，可能会影响到试样色牢度的级数，故宜将含荧光增白剂和不含荧光增白剂的检测所用容器区分开。

（3）洗涤结束后，取出组合试样，分别放在三级水中清洗两次，然后在流动水中冲洗至干净。

（4）用手挤去组合试样上过量的水分。如果需要，可保留一短边上的缝线，去除其余缝线，展开组合试样。

（5）将试样放在两张滤纸之间并挤压除去多余水分后，再将其悬挂在不超过 60℃的空气中干燥。

（6）用灰色样卡或仪器，对比原始试样，评定试样的变色程度和贴衬织物的沾色程度。

（7）当仪器内水浴温度升至规定时，切断电源。

七、原始记录汇总

根据测试方法的要求，完成原始记录汇总，见表 1-10。检测结果应记录检测所采用的标准编号；试样的详细描述；使用的检测方法编号；使用灰卡或仪器评定的试样变色级数；如果采用单纤维贴衬织物，则应记录所用的每种贴衬织物的沾色级数；如果采用多纤维贴衬织物，则应记录其型号和每种纤维的沾色级数；以及任何偏离本标准的细节及检测中的异常现象。

表 1-10　耐皂洗色牢度原始记录单

	耐皂洗色牢度	江苏盛虹纺织品检测中心有限公司 Jiangsu Shenghong Textiles Testing Center Co.,LTD.
江苏盛虹纺织品检测中心有限公司		SHWS-003-2019
检测标准：________	样品编号：________	抽样日期：________
试验方法：		
结果：		
贴样：		
备注：		
检测：________	审核：________	日期：________
	共　页，第　页	

小提示

（1）余液中含有残留染料会使贴衬织物的沾色程度加重而影响试验结果。因此，检测结束后，应注意充分清洗试样。

（2）如果不连续试验，则应打开耐洗色牢度测试仪的排水按钮 15，将水排尽后，切断总电源。

知识点四　纺织品耐熨烫色牢度检测

纺织品耐熨烫色牢度

课程讲解

一、基本知识

熨烫衣物，要使衣服变得平整，所选温度往往高于衣物染色时的温度。但是衣物的颜色在熨烫之后会发生改变或是衣服上面的颜色在熨烫时会转移到其他织物上面。为了避免这些情况，在织物做成衣服之前，我们就需要对织物进行耐熨烫色牢度测试。

耐熨烫色牢度，也可称为耐热压色牢度，是通过对织物进行干压、潮压、湿压测试来模拟织物在不同的熨烫条件下的颜色变化情况和染料的沾色情况。

二、主要技术依据

GB/T 6152—1997《纺织品　色牢度试验　耐热压色牢度》。

三、试样准备

（1）织物类。取尺寸为 40mm×100mm 的试样，如图 1-6 所示。

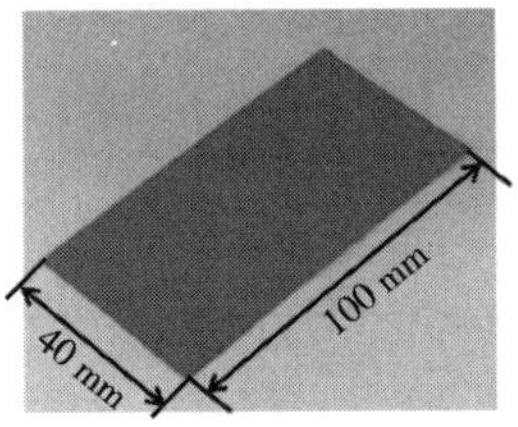

图 1-6　待测试样及其尺寸

（2）标准棉贴衬织物。取尺寸为 40mm×100mm 的试样若干（视检测内容而定）。

四、仪器设备与用具

熨烫升华色牢度测试仪如图 1-7 所示。

五、测试过程

（1）在加热装置上依次衬垫石棉板、羊毛法兰绒及干的未染色棉布如图 1-8 所示。

（2）选择合适的加压温度，分为（110±2）℃、（150±2）℃、（200±2）℃三档，按不同检测要求进行下列操作。

①干压。把干试样置于加热装置的下平板衬垫上，放下加热装置的上平板，使试样在规定温度下受压 15s。

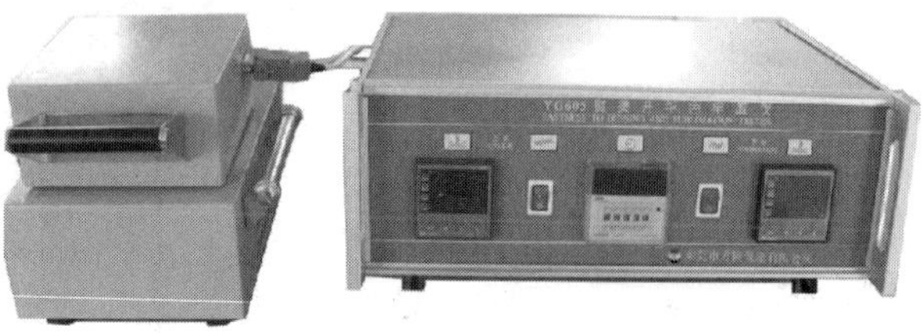

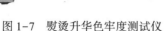

图 1-7　熨烫升华色牢度测试仪

图 1-8　羊毛法兰绒及干的未染色棉布

②潮压。把干试样置于加热装置的下平板衬垫上，取一块湿的棉标准贴衬织物，用水浸湿后，经挤压或甩水使之含有自身重量的水分，然后将其放在干试样上，放下加热装置的上平板，使试样在规定温度下受压 15s。

③湿压。将试样和一块棉标准贴衬织物用水浸湿，经挤压或甩水使之含有自身质量的水分后，把湿试样置于加热装置的下平板衬垫上，再把湿标准棉贴衬织物放在试样上，放下加热装置的上平板，使试样在规定温度下受压 15s。

（3）试验结束，立即用灰色样卡评定试样的变色级别。

（4）将试样在标准大气条件中放置 4h，再做一次牢度评定。

六、原始记录汇总

根据测试方法的要求，完成原始记录汇总，见表 1-11。

表 1-11　耐熨烫色牢度原始记录单

耐熨烫色牢度　　江苏盛虹纺织品检测中心有限公司 Jiangsu Shenghong Textiles Testing Center Co.,LTD.

江苏盛虹纺织品检测中心有限公司　　SHWS-003-2019

测试标准：________　样品编号：________　抽样日期：________

结果：

备注：

检测：________　审核：________　日期：________

共　页，第　页

知识点五　纺织品水洗尺寸稳定性检测

纺织品水洗尺寸稳定性
课程讲解

一、基本知识

纺织服装产品在使用过程中通常都会经历反复的洗涤（水洗或干洗），它们的性能会因为洗涤、干燥或整烫等而发生渐进性的变化，如外观变化等。这不仅影响它们的外观、服用性能，也会影响其使用寿命。如果变化较大，还将会引起消费者的不满，甚至造成质量投诉。因此，越来越多的纺织服装产品标准把洗后尺寸变化列入品质评定的考核指标，相关性能的检测工作也越来越重要。

二、技术依据与基本原理

1. 主要技术依据

GB/T 8628—2013《纺织品　测定尺寸变化的试验中织物试样和服装的准备、标记及测量》、GB/T 8629—2017《纺织品　试验用家庭洗涤和干燥程序》及 GB/T 8630—2013《纺织品　洗涤和干燥后尺寸变化的测定》。

2. 基本原理

抽取有代表性的试样，在每块试样上标记若干对基准点，在规定的标准大气中调湿，测量每对基准点之间的距离。然后，按规定的程序、设备对试样进行洗涤并干燥。再次调湿，测量每对基准点之间的距离，计算试样的尺寸变化率。

三、仪器设备、用具及试样

（1）洗涤装置。A 型洗衣机（前门加料、水平滚筒型）、B 型洗衣机（顶部加料、搅拌型）。

（2）干燥装置。与 A 型洗衣机配用的翻滚型烘干机、与 B 型洗衣机配用的翻滚烘干机、电热（干热）平板压烫机、绳或塑料杆、筛网干燥架、烘箱等。

（3）洗涤剂。AATCC 1993 WOB 标准洗涤剂（不含荧光增白剂），用于 B 型洗衣机。无磷 ECE 标准洗涤剂（不含荧光增白剂）与无磷 IEC 标准洗涤剂（含荧光增白剂）可用于 A 型和 B 型洗衣机。

（4）陪洗物。

①A 型洗衣机的陪洗物。纯聚酯变形长丝针织物，单位面积质量为（310±20）g/m^2，由四片织物叠合，沿四边缝合，角上缝加固线。尺寸为（20±4）cm×（20±4）cm，每片缝合后的陪洗物重为（50±5）g。也可使用折边的纯棉漂白机织物或 50/50 涤棉平纹漂白机织物，两者单位面积的质量均为（155±5）g/m^2，尺寸为（92±5）cm×（92±5）cm。

②B 型洗衣机的陪洗物。纱线（环锭纱）线密度为 37tex×1，织物密度为 210 根/10cm×(190±20)根/10cm 的纯棉布或线密度为 18.6tex×2，织物密度为 190 根/10cm×(190±20)根/10cm 的涤棉布，织物单位面积的质量为（155±5）g/m^2，尺寸为 92cm×(92±2)cm，每片陪洗物质量为（130±10）g。

（5）其他用具。刻度为 1mm 的钢尺、能精确标记基准点的用具（如不褪色的纺织标记笔或颜色对比明显的细线）及平滑测量台。

（6）织物试样或服装若干种。

四、试验参数选择

根据产品标准或协商要求，选择 A 型洗衣机的洗涤程序见表 1-12，选择 B 型洗衣机的洗涤程序见表 1-13，干燥程序见表 1-14。

表 1-12　水平转鼓型-A 型洗衣机洗涤程序

程序编号	加热、洗涤剂冲洗中的搅拌	洗涤				漂洗 1		漂洗 2			漂洗 3			漂洗 4		
		温度[a]/℃	水位[b,c]/mm	洗涤时间[d]/min	冷却[f]	水位[b,c]	冲洗时间[d,g]/min	水位[b,c]/mm	冲洗时间[d,g]/min	脱水时间[d]/min	水位[b,c]/mm	冲洗时间[d,g]/min	脱水时间[d]/min	水位[b,c]/mm	冲洗时间[e,g]/min	脱水时间[d]/min
9N[h]	正常	92±3	100	15	要	130	3	130	3	—	130	2	—	130	2	5
7N[h]	正常	70±3	100	15	要	130	3	130	3	—	130	2	—	130	2	5
6N[h]	正常	60±3	100	15	不要	130	3	130	3	—	130	2	—	130	2	5
6M[b]	缓和	60±3	100	15	不要	130	3	130	2	—	130	2	2[j]	—	—	—
5N[h]	正常	50±3	100	15	不要	130	3	130	3	—	130	2	—	130	2	5
5M[h]	缓和	50±3	100	15	不要	130	3	130	2	—	130	2	2[j]	—	—	—
4N	柔和[e]	40±3	100	15	不要	130	3	130	3	—	130	2	—	130	2	5
4M	缓和	40±3	100	15	不要	130	3	130	2	—	130	2	2[j]	—	—	—
4G	柔和	40±3	130	3	不要	130	3	130	3	1	130	2	6	—	—	—
3N	正常	30±3	100	15	不要	130	3	130	3	—	130	2	—	130	2	5
3M	缓和	30±3	100	15	不要	130	3	130	2	—	130	2	2[j]	—	—	—

续表

程序编号	加热、洗涤剂冲洗中的搅拌	洗涤				漂洗 1		漂洗 2			漂洗 3			漂洗 4		
		温度[a] /℃	水位[b,c] /mm	洗涤时间[d] /min	冷却[f]	水位[b,c]	冲洗时间[d,g] /min	水位[b,c] / mm	冲洗时间[d,g] /min	脱水时间[d] /min	水位[b,c] / mm	冲洗时间[d,g] /min	脱水时间[d] /min	水位[b,c] / mm	冲洗时间[e,g] /min	脱水时间[d] /min
3G	柔和[e]	30±3	130	3	不要	130	3	130	3	—	130	2	2[j]	—	—	—
4H	柔和[e]	30±3	130	1	不要	130	2	130	2	2	—	—	—	—	—	—

注　1. A 型洗衣机，现成的记忆卡（A1 型）或详细的编程说明（A2 型）可以从制造商处获得。记忆卡是被锁定的，里面的内容无法编辑或更改。

2. 现程序与 GB/T 8629—2001A 型洗衣机的程序对应；9N 对应 1A，6N 对应 2A，6M 对应 3A，5M 对应 4A，4N 对应 5A，4M 对应 6A，4G 对应 7A，3G 对应 8A，4H 对应仿手洗。其中 6M、5M 和 4M 的搅拌程度均由原“正常”修改为“缓和”。

N：正常搅拌；滚筒转动 12s，静止 3s。

M：缓和搅拌；滚筒转动 8s，静止 7s。

G：柔和搅拌；滚筒转动 3s，静止 12s。

H：仿手洗，柔和搅拌；滚筒转动 3s，停顿 12s。

a　洗涤温度即停止加热温度。

b　机器运转 1min，停顿 30s 后，自滚筒底部测量液位。

c　对于 A1 型洗衣机，采用容积法测量更为精准。

d　时间允差为 20s。

e　低于设定温度 5℃以下的升温过程不进行搅拌，从低于设定温度 5℃开始升温至设定温度的过程进行缓和搅拌。

f　冷却，注水至 130mm 水位，继续搅拌 2min。

g　漂洗时间自达到规定液位时计。

h　加热至 40℃，保持该温度并搅拌 15min，再进一步加热至洗涤温度。

i　仅适用于具备安全防护设施的实验室试验。

j　短时间脱水或滴干。

表 1-13　搅拌型仪器—B 型洗衣机的洗涤程序

洗涤程序编号	洗涤和冲洗中的搅拌	总负荷（干质量）/kg	洗涤			漂洗		脱水	
			温度 /℃	水位 /mm	洗涤时间 /min	水位 /mm	漂洗时间 /min	脱水速度/（r/min）	脱水时间 /min
1B	正常	2±0. 1	60±3	297±25	12	297±25	3	613~640	6
2B	正常	2±0. 1	49±3	297±25	12	297±25	3	613~640	6
3B	正常	2±0. 1	49±3	297±25	10	297±25	3	399~420	4
4B	正常	2±0. 1	41±3	297±25	12	297±25	3	613~640	6
5B	正常	2±0. 1	41±3	297±25	10	297±25	3	399~420	4
6B	正常	2±0. 1	27±3	297±25	12	297±25	3	613~640	6

续表

洗涤程序编号	洗涤和冲洗中的搅拌	总负荷（干质量）/kg	洗涤			漂洗		脱水	
			温度/℃	水位/mm	洗涤时间/min	水位/mm	漂洗时间/min	脱水速度/(r/min)	脱水时间/min
7B	正常	2±0.1	27±3	297±25	10	297±25	3	399~420	4
8B	正常	2±0.1	27±3	297±25	8	297±25	3	399~420	4
9B	正常	2±0.1	16±3	297±25	12	297±25	3	613~640	6
10B	正常	2±0.1	16±3	297±25	10	297±25	3	399~420	4
11B	正常	2±0.1	16±3	398.5±17.8	8	297±25	3	399~420	4

表 1-14　干燥程序

干燥程序编号	干燥程序名称	方法
A	悬挂晾干	从洗衣机中取出试样，将每个脱水后的试样展平悬挂，长度方向为垂直方向，以免扭曲变形。试样悬挂在绳、杆上，在自然环境的静态空气中晾干。 试样的经向或纵向应垂直悬挂，制成品应按使用方向悬挂
B	悬挂滴干	试样不经脱水，按程序 A 晾干
C	平摊晾干	从洗衣机中取出试样，将每个脱水后的试样平铺在水平筛网干燥架或多孔面板上，用手抚平褶皱，注意不要拉伸或绞拧，在自然环境的静态空气中晾干
D	平摊滴干	试样不经脱水，按照程序 C 晾干
E	平板压烫	从洗衣机中取出试样，将试样放在平板压烫仪上。用手抚平褶皱，根据试样需要，放下压头对试样压烫一个或多个短周期，直至烫干。压头设定的温度应适合被压烫试样。记录所用温度和压力
F	烘箱供燥	把试样放在烘箱内的筛网上摊平，用手除去折皱，不要使其伸长或变形，烘箱温度为（60±5）℃，使之烘干

注　在洗涤和脱水程序结束时，立即将试样和陪洗物装入翻滚烘干机，并按正常温度（温度较高）和下列计算出的试验时间翻滚、烘干及投料。

用 100%的陪洗物组成载荷进行试验，首先确定载荷的调湿质量。洗涤、脱水后对载荷称重（初始质量）。将烘干机的烘燥时间粗设为 80min 以上，开机运转 30min（如可能，最好 60min）后停机，取出载荷称重，计算蒸发的水量。用蒸发水量除以已烘时间，计算出烘干速率 a。向洗衣机中注入水，将载荷再浸透，然后将洗涤程序移至最后一次脱水进行脱水。脱水后，对载荷称重。根据该质量和烘干速率 a，使用含水量除以烘干速率 a 计算预烘时间。然后，将载荷重新装人烘干机，设定一个超过预烘时间的安全时间，开机运转。烘至预烘时间时，立即停机，取出载荷称重。计算蒸发水量，根据该蒸发水量和预烘时间，用蒸发水量除以实际烘燥时间，计算烘干速率 b。

五、试样准备

（1）按取样要求准备试验样品。

（2）剪取试样，每块尺寸至少为500mm×500mm，各边应分别与织物长度和宽度方向平行。幅宽小于650mm，可采取全幅试样进行试验。必要时，也可采用尺寸为250mm×250mm的试样。建议每种试样剪取4份试样，分两次洗涤，每次用2块，当然，也可以按照产品标准要求准备。如果织物边缘在试验中可能脱散，则应使用尺寸稳定的缝线对试样锁边。

（3）做标记，将试样放在平滑测量台上，在试样的长度和宽度方向上，至少各做三对标记。每对标记之间至少相距350mm，标记距离试样边缘应不小于50mm，标记在试样上的分布应均匀，如图1-9所示。

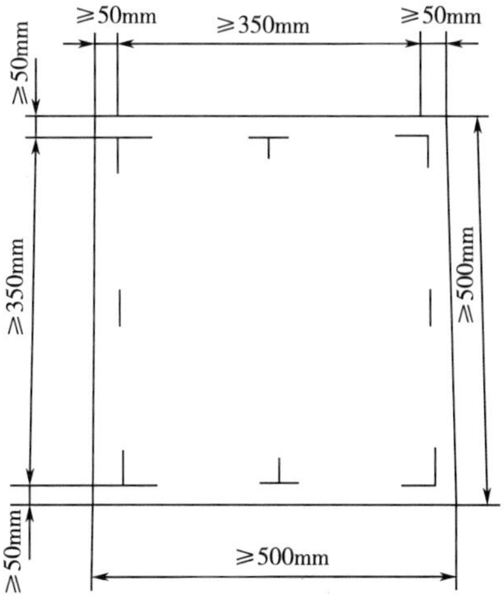

图1-9　织物试样的标记

（4）按要求预调湿和调湿。

（5）处理前尺寸测量，将试样平放在测量台上，抚平试样。用钢尺测量每对标记点之间的距离，记录精确至最接近的1mm。

六、试验步骤

（1）从表1-12或表1-13中选择某一洗涤程序。

（2）单个试样、制成品或服装如果使用翻滚烘干，在洗涤前应先称重。

（3）将待洗试样装入洗衣机，加陪洗物，使所有待洗载荷的干质量达到所选洗涤程序规定的总载荷值。加足量的洗涤剂，泡沫高度在洗涤周期结束时不超过（3±0.5）cm，在将待洗载荷装入B型洗衣机之前，将所选温度的水注入洗衣机，加入（66±1）g AATCC 1993 WOB标准洗涤剂，或者加入IEC或ECE洗涤剂，泡沫高度在洗涤周期结束时不超过（3±0.5）cm。

（4）在完成洗涤程序的最后一次脱水后取出试样，不要拉伸或绞拧。如果试样干燥方式为滴干时，在进行最后一次脱水之前停机并取出试验材料，不要拉伸或绞拧。

（5）干燥。根据要求选择表1-14中的一种方式对试样进行干燥处理。

（6）按要求进行调湿处理。

（7）测量每对标记点之间的距离，记录精确至最接近的1mm。

七、结果计算

各个方向上每一个单独的尺寸变化率与平均尺寸变化率的计算式如下（计算结果修约

至0.1%)。

$$尺寸变化率=\frac{x_1-x_0}{x_0}\times100\%$$

式中：x_0——初始尺寸，mm；

x_1——处理后尺寸，mm。其中，负号（-）表示尺寸减小（收缩）；正号（+）表示尺寸增大（伸长）。

知识点六　纺织品干洗尺寸稳定性检测

纺织品干洗尺寸稳定性课程讲解

一、技术依据与基本原理

1. 主要技术依据

FZ/T 80007.3—2006《使用黏合衬服装耐干洗测试方法》。

2. 基本原理

对经调湿后的服装、衣片或小样进行标记和测量，然后进行干洗，再经过调湿和测量，计算其尺寸变化率及剥离强力变化率，以百分数表示。试样的外观形态变化按各类服装的标准样照进行评定。

二、仪器设备、用具及试样

（1）仪器设备。干洗试验机，使用四氯乙烯或烃类溶剂的全封闭双向转笼式的干洗机，旋转笼的直径为600~1080mm，深度应不小于300mm，装有3~4个键槽，其转速产生的清洗系数g应为0.5~0.8。按下式计算系数g：

$$g=5.6n^2d\times10^{-7}$$

式中：n——每分钟的转数，r/min；

d——转筒的直径，mm。

（2）用具。标记笔、针、线、不锈钢直尺钢尺（长度不短于750mm，精确到1mm，用于测量衣片及小样）、钢卷尺（精确到1mm，用于测量服装）及测量平台。

（3）试剂的准备。四氯乙烯，去水山梨糖醇月桂酸酯；去污剂：椰油脂肪酸乙二醇酰胺；烃类溶剂（HCS）：用于干洗的HCS为脂族或异脂和环脂，闪点≥38℃，沸点150~210℃。

（4）试样。服装、衣片或小样。

（5）增重陪试物。陪试物的尺寸不小于500mm×500mm，陪试物由洗净的纺织布片或服装组成，其颜色应为白色或浅色，并由纯毛或80%羊毛和20%棉，或再生纤维素纤维组成。

三、试样准备

（1）调湿。按要求对试样和陪试物进行调湿处理。

（2）试样测量。

①试样为服装时，取样不少于 3 件，并分别对领围、胸围及衣长进行测量，测量精确至 1mm，测量方法见表 1-15。

表 1-15　测量方法

部位名称		测量方法
领围		领子摊平横量，立领量上口，其他领量下口（叠门除外）
胸围		扣上纽扣（或合上拉链）前后身摊平，沿袖窿底缝水平横量
衣长	前衣长	由前身左右襟最高点垂直量至底边
	后衣长	由后领中垂直量至底边
腰围		扣好裤钩（纽扣），沿腰宽中间横量
裙长		由腰上沿侧缝摊平垂直量至裙子底边
裤长		由腰上沿侧缝摊平垂直量至裤脚口

②试样为衣片或小样时，取样不少于 3 块，测量标记经、纬向各为 3 对，每块尺寸至少为 200mm×200mm，测量精确至 1mm。

四、试验步骤

（1）常规干洗法。

①按滚筒容积计算总载物量为（50±2）kg/m^3，每次试样重量不足部分由增重陪试织物补充。

②将经调湿后的试样放人机器笼内，加入经蒸馏的含有 1g/L 山梨糖醇月桂酸酯的四氯乙烯或烃类溶剂，其液体比为（5. 5±0. 5）L/kg（负载）（溶剂的液面高度为内桶直径的 30%），整个清洗过程中溶剂温度保持在（30±3）℃。

③配制新鲜乳液，按每千克负载加 10m 去污剂与 30mL 四氯乙烯或烃类溶剂混合，添加 20mL 水并不断搅拌。关闭过滤器电路并启动机器，在 2～12min 内，缓缓地将乳液加入机器内桶和外桶，液面高度不超过溶剂高度。

④合上开关后，保持机器运转 15min，试验时不使用过滤器回路。

⑤排出溶剂，并用离心法抽取溶剂 2min（至少 1min 为满速抽取）。

⑥以相同液体比注入无水纯干洗溶剂对干洗物冲洗 5min，排出并再次抽取 5min（至少 3min 为满速抽取）。

⑦在机器中，试样在循环的热空气中翻滚使之烘干，外部温度不超过60℃，内部温度不超过80℃。干燥过程结束后，关闭加热装置，减低风速，而负载物则反向在筒内至少旋转5min，冷却至环境温度。

⑧从机器中立刻取出样品，服装挂在衣架上，衣片或小样铺在一平面上。

⑨试样按上述要求调湿和测量。

（2）缓和干洗法

①载物量按常规干洗法①规定，为（33±2）kg/m^3。

②洗涤剂按常规干洗法②规定。

③机器运转时间按常规干洗法④规定减至10min。

④试验程序按常规干洗法⑤~⑨规定，将满速抽取时间减至1min。

五、结果计算

尺寸变化率：按下式计算服装的主要尺寸变化率、衣片或小样长度及宽度方向的尺寸变化率。尺寸变化率以百分数标识，计算结果按GB/T 8170—2008修约到小数点后一位。计算结果用负号表示尺寸缩短，正号表示尺寸增长。

$$L = \frac{l_2 - l_1}{l_1} \times 100\%$$

式中：L——尺寸变化率，%；

l_1——洗涤前尺寸，mm；

l_2——洗涤后尺寸，mm。

六、原始记录汇总

根据测试方法的要求，完成原始记录汇总，见表1-16。

表1-16　纺织品尺寸变化原始记录单

纺织品尺寸变化检测

江苏盛虹纺织品检测中心有限公司
Jiangsu Shenghong Textiles Testing Center Co.,LTD.

江苏盛虹纺织品检测中心有限公司　　　　SHWS-003-2019

样品编号		接样日期	
检测标准	GB/T	ISO	AATCC
仪器名称及编号			
环境条件	洗前		
	洗后		

续表

续表

洗涤程序									
洗涤剂种类									
加陪衬物后总质量				干燥方式					
样品编号	方向	标记	洗涤前长度/cm		洗涤后长度/cm		尺寸变化率/%		平均值/%
			平行样 1	平行样 2	平行样 1	平行样 2	平行样 1	平行样 2	
	纬向	AF							
		BG							
		CH							
	经向	CA							
		ED							
		HF							

备注：

检测：________　　审核：________　　日期：________

共　页，第　页

知识点七　纺织品撕破性能检测

纺织品撕破性能课程讲解

一、基本知识

织物在穿着或使用过程中，由于被物体钩住或局部握持，在织物边缘某一部位受到集中负荷作用，使织物内局部纱线逐根受到最大负荷而断裂，结果撕成裂缝的现象，称为撕裂，也称为撕破。撕裂通常发生在军服、篷帆、帐幔、雨伞及吊床等织物的使用过程中。织物撕破强力的测定方法很多，我国国家标准中规定的有摆锤法、舌形法和梯形法三种。

二、技术依据与基本原理

1. **主要技术依据**

GB/T 3917.1—2009《纺织品　织物撕破性能　第 1 部分：冲击摆锤法撕破强力的测定》、GB/T 3917.2—2009《纺织品　织物撕破性能　第 2 部分：裤形试样（单缝）撕破强力的测定》、GB/T 3917.3—2009《纺织品　织物撕破性能　第 3 部分：梯形试样撕破强力的测定》、GB/T 3917.4—2009《纺织品　织物撕破性能　第 4 部分：舌形试样（双缝）撕破强力的测定》。

2. 基本原理

织物撕破强力的测定方法很多。经向撕破强力试验是指撕破试验中，经纱被拉断的试验；纬向撕破强力试验是指撕破试验中，纬纱被拉断的试验。

（1）冲击摆锤法。试样固定在夹具上，将试样切开一个小口，释放处于最大势能位置的摆锤，可动夹具离开固定夹具时，试样沿切口方向被撕破，把撕破织物一定长度所做的功换算成撕破力。

（2）裤形试样（单缝）法。夹持裤形试样的两条腿，使试样的切口线在上下夹具之间成直线。开启强力测试仪，将拉力施加于切口方向，记录直至撕裂到规定长度内的撕破强力。

（3）梯形试样法。将试样裁成一个梯形，用强力测试仪夹钳夹住梯形上两条不平行的边。对试样施加连续增加的力，使撕破沿试样宽度方向传播，测定平均撕破力。

（4）舌形试样（双缝）法。在矩形试样中，切开两条平行切口，形成舌形试样，将舌形试样夹入强力测试仪的一个夹钳中，试样的其余部分对称地夹入另一个夹钳，保持两个切口线的顺直平行。在切口方向施加拉力，来模拟两个平行撕破强力，记录直至撕裂到规定长度的撕破强力。

三、仪器设备与用具

撕破性能的测试根据不同方法采用不同的仪器，主要有摆锤式强力测试仪和电子织物强力测试仪两种仪器，如图 1-10 和图 1-11 所示。

1. 摆锤式强力测试仪

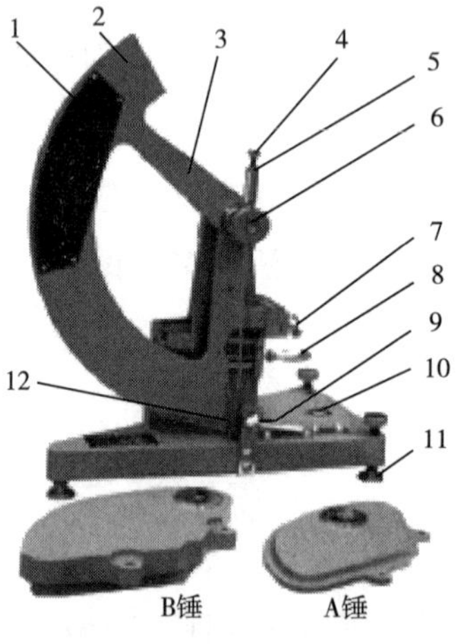

图 1-10　YG033 型摆锤式强力测试仪示意图

1—刻度表盘　2—扇形落锤　3—AB 锤固定螺孔　4—指针调整螺钉　5—指针调整锁紧螺母　6—转动轴
7—固定运动试样夹持器　8—切刀手柄　9—启动手柄　10—水平泡　11—底脚螺丝　12—扇形摆挡板

2. 电子织物强力测试仪

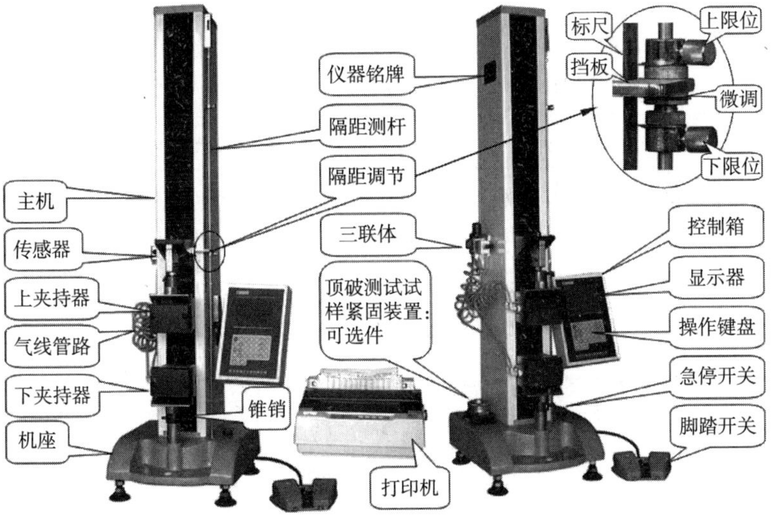

图 1-11　YG026 型电子织物强力仪示意图

四、试样准备

按取样要求准备试验样品。

1. 摆锤法取样

（1）取样。在距布边 150mm 以上剪取两组试样，一组为经向试样，另一组为纬向试样。试样的短边应与经向或纬向平行，以保证撕裂沿切口进行。每组试样至少 5 块，取样方式如图 1-12 所示，试样的尺寸如图 1-13 所示，切口线长 20mm，撕裂长度为 43mm。

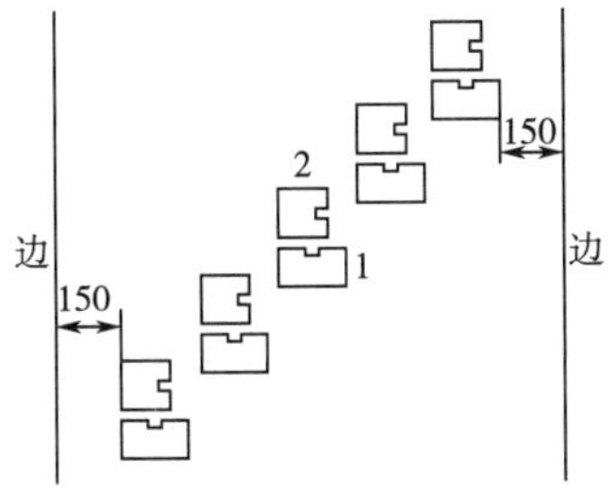

图 1-12　摆锤法试样分布图（单位：mm）

1—经向　2—纬向

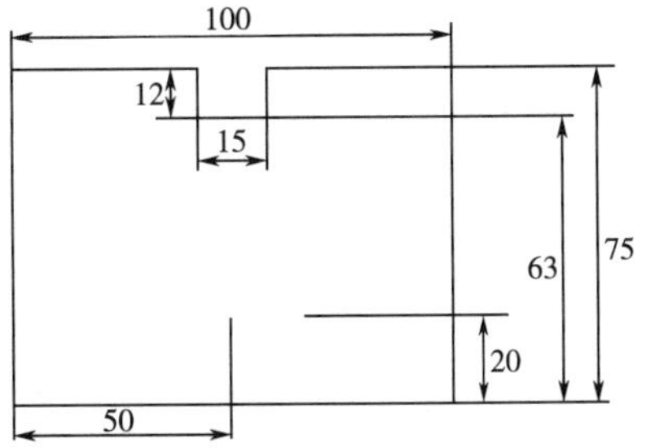

图 1-13　试样尺寸图（单位：mm）

（2）试验参数选择。选择摆锤的质量，使试验的测试结果落在相应标尺满量程的 15%～85%。

（3）国内外不同标准比较。摆锤法不同标准对比情况见表 1-17。

表 1-17　摆锤法不同标准对比

检测标准	GB/T 3917.1—2009	ISO 9290	ASTM D1424
范围	适用于机织物，其他技术生产的纺织织物	适用于机织物，不适用于针织物、非织造布	适用于大多数机织物，也适用于经编织物
设备	摆锤式织物撕破强力测试仪		
两布夹的隔距	3mm，精度±0.5mm	2.8mm，精度±0.4mm	2.5mm，精度±0.25mm
夹面最小尺寸	30mm×50mm	37mm×16mm	25mm×16mm
环境条件	温度（20±2)℃，相对湿度（65±4)%		温度（21±1)℃，相对湿度（65±2)%
试样尺寸	宽度（75±2)mm，长度（100±2）mm，中间距离 63mm	宽度（75±5)mm，长度（100±2)mm	宽度（75±2)mm，长度（100±2）mm，中间距离 63mm
切口长度	20mm，精度±0.5mm	20mm，精度±0.15mm	
待撕裂长度	43mm，精度±0.5mm		43mm，精度±0.15mm
试样数量	经纬向至少各 5 块		

2. 裤形试样（单缝即单舌）法取样

（1）取样。距布边 15cm 以上，试样的长边应与织物的经向或纬向平行，以保证撕破沿切口进行。每个试样应从宽度方向的正中切开一长为（100±1)mm 的裂口，在条样中间距末端（25±1)mm 处标出撕裂终点，单舌试样尺寸图如图 1-14 所示。试样的长边平行于经向的撕破，称为“纬向撕破”；试样长边平行于纬向的撕破，称为“经向撕破”。试样数量为经纬向各 5 块。

（2）试验参数选择。拉伸速度为（100±10)mm/min；隔距长度设定为（100±1)mm，单舌试样夹持方法如图 1-15 所示。

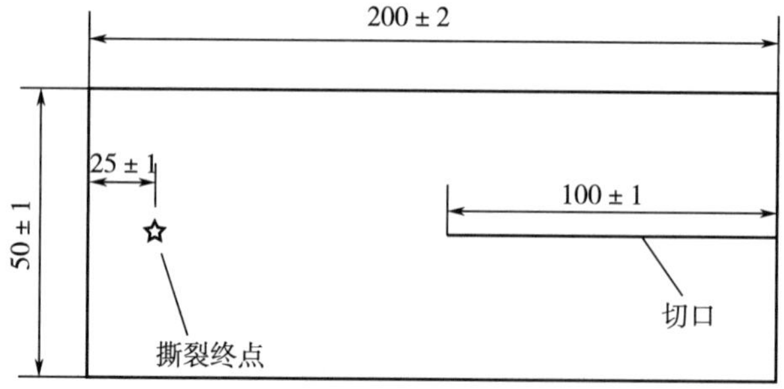

图 1-14　单舌试样尺寸图（单位：mm）

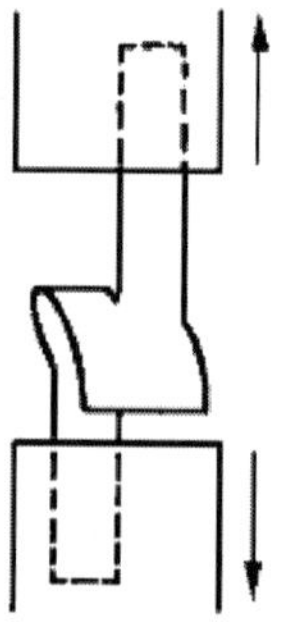

图 1-15　单舌试样夹持方法

（3）国内外不同标准比较。单舌法不同标准对比情况见表 1-18。

表 1-18　单舌法不同标准对比

测试标准	试样尺寸/mm	隔距长度/mm	拉伸速度/(mm/min)
ISO 13937.2：2000	200×50	100	100
ASTM D2261—2013（2017）e1	200×75	75	50
GB/T 3917.2—2009	200×50	100	100

3. 舌形试样（双缝即双舌）法取样

舌形试样（双缝）法与裤形试样（单缝）法在试验准备和操作上只有少量不同，具体不同之处如下。试样为矩形长条，长为（200±2）mm，宽为（150±2）mm，并在每块试样的两边标记直线 *abcd*。以及在条样中间距未切割端（25±1）mm 处标出撕裂终点。双舌试样尺寸图如图 1-16 所示，双舌试样夹持方法如图 1-17 所示。

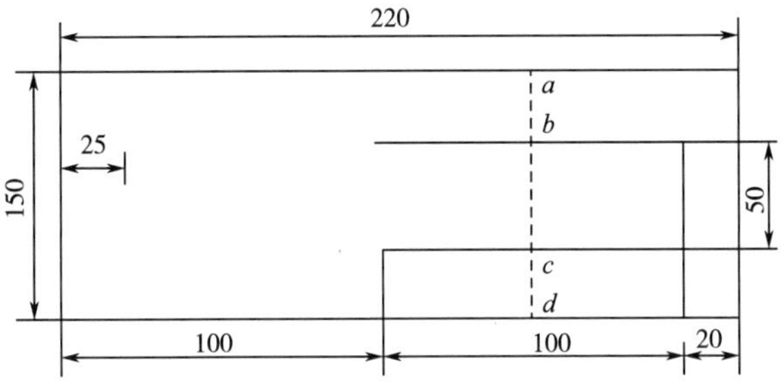

图 1-16　双舌试样尺寸图（单位：mm）

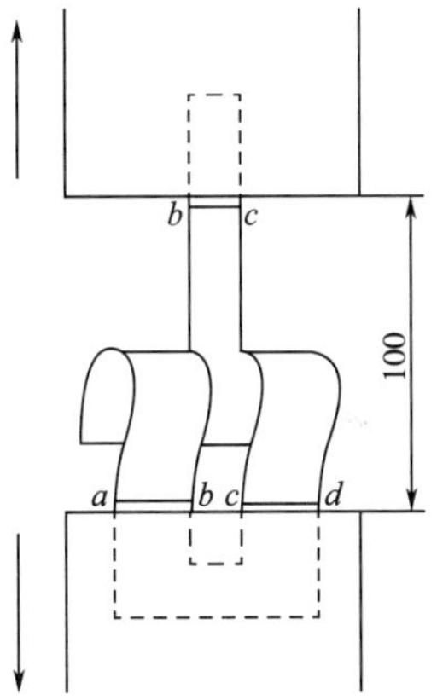

图 1-17　双舌试样夹持方法（单位：mm）

4. 梯形法取样

（1）取样。试样尺寸为（75±1）mm×(150±2)mm，沿等腰梯形画出夹持线（图中虚线），并于梯形短边的正中开剪 10mm 长的切口。沿经向（纵向）和纬向（横向）各剪 5 块试样，梯形试样尺寸图如图 1-18 所示。

（2）试验参数选择。两夹钳间距离为（25±1)mm，拉伸速度为 100mm/min。

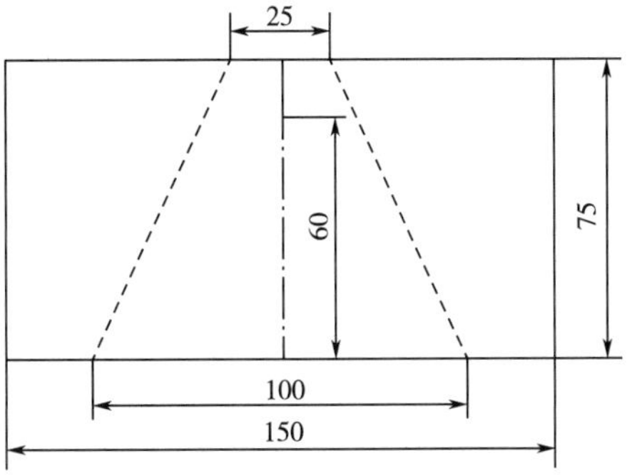

图 1-18　梯形试样尺寸图（单位：mm）

五、试验步骤

1. 摆锤法试验步骤

（1）试验时先调整强力测试仪至水平。

（2）校正强力测试仪的零位。将指针拨至指针挡板处，反复校验数次后，方可开始测试。

（3）抬起扇形锤至开始位置，并将指针拨至指针挡板处。将试样左、右两半边分别夹入两夹钳内，将试样夹在中心位置，在凹槽对边用小刀切一个（20±0.5）mm 的切口。

（4）按下扇形挡板，动夹钳与固定夹钳分离，使试样全部撕裂。

（5）读出撕破强力值。

2. 舌形法试验步骤

（1）调节上、下夹钳距离。

（2）调节拉伸速度。

（3）夹持试样。

（4）开动仪器，将试样持续撕破至试样的终点标记处。

3. 梯形法试验步骤

（1）沿梯形夹持线两边夹住试样，使切口位于两夹钳中间，梯形短边保持拉紧，长边处于折皱状态。

（2）启动仪器，使撕破沿试样宽度方向传播，直至试样全部撕破。

六、试验结果评定

计算经向（纵向）和纬向（横向）各 5 块试样结果的平均值，保留两位有效数字即为试样的撕裂强力值。试验结果以试样各向的平均撕裂强力来表示。

七、原始记录汇总

根据测试方法的要求，完成原始记录汇总，见表 1-19。检测结果应记录检测所采用的标准编号；试样的详细描述；使用的检测方法编号；以及任何偏离本标准的细节及检测中的异常现象。

表 1-19 撕破强力原始记录单

撕破强力试验　　江苏盛虹纺织品检测中心有限公司 Jiangsu Shenghong Textiles Testing Center Co.,LTD.

江苏盛虹纺织品检测中心有限公司　　SHWS-008-2019

检测标准：________　样品编号：________　抽样日期：________

经向撕破强力/N　　纬向撕破强力/N

结果：________　________

备注：

检测：________　审核：________　日期：________

共　页，第　页

知识点八　纺织品 pH 值检测

纺织品 pH 值
课程讲解

一、基本知识

由于人的皮肤带有一种弱酸性物质，以防止疾病入侵，对服用纺织品的基本要求就是不影响人体的 pH 值环境，因此纺织品的 pH 值在中性至弱酸性之间对人体健康最为有益。但是，在纺织品加工过程中常用碱做助剂，如果水洗不充分，就会有不同程度的碱残留。由此可见，纺织品 pH 值的测定是十分必要的。目前，国内外的生态纺织品标准中，对各种纺织品的 pH 值进行限定已日益普遍。我国于 2005 年 1 月 1 日正式实施的国家强制性标准《国家纺织产品基本安全技术规范》中，规定了婴幼儿用纺织品和直接接触皮肤的纺织品，水萃取液 pH 值为 4.0~7.5；非直接接触皮肤的装饰纺织材料，水萃取液 pH 值为 4.0~9.0。

二、技术依据与基本原理

1. **主要技术依据**

GB/T 7573—2009《纺织品　水萃取液 pH 值的测定》。

2. **基本原理**

用蒸馏水或去离子水煮沸试样，水萃取测定纺织品水萃取液的 pH 液冷至室温后，用带有玻璃电极的 pH 计测定其 pH 值。

三、仪器设备与用具

(1) 机械振荡器。可进行往复或旋转运动，且足以使样品内部与水之间进行快速的液体交换。往复式振荡器的往复速率为 60 次/min；旋转式振荡器的旋转频率为 30r/min。

(2) 其他用具。pH 计，电子天平（精度 0.01g），有塞三角烧瓶（250mL），烧杯（50mL，150mL）及量筒（100mL），pHS-3C 数字酸度计仪器结构如图 1-19 所示。

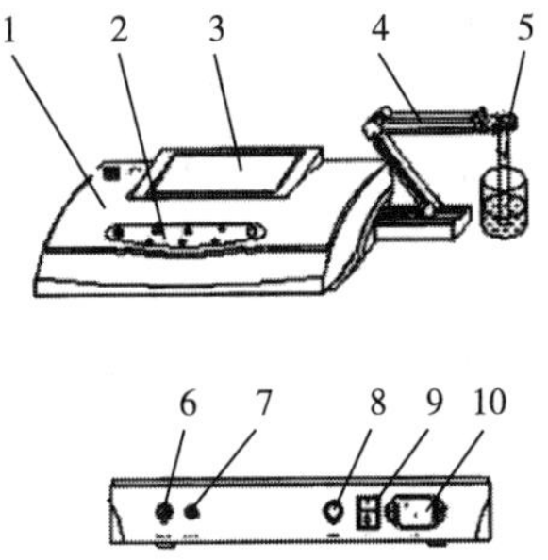

图 1-19　pHS-3C 数字酸度计仪器结构

1—机箱　2—键盘　3—显示屏　4—多功能电极架　5—电极　6—测量电极插座　7—参比电极接口　8—保险丝　9—电源开关 10—电源插座

(3) 试剂。

①三级水或去离子水。(20±2)℃时的最大电导率为 5×10^{-6}S/cm，pH 值为 5~7.5。在使用前，应将水煮沸 5min，如果不是三级水，需煮沸 10min，以去除二氧化碳，然后密闭冷却。

②缓冲溶液。其 pH 值应与待测溶液接近，并用 pH 计在测定前标定其 pH 值。可用 0.05mol/L 四硼酸钠溶液（pH 值可随温度变化，具体见表 1-20）和 0.05mol/L 邻苯二甲酸氢钾溶液或其他溶液（pH 值可随温度变化，具体见表 1-21）。

表 1-20　0.05mol/L 四硼酸钠溶液的 pH 值

温度/℃	15	20	25	30	40
pH 值	9.33	9.23	9.18	9.14	9.07

表 1-21　0.05mol/L 邻苯二甲酸氢钾溶液的 pH 值

温度/℃	15	20	25	30
pH 值	4.000	4.001	4.005	4.011

四、试样准备

（1）按取样要求准备试验样品；

（2）将试样剪成尺寸为 5mm×5mm 的碎片，每份试样需准备 3 份平行样，且每份称取（2.00±0.05）g。

五、试验步骤

1. 水萃取液的制备

在室温下制备 3 份平行样的水萃取液，分别放入 3 个具塞三角烧瓶中，各加入三级水或去离子水 100mL，并用手轻轻摇动，以使试样充分润湿，然后在振荡器上室温振荡 2h±5min，即得到检测试样的水萃取液。

2. 水萃取液 pH 值的测定

（1）浸没式电极系统的测定步骤。

①仪器的标定。将 pH 计上的温度调节至室温，校正仪器的零位，用缓冲溶液标定酸度计的 pH 值（定位）。

②水萃取液的 pH 值测定。冲洗电极直至显示的 pH 值在 5min 内的变化不超过 0.05。若超过，则需更换玻璃电极或参比电极。将第一份萃取液倒入烧杯中，立即将电极浸入液面下至少 1cm，用玻璃棒搅动萃取液，直至 pH 值达到最稳定值。倒掉第一份萃取液，注入第二份萃取液，不用冲洗电极，直接将电极浸入液面 1cm 以下静置，直至 pH 值达到最稳定值，精确至最邻近的 0.1 并记录该值。然后用同样方法测定第三份萃取液 pH 值。

（2）摩尔顿型电极系统的测定步骤。

①仪器的标定。按（1）浸没式电极系统测定步骤中仪器的标定进行操作。

②水萃取液的 pH 值测定。用三级水或去离子水洗涤电极，直至所显示的 pH 值达到稳定为止。在烧杯中倒入部分第一份萃取清液，确保电极浸入至液面以下，盖上烧杯，电极

稳定 3min 后读取 pH 值。重复上述操作，倒掉烧杯中的萃取液，重新倒入部分第一份萃取液，盖上烧杯，电极稳定 1min 后读取 pH 值。重复上述操作，直至达到最稳定 pH 值。倒掉第一份萃取液，倒入部分第二份萃取液，不用洗涤电极，确保电极浸入至液面以下，立即读取 pH 值。倒掉，重新倒入第二份萃取液，读取 pH 值。重复相同操作，直至达到最稳定的 pH 值。精确至最邻近的 0.1 并记录该值。然后，用同样方法测试第三份萃取液 pH 值。

六、试验结果评定

（1）所谓的最稳定值，对碱性萃取液是指其 pH 最高值，对酸性萃取液是指其 pH 最低值。

（2）以第二、第三份水萃取液测得的 pH 值平均值为最终结果，并且要精确到 0.05。

七、原始记录汇总

根据测试方法的要求，完成原始记录汇总，见表 1-22。

表 1-22　pH 值原始记录单

pH 值　　江苏盛虹纺织品检测中心有限公司 Jiangsu Shenghong Textiles Testing Center Co.,LTD.

江苏盛虹纺织品检测中心有限公司　　SHWS-028-2019

检测标准：________　样品编号：________　抽样日期：________

结果：

备注：

检测：________　审核：________　日期：________

共　页，第　页

小提示

（1）如果所测得的 pH 值小于 3 或大于 9，可测定差异指标。

（2）在烧杯中移入 10mL 萃取液，加入 90mL 蒸馏水，采用浸没式电极系统或摩尔顿型电极系统的测定步骤，测定该溶液的 pH 值。

（3）萃取液的 pH 值和稀释至 1/10 的萃取液的 pH 值之间的差值即为差异指标，且此指标不能大于 1。

知识点九　纺织品甲醛含量检测

一、基本知识

纺织品甲醛含量
课程讲解

在纺织品中，甲醛的来源途径主要有两种。一种是采用了含甲醛的树脂整理剂对纺织品进行整理，如抗皱、防缩、免烫和易去污整理等；另一种是在储存过程中，将不含甲醛的纺织品与含有甲醛的纺织品混放，产生了甲醛吸附。经含甲醛类交联剂整理后的纺织品，在使用过程中，会释放出部分游离甲醛，从而对人体健康造成损害。我国于2003 年1 月1 日起实施强制性国家标准 GB 18401—2003《国家纺织产品基本安全技术规范》。

二、技术依据与基本原理

1. 主要技术依据

GB/T 2912. 1—2009《纺织品　甲醛的测定　第 1 部分：游离和水解的甲醛（水萃取法)》和 GB/T 2912. 2—2009《纺织品甲醛的测定　第 2 部分：释放的甲醛（蒸汽吸收法)》。

2. 基本原理

（1）水萃取法。试样在 40℃ 水浴中萃取一定时间，萃取液用乙酰丙酮显色后，在 412nm 波长下，用分光光度计测定甲醛的吸光度，并对照标准甲醛工作曲线，计算出样品中甲醛的含量。

（2）蒸汽吸收法。一个已称重织物试样悬挂于密封瓶中的水面上，瓶放入控温烘箱内规定时间，被水吸收的甲醛用乙酰丙酮显示，显色液用分光光度计比色测定其甲醛含量。

三、仪器设备与用具

1. 水萃取法

（1）分光光度计（波长为 412nm)。

（2）恒温水浴锅［(40±2)℃］。

（3）天平（精确至 0. 1mg)。

（4）容量瓶（50mL、250mL、500mL、1000mL)。

（5）碘量瓶（250mL）或有塞三角烧瓶。

（6）单标移液管（1mL、5mL、10mL、25mL、50mL）及移液管（5mL 刻度)。

（7）具塞试管及试管架。

（8）量筒（10mL、50mL)。

（9）滴定管（50mL）及三角烧瓶（150mL）。

（10）2 号玻璃漏斗式滤器（符合 GB/T 11415—1989 的规定）。

2. 蒸汽吸收法

（1）小型钢丝网篮（或其他可悬挂织物于瓶内水上部的适当工具），可用双股线将折成两半的织物围系起来，挂于水面上，线头系牢于瓶盖顶部。

（2）1000mL 有密封盖的玻璃广口瓶，如图 1-20 所示。

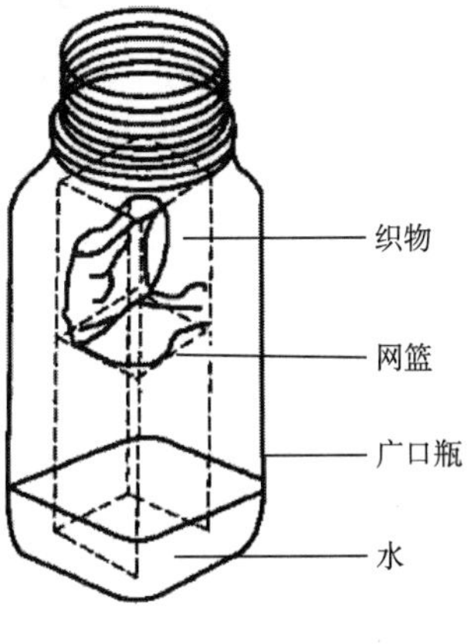

图 1-20　玻璃广口瓶

（3）电热鼓风干燥箱。

（4）分光光度计，其量程为紫外可见光。

（5）电热恒温水浴锅。

（6）天平，精确至 0. 1mg。

（7）10mL、50mL 量筒。

（8）试管和试管架。

四、试验试剂、材料与标准溶液的配制

1. 水萃取法

（1）乙酰丙酮试剂（纳氏试剂）。在 1000mL 容量瓶中加入 150g 乙酸铵，再用 800mL 水溶解。然后，加 3mL 冰醋酸和 2mL 乙酰丙酮，用水稀释至刻度，摇匀后，转移至棕色试剂瓶储存。由于储存开始至 12h 试剂颜色逐渐变深，因此用前必须储存 12h。试剂有效期为 6 周，经长期储存后其灵敏度会略有变化，故每周应进行校正曲线与标准曲线核校为妥。

（2）甲醛溶液。浓度约为 37%（质量分数）。

（3）双甲酮乙醇溶液。1g 双甲酮（5,5-二甲基环己烷-1,3-二酮）用乙醇溶解并稀释至 100mL，现用现配。

（4）亚硫酸钠溶液。0. 1mol/L（称取 126g 无水亚硫酸钠放入 1L 的容量瓶，用水稀释至标记，摇匀）。

（5）硫酸。0. 01mol/L。

（6）百里酚酞指示剂。1g 百里酚酞溶解于 100mL 乙醇溶液中。

（7）上面除硫酸标准溶液外，所有试剂均采用分析纯试剂，所有用水均为三级水。

（8）甲醛原液制备与标定。

①甲醛原液（S1）的制备（浓度约为 1500μg/mL）。取 3. 8mL 甲醛溶液（质量分数约为 37%），用水稀释至 1000mL，用标准方法标定甲醛原液浓度，记录该标准原液的精确浓度。该原液用于制备标准稀释液，有效期为 4 周。

②甲醛原液的标定：亚硫酸钠法，此方法的原理是甲醛原液与过量的亚硫酸钠反应，用标准酸液在百里酚酞指示下进行反滴定。

在实际试验时，先移取 50mL 亚硫酸钠溶液放入三角烧瓶中，再加入百里酚酞指示剂 2 滴，如果有需要，还可以加几滴硫酸直至蓝色消失。在烧瓶中加入 10mL 甲醛原液，蓝色将再出现，用硫酸滴定至蓝色消失，记录消耗硫酸体积。也可用 pH 值来代替百里酚酞指示剂，且终点 pH 值为 9.5。此方法的计算式如下：

$$\text{甲醛原液浓度（}\mu g/mL\text{）}=\frac{\text{硫酸用量（mL）}\times 0.6\times 1000}{\text{甲醛原液用量（mL）}} \tag{1-1}$$

1mL 0.01mol/L 硫酸相当于 0.6mg 甲醛。在得到结果后，要计算其平均值，并绘制工作曲线图。

（9）稀释。相当于 1g 试样加入 100mL 水，其中甲醛的含量等于标准曲线上对应的甲醛浓度的 100 倍。

（10）标准溶液（S2）的制备。在容量瓶中将 10mL S1（含甲醛约 1500μg/mL）用水稀释至 200mL，此溶液含甲醛 75mg/L.

（11）校正溶液的制备。使用标准溶液（S2）制备校正溶液，其制备方法为取一定体积的标准溶液（S2）加入 500mL 容量瓶中，并定容至刻度。在实际试验中，应至少制备表 1-23 所列 8 种备选校正溶液中的 5 种。

表 1-23　备选校正溶液

备选校正溶液	含标准溶液（S2）/（mL/500mL）	校正溶液的甲醛含量/（μg/mL）	织物的甲醛含量/（mg/kg）
1	1	0.15	15
2	2	0.30	30
3	5	0.75	75
4	10	1.50	150
5	15	2.25	225
6	20	3.00	300
7	30	4.50	450
8	40	6.00	600

如果试样中甲醛含量高于 500mg/kg，稀释样品溶液。如果要使校正溶液中的甲醛浓度和织物试验中的浓度相同，则需要进行双重稀释。如果 1kg 织物中含有 20mg 甲醛，用 100mL 水萃取 1.00g 样品溶液中含有 20μg 甲醛，依此类推，则 1mL 试验溶液中的甲醛含量为 0.2μg。

2. 蒸汽吸收法

（1）甲醛溶液，浓度约为37%（质量分数）。

（2）乙酰丙酮试剂，见GB/T 2912.1—2009。

（3）甲醛标准溶液的配制和标定，见GB/T 2912.1—2009。

（4）浓度为50g/L的铬变酸：在试验时，要使用新配的水溶液。如果有需要，用前还要过滤。此试剂作为测定甲醛的钠盐，每新购一批药品要做一新的校正曲线，溶液超过12h要重配。

（5）7.5mol/L硫酸溶液：将750g、405mL经浓缩的硫酸溶液（密度1.84g/L，分析纯）小心地加入水中，冷却后用水稀释至1L，并且在用前还要经过冷却。

五、试样准备

1. 水萃取法

样品不需调湿，因为调湿过程会影响样品中甲醛的含量。在测试前，应将样品储存在一个容器中。也可以把样品放入聚乙烯包袋中储存，外包铝箔（如果直接接触，催化剂及其他留在整理过的未清洗织物上的化合物会和铝箔发生反应），这样可预防甲醛通过包袋的气孔散发。

从样品上取2块试样剪碎，称取试样1g（精确称重至±10mg），如果甲醛含量太低，可增加试样量至2.5g，以确保测试的准确性。将每个试样放入250mL带塞子的碘量瓶或三角烧瓶中，加入100mL水，盖紧盖子，置于温度为（40±2）℃的水浴中振荡（60±5）min，然后用过滤器过滤至另一碘量瓶中，供分析用。如果出现异议，可采用调湿后的试样质量计算校正系数，校正试样的质量。

从样品上剪下的试验样品立即称重，然后按照GB/T 6529—2008进行调湿后再称重，这样可用两次称量值计算校正系数，并再用此系数计算出试样校正质量。

2. 蒸汽吸收法

样品不需调湿，因为与调湿有关的干度和湿度会影响样品中甲醛的含量。在测试前，应把样品储存进一个容器。将每块试样剪成1g左右，并精确至±10mg，并把样品放入一个聚乙烯袋里储存，外包铝箔，以防止甲醛散发。同时，聚乙烯袋可防止残留催化剂及其他化合物与铝箔发生反应。每块试样平行试验3次。

六、试验步骤

1. 水萃取法

（1）用单标移液管吸取5mL过滤后的样品溶液和5mL标准甲醛溶液放入不同的试管，分别加5mL乙酰丙酮溶液，摇动。

（2）将试管放在温度为（40±2）℃的水浴中，显色（30±5）min，取出后在常温下避光冷却（30±5）min，用5mL蒸馏水加等体积的乙酰丙酮作空白对照，用10mm的比色皿在分光光度计412nm波长处测定吸光度。

（3）如预期从织物上萃取的甲醛量超过500mg/kg，或试验采用5∶5比例，计算值超过500mg/kg时，稀释萃取液，使之吸光度在工作曲线的范围中（在计算结果时，要考虑稀释因素）。

（4）如果样品的颜色偏深，取5mL样品溶液放入另一试管，加入5mL水，按上述操作。用水作空白对照。

（5）做两个平行试验。将已显现出的黄色暴露于阳光下一定时间会造成褪色，因此在测定过程中应避免在强烈阳光下操作。

（6）如果怀疑吸光度不是来自甲醛，而是由样品溶液的颜色产生的，可用双甲酮进行一次确认试验。这是因为双甲酮可与甲醛产生反应，使因甲醛反应产生的颜色消失。

（7）双甲酮确认试验。取5mL样品溶液放入一试管（必要时稀释），加1mL双甲酮乙醇溶液并摇动，放入温度为（40±2）℃的水浴（10±1）min，加5mL乙酰丙酮试剂摇动，继续放入温度为（40±2）℃的水浴（30±5）min，取出试管于室温下放置（30±5）min。测量用相同方法制成的对照溶液的吸光度，对照溶液用水而不是用样品溶液，来自甲醛在412nm波长处的吸光度将消失。

（8）结果计算和表示。各试验样品用来校正样品吸光度的计算式如下：

$$A = A_s - A_{-b} - (A_d) \tag{1-2}$$

式中：A——校正吸光度；

A_s——试验样品中测得的吸光度；

A_{-b}——空白试剂中测得的吸光度；

A_d——空白样品中测得的吸光度（仅用于变色或沾污的情况）。

用矫正后的吸光度数值，通过工作曲线查出甲醛含量，并用μg/mL表示。

从每一样品中萃取的甲醛含量可用下式来计算：

$$F = \frac{c}{m} \times 100 \tag{1-3}$$

式中：F——从织物样品中萃取的甲醛含量，mg/kg；

c——读自工作曲线上的萃取液中的甲醛浓度，mg/L；

m——试样的质量，g。

取两次检测结果的平均值作为试验结果，计算结果修约至整数位。如果结果小于20mg/kg，试验结果报告“未检出”。

2. 蒸汽吸收法

（1）采用乙酰丙酮试剂的试验步骤。

①放50mL水于广口瓶，将一块试样用钢丝网篮或其他手段悬于瓶内水面上，盖紧瓶

盖，将广口瓶放入烘箱中，在（49±2）℃的温度下处理（1200±15）min。取出广口瓶，冷却（30±5）min后，从瓶中取出试样和网篮或其他支持件。然后盖紧瓶盖，并摇动广口瓶，以混合瓶侧任何凝聚物。

②取3份5mL乙酰丙酮试剂分别放入至适量试管（并同样取5mL乙酰丙酮试剂于另一只试管中做空白试验）。从每只广口瓶中吸5mL萃取液加至试管中（做空白试验则加5mL蒸馏水于试管中），混合摇匀，将试管放入温度为（40±2）℃的水浴中冷却（30±5）min。采用412nm的波长测定吸光度，用吸光度在甲醛标准溶液工作曲线上查得对应的样品溶液中的甲醛含量（μg/mL），需注意将已显现出的黄色暴露于阳光下一定时间会造成褪色，如果显色后在强烈阳光下试管读数有明显延迟（如1h），则需要采取措施保护试管，如用不含甲醛的遮盖物遮盖试管。否则，若需要延迟读数颜色可稳定一段时间（至少过夜）。

③结果的计算和表示方法。具体的试验结果计算式如下：

$$F = \frac{c}{m} \times 50 \tag{1-4}$$

式中：F——检测样品中的甲醛含量，mg/kg；

c——读自工作曲线上的萃取液中的甲醛含量，mg/L；

m——试样的质量，g。

（2）用铬变酸替代乙酰丙酮试剂的试验步骤。

①吸取可被1.0mL整除的液体至试管，依次向该液体加7.5mol/L硫酸溶液4.0mL、50g/L铬变酸溶液1.0mL和经浓缩的硫酸溶液5.0mL，每加完一种试剂后，彻底混合试管中的物质，至少等2min，再加下一试剂。

②支撑此试管，使之垂直于沸水浴中（水浴的液面应超过试管中溶液的液面）（30±1）min，冷却后，转移该溶液至50mL容量瓶中，加蒸馏水至刻度后摇动，冷却至室温（至少1h）。如果有需要，可加更多的水至刻度。

③用分光光度仪或比色计在波长为570nm处测吸光度，把稀释液放入10mm测定池中与由1.0mL水、4.0mL 7.5mol/L硫酸溶液、1.0mL 50g/L铬变酸溶液及5.0mL经浓缩的硫酸溶液制成的空白液做对比。

七、原始记录汇总

根据测试方法的要求，完成原始记录汇总，见表1-24。检测报告应包括下列内容：使用的标准、来样日期、试验样品描述和包装方法、工作曲线的范围、从样品中萃取的甲醛含量（mg/kg）、其他任何偏离本部分的说明。

表 1-24　甲醛含量原始记录单

甲醛含量

江苏盛虹纺织品检测中心有限公司
Jiangsu Shenghong Textiles Testing Center Co.,LTD.

江苏盛虹纺织品检测中心有限公司　　SHWS-003-2019

检测标准：__________　样品编号：__________　抽样日期：__________

结果：

备注：

检测：__________　审核：__________　日期：__________

共　页，第　页

小提示

（1）试剂乙酰丙酮的蒸汽与空气可形成爆炸性混合物，遇明火、高热能引起燃烧爆炸，所以乙酰丙酮需要储存在低温干燥通风处，并与氧化性物质分开存放。

（2）称取样品时需要佩戴口罩及橡胶手套，以避免甲醛进入呼吸系统或皮肤接触进入体内。称取样品前不能对样品进行调湿，否则造成样品中甲醛的挥发，造成测试不准确。

知识点十　防静电性能检测

纺织品防静电性能

课程讲解

一、基本知识

防静电纺织品已在诸多领域得到广泛的应用。不同用途的防静电纺织品，抗静电性能的要求也不相同。对普通民用服装来说，以不吸尘、不贴肤、无静电刺激为标准。当织物电阻率达到 $10^7 \sim 10^8 \Omega \cdot m$（相对湿度为 40%）水平时，外衣或内衣的摩擦带电电压达到 3kV 以下，即能满基本要求。电子、仪表及食品等行业的防静电工作服应以防尘为标准，一般要求静电压小于 1.5kV，半衰期小于 10s，摩擦带电电荷密度小于 $7\mu C/m^2$。用于石油、化工、煤矿及国防等易燃易爆场合的防静电纺织品，以防燃防爆为标准，其工作服一般要求静电压在 2～3kV，半衰期小于 10s，织物电阻率在 $10^7 \Omega \cdot m$ 左右。

二、技术依据与基本原理

1. 主要技术依据

GB/T 12703.1—2021《纺织品　静电性能试验方法　第1部分：电晕充电法》及GB/T 12703.5—2020《纺织品　静电性能试验方法　第5部分：旋转机械摩擦法》。

2. 基本原理

（1）电晕充电法。通过电晕充电装置对试样充电一定时间，在停止施加高压电瞬间，试样静电压值达到最大。试样上的静电压值开始自然衰减，但不一定降到零。通过确定峰值电压和半衰期，或者峰值电压衰减到一定比例，来量化试样的静电性能。

（2）旋转机械摩擦法。将织物试样安装在转鼓上，随着转鼓旋转，试样与标准摩擦布之间产生机械摩擦，在旋转过程中，通过测量电极测定试样与摩擦布之间产生的摩擦带电电压。

三、试验方法选择

（一）电晕充电法

1. 仪器设备、用具及试样

静电衰减测试仪（图1-21）、剪刀、裁样板及织物试样若干种。

2. 测试环境条件

除非另有协商或规定，调湿和试验用大气为：温度（20±2）℃，相对湿度（40±4）%，如果使用其他条件调湿或试验，应在试验报告中注明。

3. 试样准备

（1）取样。从织物或成衣上取得样品用于测试。为了避免污染样品，宜使用洁净、无绒毛的手套小心操作。

（2）样品洗涤。

① 通则。如果需要，可选择以下程序之一对样品进行水洗或干洗。如果所使用的洗涤程序在方法、循环次数或任何其他条件与以下程序有所偏离，则应将偏离细节记录在试验报告中。

② 水洗。使用GB/T 8629—2017中规定的A型标准洗衣机和标准洗涤剂3按照程序4N或4M在40℃水温条件下循环洗涤3次。按照GB/T 8629—2017中的一种自然干燥程序干燥样品。

使用过的洗衣机中残留的洗涤剂可能会对试验结果造成影响，建议水洗前仔细清洁洗衣机。

③ 干洗。按照GB/T 19981.2—2014或GB/T 19981.3—2009将样品循环干洗3次。

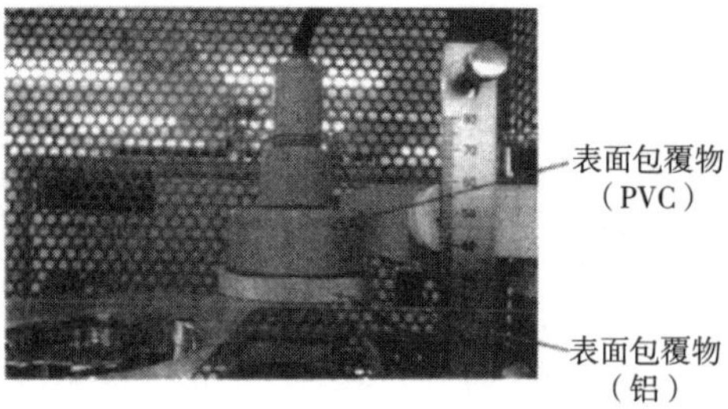

（a）静电衰减测试仪外观

（c）感应电极外观

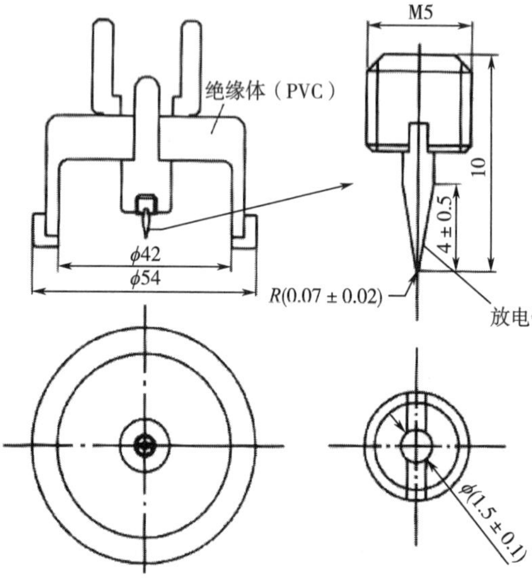

（b）放电电极尺寸（单位：mm）

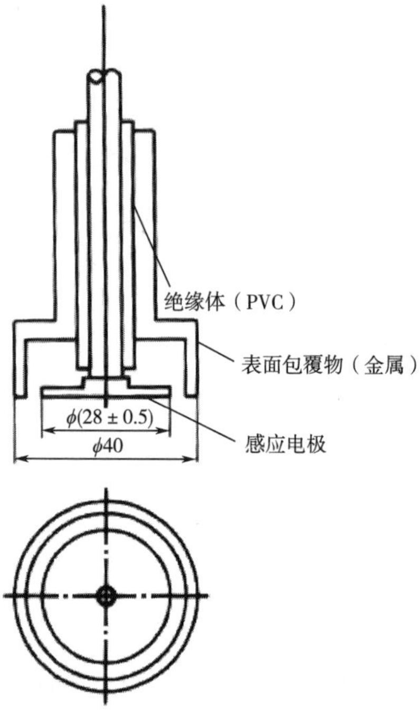

（d）感应电极尺寸（单位：mm）

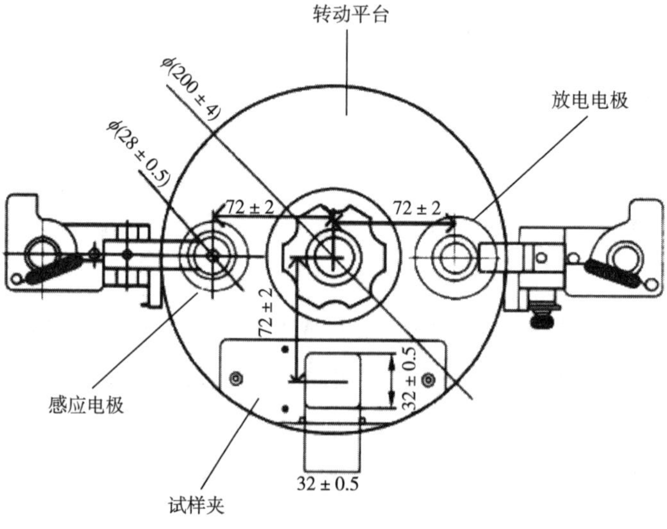

（e）转动平台俯视图（单位：mm）

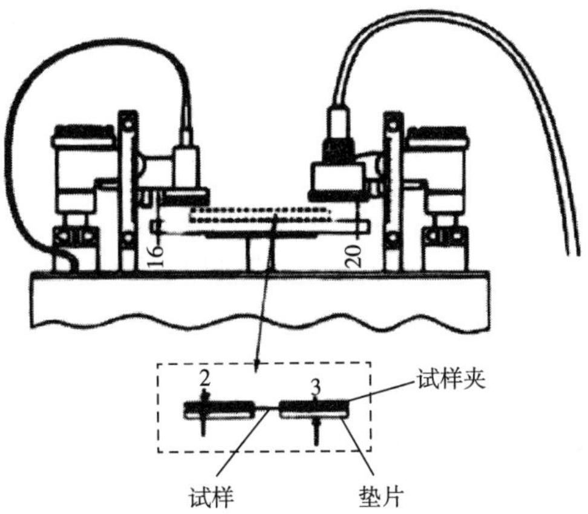

（f）转动平台侧视图（单位：mm）

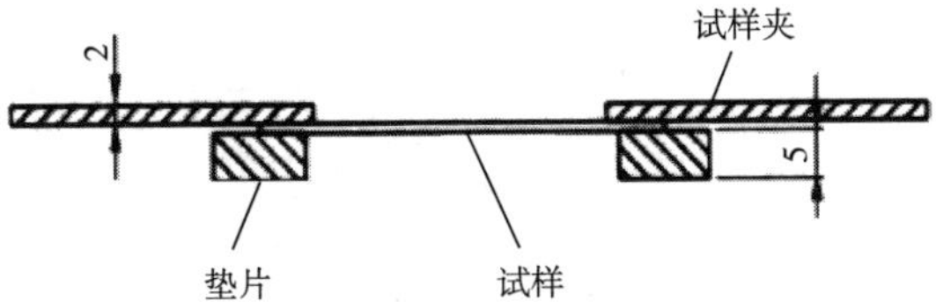

（g）垫片、试样夹及试样（单位：mm）

图 1-21　静电衰减测试仪

（3）样品调湿。样品调湿按以下操作：

将样品在 70℃下干燥 1h，将样品置于规定的条件下调湿至平衡。

4. 仪器准备

（1）调整测量电极位置。将放电针针尖与试样夹的距离调至（18±1）mm，将感应电极与试样夹的距离调至（13±1）mm。

（2）连接记录装置。将试验仪器与数据记录装置连接。

（3）设置试验电压。将试验电压设置为-10kV。

5. 试验步骤

（1）按规定的程序调湿后，剪取 5 个尺寸为（45±1）mm×（45±1）mm 的试样。

（2）使用规定装置对试样进行消电处理。

（3）将试样置于垫片上，并用试样夹压紧。

（4）驱动转动平台并使其转动速度达到稳定。

（5）在转动平台转动的过程中，放电电极对试样施加-10kV 电压并持续 30s。

（6）30s 后平台继续转动，放电电极停止施加电压。

（7）记录峰值电压以及其随时间的衰减情况。若 120s 后仍未到达试样的半衰期，则停止试验，记录试验结果为>120s。

（8）从试样夹下取出试样。

（9）重复（2）~（8）的试验步骤测试剩余 4 块试样。

（10）试验结果应以 5 块试样峰值电压及半衰期的算术平均值表示，结果修约至两位有效数字。

（二）旋转机械摩擦法

1. 仪器设备与用具

旋转机械摩擦法测试仪（图 1-22）、试样安装底座（图 1-23 ）、试样盖（图 1-24）。静电消除装置，自放电型或叠加电压型。摩擦布，GB/T 7568. 1—2002 和 GB/T 7568. 2—2008 中规定的羊毛和棉标准贴衬织物。如果使用其他摩擦布，应在试验报告中进行详细描述。烘箱，用于在（70±3）℃下预烘样品。试验仪器的金属和其他导电部件应接地，接地电阻小于 10Ω。

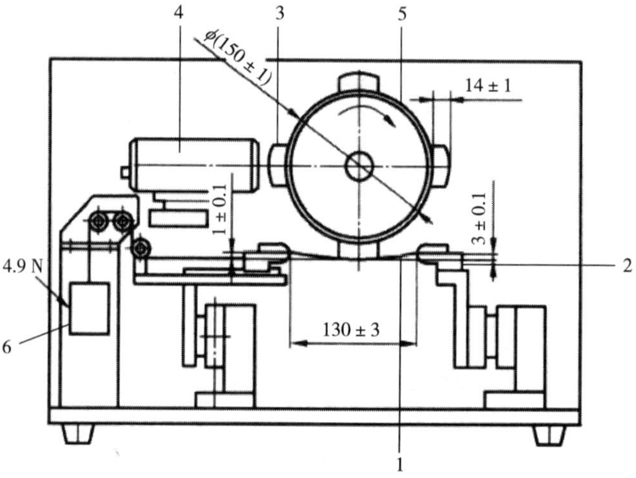

图 1-22　旋转机械摩擦法测试仪（单位：mm）

1—摩擦布　2—摩擦布夹　3—试样安装底座　4—测量电极　5—转鼓　6—负载（允差：±0. 1N）

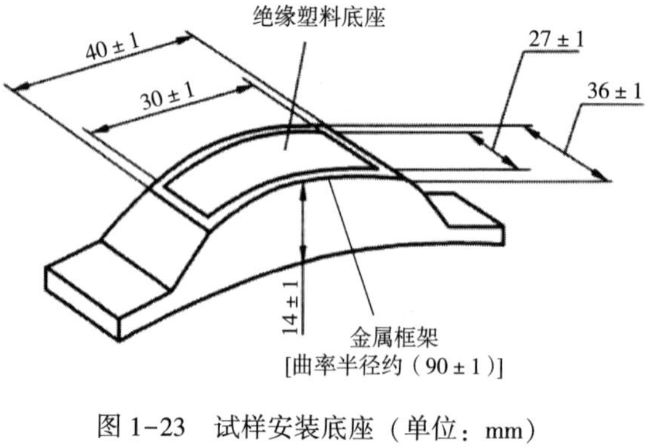

图 1-23　试样安装底座（单位：mm）

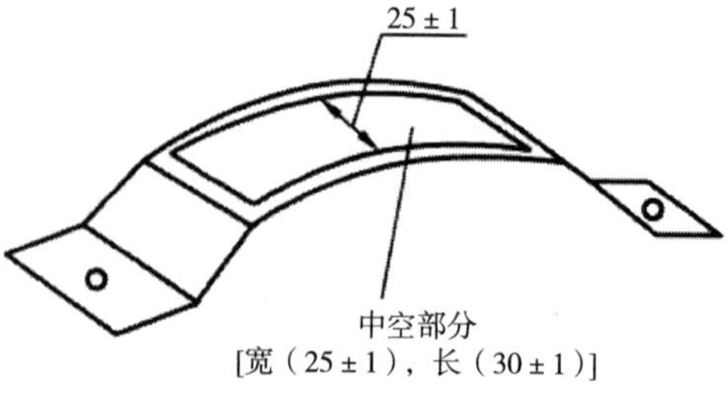

图 1-24　试样盖（单位：mm）

2. 测试环境条件

测试环境条件参见电晕充电法。

3. **试样准备**

（1）取样。

①从布匹或成衣上取得样品用于测试。

②宜使用洁净、无绒毛的手套小心操作，以避免污染样品。

（2）样品洗涤。样品洗涤要求参见电晕充电法。

（3）样品调湿。样品调湿操作参见电晕充电法。

4. **仪器准备**

仪器准备参见电晕充电法。

5. **试验步骤**

（1）按规定的程序调湿后，剪取 5 个尺寸为（45±1）mm×（45±1）mm 的试样。

（2）使用规定装置对试样进行消电处理。

（3）将试样置于垫片上，并用试样夹压紧。

四、原始记录汇总

根据测试方法的要求，完成原始记录汇总，防静电性能测试（电晕充电法）见表 1-25，防静电性能测试（旋转机械摩擦法）见表 1-26。

表 1-25　防静电性能测试（旋转机械摩擦法）原始记录单

防静电性能测试（电晕充电法）

江苏盛虹纺织品检测中心有限公司
Jiangsu Shenghong Textiles Testing Center Co.,LTD.

江苏盛虹纺织品检测中心有限公司　　SHWS-003-2019

样品编号：________　抽样日期：________

检测方法：________　检测标准：________

结果：

样品	充电电压/kV	半衰期/s

备注：

检测：________　审核：________　日期：________

共　页，第　页

表 1-26 防静电性能测试（旋转机械摩擦法）原始记录单

防静电性能测试（旋转机械摩擦法）

江苏盛虹纺织品检测中心有限公司
Jiangsu Shenghong Textiles Testing Center Co.,LTD.

江苏盛虹纺织品检测中心有限公司　　SHWS-003-2019

样品编号：________________　抽样日期：________________

检测方法：________________　检测标准：________________

结果：

样品	第一次	第二次	第三次	平均值

备注：

检测：____________　审核：____________　日期：____________

共　页，第　页

任务五　西装产品检测报告（表 1-27）

表 1-27　检测报告　　报告编号（No.）：

<table>
<tr><td colspan="2">产品名称
Product Name</td><td>西装</td><td>检验类别
Test Type</td><td>委托检验</td></tr>
<tr><td colspan="2">样品数量
Sum of Sample</td><td>1 件</td><td>样品状态
Sample State</td><td>符合检验要求</td></tr>
<tr><td rowspan="2">委托单位
Consigner</td><td>名称
Name</td><td>苏州市晨煊纺织科技
有限公司</td><td>电话
Telephone</td><td>13829023289</td></tr>
<tr><td>地址
Address</td><td>江苏吴江区盛泽镇
西二环路 1188 号</td><td>邮编
Postcode</td><td>215228</td></tr>
<tr><td colspan="2">送样日期
Sampling Date</td><td>2020 年 6 月 10 日</td><td>检验日期
Test Date</td><td>2020 年 6 月 15 日</td></tr>
<tr><td colspan="2">检验项目
Test Items</td><td colspan="3">pH 值、甲醛含量、可分解致癌芳香胺燃料、异味、耐水色牢度、耐酸汗渍色牢度、耐碱汗渍色牢度、耐摩擦色牢度、水洗尺寸变化率、耐皂洗色牢度、耐光色牢度、缝子纰裂程度、撕破强力、洗前起皱级差和洗后外观</td></tr>
</table>

续表

检验依据 Test Basis	GB/T 2665—2017《女西服、大衣》 GB 18401—2010《国家纺织产品基本安全技术规范　B类》

检验结果 Test Results

通用技术要求 General Technical Requirements

序号 Ser. #	项目 Item		测试方法 Test Method	检测结果 Test Results	技术要求 Tech. Req.	结论 Conclusion
1	pH值		GB/T 7573—2009	6.3	4.0~8.5	合格
2	甲醛含量/(mg/kg)		GB/T 2912.1—2009	35	≤75	合格
3	可分解致癌芳香胺染料/(mg/kg)		GB/T 17592—2011	未检出*	≤20	合格
4	异味		GB 18401—2010	无	无	合格
5	耐水色牢度/级	变色	GB/T 5713—2013	4	≥3-4	合格
		沾色		4	≥3	
6	耐酸汗渍色牢度/级	变色	GB/T 3922—2013	3-4	≥3	合格
		沾色		3-4	≥3	
7	耐碱汗渍色牢度/级	变色	GB/T 3922—2013	3-4	≥3	合格
		沾色		3-4	≥3	
8	耐干摩擦色牢度/级	沾色	GB/T 3920—2008	3	≥3	合格

其他技术要求 Other Technical Requirements

序号 Ser. #	项目 Item		测试方法 Test Method	检测结果 Test Results	技术要求 Tech. Req.	结论 Conclusion
9	耐水洗尺寸变化率/%	领大	GB/T 8629—2017，4N，晾干	-0.5	≥-2.0	合格
		胸围		-0.5	≥-1.0~+1.0	
		衣长		-1.0	≥-1.5~+1.5	
10	耐皂洗色牢度/级	变色	GB/T 3921—2008，A1	3-4	≥3-4	合格
		沾色		3-4	≥3	
11	耐湿摩擦色牢度/级	沾色	GB/T 3920—2008	3-4	≥2-3	合格
12	耐光色牢度/级	变色	GB/T 8427—2019	2-3	≥3	不合格
13	缝子纰裂程度/cm	后背缝	GB/T 21294—2014，9.2.1	0.3	≤0.6	合格
		袖窿缝		0.2	≤0.6	
		摆缝		0.3	≤0.6	
14	撕破强力/N		GB/T 3917.1—2009	经：12.5 纬：8.7	≥10	合格
15	洗涤前起皱级差/级	领子	GB/T 13769—2009	4.5	≥4.5	合格
		口袋		4.5	≥4.5	
		袖头		4.5	≥4.5	
		门襟		4.5	≥4.5	
		摆缝		4.5	≥4.0	
		底边		4.5	≥4.0	

续表

<table>
<tr><th>序号
Ser. #</th><th colspan="2">项目
Item</th><th>测试方法
Test Method</th><th>检测结果
Test Results</th><th>技术要求
Tech. Req.</th><th>结论
Conclusion</th></tr>
<tr><td rowspan="7">16</td><td rowspan="6">洗涤后起皱级差/级</td><td>领子</td><td rowspan="7">GB/T 13769—2009，GB/T 8629—2017，4N，晾干</td><td>4.0</td><td>>3.0</td><td rowspan="6">合格</td></tr>
<tr><td>口袋</td><td>4.0</td><td>>3.0</td></tr>
<tr><td>袖头</td><td>4.0</td><td>>3.0</td></tr>
<tr><td>门襟</td><td>3.5</td><td>>3.0</td></tr>
<tr><td>摆缝</td><td>3.5</td><td>>3.0</td></tr>
<tr><td>底边</td><td>3.5</td><td>>3.0</td></tr>
<tr><td colspan="2">洗后外观*</td><td>符合</td><td>GB/T 21295—2014</td><td>合格</td></tr>
<tr><td colspan="7">注　*可分解致癌芳香胺染料实验室检出限 20mg/kg。</td></tr>
</table>

<table>
<tr><td>贴样</td><td colspan="2"></td></tr>
<tr><td>备注</td><td colspan="2">仅对来样负责（Only responsible to the submitted samples）</td></tr>
<tr><td>主检
Tested by</td><td></td><td rowspan="4">签发日期（Date）：

年　月　日</td></tr>
<tr><td>制表
Compiled by</td><td></td></tr>
<tr><td>校核
Checked by</td><td></td></tr>
<tr><td>审批
Approved by</td><td></td></tr>
</table>

知识链接一　织物取样

纺织品检测一般带有破坏性，所以不能进行全检而要进行抽样检验。试样的制备是否有代表性，关系到检验结果的准确程度。所以，试样的制备一般要满足以下基本要求。

1. **实验室样品的制备**

实验室对送检的样品应提出以上四项要求：

（1）整幅宽。

（2）至少 0.5m，样品的长度视检验项目及数量的不同而不同。

（3）离布端 2m 以上。

（4）应避开折痕、疵点。

2. 样品上试样的制备

（1）试样距布边至少 150mm。

（2）剪取试样的长度方向应平行于织物的经向或纬向。

（3）每份试样不应包括有相同的经纱或纬纱。

需要强调的是为保证试样的尺寸精度，样品要在调湿平衡后才能剪取试样。

知识链接二　试验条件与试样准备

1. 试验条件

一般情况下，纤维和纺织品的性能常随测试环境变化而变化。为了使纺织品在不同时间、不同地点测得的结果具有可比性，必须统一规定试验用标准大气状态。标准大气状态是相对湿度和温度受到控制的环境，纺织品在此环境温度和相对湿度下进行调湿和试验。

关于标准大气状态的规定，国际上是一致的，而允许的误差各国略有不同。GB/T 6529—2008《纺织品　调湿和试验用标准大气》对试验用标准大气状态规定见表 1-28。

表 1-28　标准大气状态条件表

标准温度/℃	20±2
标准相对湿度/%	65±4

根据规定，若在非标准温湿度条件下进行的测试，通常需要用修正系数对试验结果进行修正。

2. 试样准备

（1）调湿。纺织品在进行各项性能测试前，应在标准大气状态下放置一定的时间使其达到吸湿平衡。这样的处理过程称为调湿。在调湿期间，应注意使空气能畅通地流过将要被测试的试样。调湿的目的就是消除吸湿对纺织品性能的影响。调湿的时间，一般天然纤维纺织品为 24h 以上即可，合成纤维制品则 4h 以上即可。在调湿时，必须注意调湿过程不能间断，若被迫间断，则必须重新按规定调湿。

（2）预调湿。为了保证在调湿期间试样是由吸湿状态达到平衡的，对于含水较高和回潮率影响较大的试样，还需要预调湿（即干燥）。所谓预调湿就是将试样材料放置在相对湿度为 10.0%～25.0%，温度不超过 50.0℃的大气中让其放湿。一般预调湿 4h 便可达到要求。在预调湿时，应注意对有些纺织品因其表面含有树脂、表面活性剂、浆料等，应该先将试样预处理后，再进行预调湿和调湿。

拓展练习　衬衫综合检测任务实施

【项目导入】

江苏盛虹纺织品检测中心有限公司与客户苏州市晨煊纺织科技有限公司签订合同，针对客户提供的衬衫产品的相关性能进行检测，对其产品质量给出评价。检测公司在接到该订单后，为了更加准确有效地完成合同，将不同性能检测任务分发给各部门，最终汇总形成一份完整的衬衫产品检测报告。

【课程思政目标】

（1）通过对盛虹集团有限公司及江苏盛虹纺织品检测中心有限公司的介绍，使学生认识到中国企业在世界中的影响力，培养学生的爱国情怀。

（2）通过企业的真实纺织品检测案例，培养学生的工匠精神、劳模精神。

【学习目标】

（1）根据客户要求进行任务分解。

（2）运用纺织品检测知识，熟练掌握衬衫产品的相关检测。

（3）对测试结果能够进行正确表达和评价。

（4）具备分析影响测试结果准确性的能力。

【能力目标】

（1）具备衬衫产品综合检测能力。

（2）检测标准的选择和应用。

【素养目标】

（1）培养学生具有良好的职业道德和职业素养。

（2）培养学生团队合作精神和创新精神。

【知识点】

衬衫产品的技术要求、检测任务实施、报告编写等。

【技能点】

（1）测试标准的选择与解读。

（2）检测方法的学习和使用。

（3）样品的制备、测试、数据分析。

（4）测试报告的填写。

任务一　企业测试任务单填写

江苏盛虹纺织品检测中心有限公司

TEXTILE TESTING APPLICATION（纺织品测试申请表）

SHWS-4.1-2-01　Form No.（编号）SH-WS 4042719

Invoice Information（开票信息）：________

Applicant Name（申请公司名称）：________

Address（地址）：________

Contact Person（联系人）：________　Telephone（电话）：________　Fax（传真）：________

Buyer（买家）：________　Order No.（订单号）：________　Style（款号）：________

Sample Description（样品描述）：________

Brand Standard（品牌标准）：☐ Marks & Spencer　☐李宁　☐安踏　☐美邦　☐森马　☐以纯　☐利郎　☐其他____

Requirement Grade（要求等级）：☐优等品　☐一等品　☐合格品

Standards/Methods Used（采用标准/方法）：☐ ISO　☐ AATCC/ASTM　☐ JIS　☐ JB　☐ FZ/T　☐ Other____

Sample No.（样品编号）：________　Sample Quantity（样品数量）：________

Test Required（测试项目）：________

Dimensional Stability/尺寸稳定性	Method/方法	Physical/物理性能	Method/方法
☑ Washing/水洗	________	☐ Tensile Strength/断裂程度	________
☑ Dry Heat/干热	________	☑ Tear Strength/撕裂程度	________
☐ Steam/汽蒸	________	☐ Seam Slippage/接缝滑落	________
Colour Fastness/色牢度		☐ Seam Strength/接缝强度	________
☑ Washing/水洗	________	☐ Bursting Strength/顶破/胀破程度	________
☐ Dry-cleaning/干洗	________	☐ Pilling Resistance/起毛起球	________
☑ Rubbing/摩擦	________	☐ Abrasion Resistance/耐磨性	________
☐ Light/光照	________	☐ Yarn Count/纱线密度	________
☑ Perspiration/汗渍	________	☐ Fabric weight/织物克重	________
☐ Water/水渍	________	☐ Threads Per Unit Length/织物密度	________
☐ Chlorinated Water/氯化水	________	☐ Flammability/燃烧性能	________
☐ Chlorine Bleach/氯漂	________	☐ Washing Appearance/洗后外观	________
☐ Non-Chlorine Bleach/非氯漂	________	☐ Down Proof/防沾绒	________
Functional/功能性		Chemical/化学性能	
☐ Spray Rating/泼水	________	☐ Fibre Content/成分分析	________
☐ Rain Test/雨淋	________	☐ pH Value/pH 值	________
☐ Hydrostatic Pressure Test/静水压	________	☐ Formaldehyde Content/甲醛	________
☐ Air Permeability/透气性	________	☐ Azo Test/偶氮染料	________
☑ Water Vapour Permeability/透湿性	________	☐ Heavy Metal/重金属	________
☐ Ultraviolet/抗紫外线	________	☐国家纺织产品基本安全技术规范	GB 18401—2010
☐ Chromaticity/荧光度	________	Other Testing（其他）	耐熨烫色牢度

Working Days（工作日）________天　报告传递方式：☐自取　☐邮寄　☐短信　☐邮件

Return Remained Sample（剩余样品是否归还）：☐ Yes（是）　☐ No（否）　Expense（费用）：________

Report（报告）：☐ Chinese Report（中文报告）　☐ English Report（英文报告）

Authorized Signature（申请人签名）：________　Date（日期）：________

Received Signature（接收人签名）：________　Date（日期）：________

吴江盛泽镇西二环路 1188 号　邮政编码：215228　No. 1188Xierhuan Road，Shengze，Wujiang　Post Code：215228

Tel：+86-0512-63525197　Fax：+86-0512-63525390　E-mail：jczx@ shgroup. cn

任务二　测试任务分解

实验室在接收到客户的检测委托单后，会经过“合同评审”“任务分解”（图 1-25）“样品准备”“测试仪器准备”“测试环节”“原始记录汇总、审核”“报告编制、发送客户”等七个步骤。纺织品检测流程如图 1-2 所示。

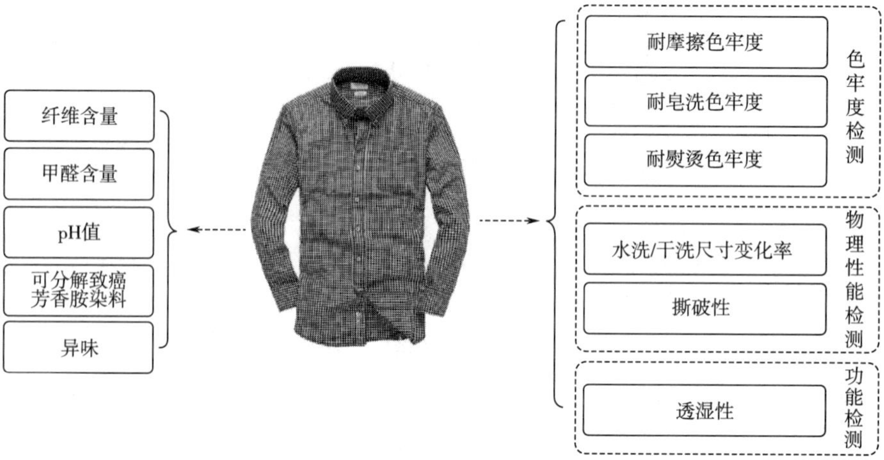

图 1-25　衬衫产品测试任务分解

任务三　衬衫产品技术要求

依据国家针对衬衫的检测标准进行技术要求分析，标准为 GB/T 2660—2017《衬衫/Shirts and blouses》。

一、使用说明

成品使用说明按 GB/T 5296.4—2012 和 GB 31701—2015 规定。

二、号型规格

（1）号型设置按 GB/T 1335（所有部分）规定。

（2）主要部位规格按 GB/T 2667—2017 规定或按 GB/T 1335（所有部分）有关规定自行设计。

三、原材料

1. 面料

按有关纺织面料标准选用符合本标准质量要求的面料。

2. **里料**

采用与所用面料相适宜并符合本标准质量要求的里料。

3. **辅料**

（1）衬布、垫肩、装饰花边、袋布。采用与所用面料、里料的性能相适宜的衬布、垫肩、装饰花边、袋布，其质量应符合本标准规定。

（2）缝线、绳带、松紧带。采用与所用面料、里料、辅料的性能相适宜的缝线、绳带、松紧带（装饰线、带除外）。

（3）纽扣及其他附件。采用适合所用面料的纽扣（装饰扣除外）及其他附件。纽扣、装饰扣及其他附件应表面光洁、无毛刺、无缺损、无残疵、无可触及锐利尖端和锐利边缘。

注：可触及锐利尖端和锐利边缘是在正常穿着条件下，成品上可能对人体皮肤造成伤害的锐利边缘和尖端。

四、经纬纱向

前身底边不倒翘，后身、袖子的纱线歪斜程度按表 1-29 规定。

表 1-29　纱线歪斜程度

项目	技术要求（%）
色织条、格类	≤2.5
其他	≤5.0

五、色差

领面，过肩、口袋、明门襟，袖头面与大身色差高于 4 级。其他部位色差不低于 4 级。

六、外观疵点

各部位疵点按表 1-30 规定，成品部位划分如图 1-26 所示。各部位只允许一种允许存在程度内的疵点。

表 1-30　各部位疵点

疵点名称	各部位允许存在程度			
	0 号部位	1 号部位	2 号部位	3 号部位
粗于一倍粗纱 2 根	不允许	长 3.9cm 以内	不影响外观	长不限
粗于二倍粗纱 3 根	不允许	长 1.5cm 以内	长 4.0cm 以内	长 6.0cm 以内
粗于三倍粗纱 4 根	不允许	不允许	长 2.5cm 以内	长 4.0cm 以内

续表

疵点名称	各部位允许存在程度			
	0 号部位	1 号部位	2 号部位	3 号部位
双经双纬	不允许	2 个	不影响外观	长不限
小跳花	不允许	不允许	6 个	不影响外观
经缩	不允许	不允许	长 4.0cm，宽 1.0cm 以内	不明显
纬密不均	不允许	不允许	不明显	不影响外观
颗粒状粗纱	不允许	不允许	不允许	不允许
经缩波纹	不允许	不允许	不允许	不允许
断经断纬 1 根	不允许	不允许	不允许	不允许
搔损	不允许	不允许	不允许	轻微
浅油纱	不允许	长 1.5cm 以内	长 2.5cm 以内	长 4.0cm 以内
色档	不允许	不允许	轻微	不影响外观
轻微色斑（污渍）	不允许	不允许	0.2cm×0.2cm 以内	不影响外观

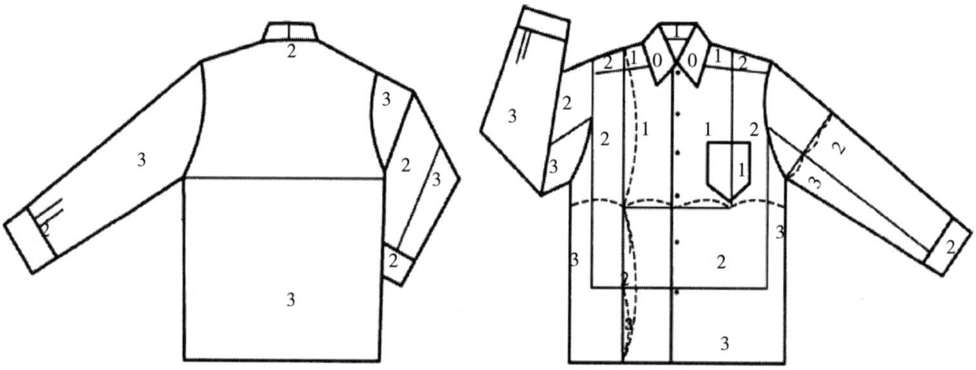

图 1-26　成品部位划分

七、缝制

（1）针距密度按表 1-31 规定，特殊设计除外。

表 1-31　针距密度

项目	针距密度	备注
明暗线	不少于 12 针/3cm	—
绗缝线	不少于 9 针/3cm	—
包缝线	不少于 12 针/3cm	包括锁缝（锁式线）
锁眼	不少于 12 针/1cm	—

（2）各部位缝制平服，线路顺直、整齐、牢固，针迹均匀。

（3）上下线松紧适宜，无跳线、断线，起落针处应有回针。

（4）领子部位不允许跳针，其余各部位 30cm 内不得有连续跳针或一处以上单跳针，链式线迹不允许跳线。

（5）领子平服，领面、里、衬松紧适宜，领尖不反翘。

（6）绱袖圆顺，吃势均匀，两袖前后基本一致。

（7）袖头及口袋和衣片的缝合部位均匀、平整、无歪斜。

（8）商标和耐久性标签位置端正、平服。

（9）锁眼定位准确，大小适宜，两头封口。开眼无绽线。

（10）钉扣与眼位相对应，整齐牢固。缠脚线高低适宜，线结不外露，钉扣线不脱散。

（11）四合扣（四件扣）松紧适宜，牢固。

（12）成品中不得含有金属针或金属锐利物。

八、规格尺寸允许偏差

成品主要部位规格尺寸允许偏差按表 1-32 规定。

表 1-32　成品主要部位规格尺寸允许偏差　　单位：cm

部位名称		技术要求
领大		±0.6
衣长		±1.0
长袖长	连肩袖	±1.2
	圆袖	±0.8
短袖长		±0.6
胸围		±2.0
总肩宽		±0.8

九、整烫

（1）各部位熨烫平服、整洁，无烫黄、水渍及亮光。使用黏合衬部位不允许有脱胶，渗胶、起皱，起泡及沾胶。

（2）领型左右基本一致，折叠端正。

（3）一批产品的整烫折叠规格应保持一致。

十、理化性能

成品理化性能按表 1-33 规定。

表 1-33　成品理化性能

项目			分等要求		
			优等品	一等品	二等品
纤维含量/%			符合 GB/T 29862—2013 规定		
甲醛含量/(mg/kg)			符合 GB 18401—2010 中 B 类规定		
pH 值					
可分解致癌芳香胺染料/(mg/kg)					
异味					
水洗（干洗）尺寸变化率[a]/% ≥		领大	-1.0	-1.5	-2.0
		胸围[b]	-1.5	-2.0	-2.5
		衣长	-2.0	-2.5	-3.0
色牢度/级 ≥	耐皂洗[c]	变色	4	3-4	3
		沾色	4	3-4	3
	耐干洗[d]	变色	4-5	4	3-4
		沾色	4-5	4	3-4
色牢度/级 ≥	耐干摩擦	沾色	4	3-4	3
	耐湿摩擦[e]	沾色	4	3-4	3
	耐光	变色	4	3	
	耐汗渍（酸、碱）	变色	4	3	
		沾色	4	3	
	耐水	变色	4	3	
		沾色	4	3	
缝子纰裂程度[f]/cm ≤			0.6		
撕破强度/N ≥			7		
洗涤前起皱级差/级 ≥		领子	4.5		
		口袋	4.5		
		袖头	4.5		
		门襟	4.5		
		摆缝	4.0		
		底边	4.0		

续表

项目			分等要求		
			优等品	一等品	二等品
洗涤后外观	洗涤后起皱级差[g]/级	领子	>4.0	≥4.0	>3.0
		口袋	>3.5	≥3.5	>3.0
		袖头	>4.0	≥4.0	>3.0
		门襟	>3.5	≥3.5	>3.0
		摆缝	>3.5	≥3.5	>3.0
		底边	>3.5	≥3.5	>3.0
	洗涤干燥后，黏合衬部位不允许出现脱胶、气泡。其他部位不允许出现破损、脱落、变形、明显扭曲和严重变色。缝口不允许脱落				

注　按 GB/T 4841.3—2006 规定，颜色深于 1/12 染料染色标准深度色卡为深色，颜色不深于 1/12 染料染色标准深度为浅色。

a　洗涤后的尺寸变化率根据成品使用说明标准内容进行考核。

b　纬向弹性产品不考虑胸围的洗涤后尺寸变化率。

c　耐皂洗色牢度不考虑使用说明标注不可水洗的产品。

d　耐干洗色牢度不考虑使用说明中标注不可干洗的产品。

e　耐湿摩擦色牢度允许程度，起绒植绒类面料及深色面料的一等品和合格品可以比标准规定低半级。

f　缝子纰裂程度试验结果出现滑脱、织物断裂、缝线断裂判定为不符合要求。

g　当原料为全棉、全毛、全麻、棉等混纺时洗涤后起皱级差允许比本标准降低 0.5 级。

任务四　性能测试

【本项目技能点】

（1）测试标准的选择与解读。

（2）检测方法的学习和使用。

（3）样品的制备、测试、数据分析。

（4）测试报告的填写。

知识点一　纺织品耐汗渍色牢度检测

纺织品耐汗渍色牢度

课程讲解

一、基本知识

汗液里含有水分和少量的盐分，其中水分占98%以上，1%~2%为少量尿素、乳酸、脂肪酸、氯化钠、氯化钾及尿素等，pH 值为 4.2~7.5。汗液引起有色纺织品褪色的机理是汗液的酸性或碱性对染料发色结构的破坏，导致染料颜色变浅或失去颜色；或者是大量水分对染料的溶解作用，使染料脱离纺织品而导致纺织品颜色变浅。耐汗渍色牢度分耐酸汗渍色牢度和耐碱汗渍色牢度。

二、技术依据与基本原理

1. 主要技术依据

GB/T 3922—2013《纺织品　色牢度试验　耐汗渍色牢度》。

2. 基本原理

将纺织品试样与规定的贴衬织物合在一起放在含有组氨酸的两种不同试液中，分别处理后去除试液，放在试验装置内两块具有规定压力的平板之间，然后再将试样和贴衬织物分别干燥。最后，采用灰色样卡评定试样的变色程度和贴衬织物的沾色程度。

三、仪器设备与用具

YG631 型汗渍色牢度测试仪（图 1-27、图 1-28）、Y(B)902 型汗渍色牢度烘箱（图 1-29）、恒温箱变色灰色样卡及沾色灰色样卡，其中保温箱保温在（37±2）℃。

图 1-27　YG631 型汗渍色牢度仪

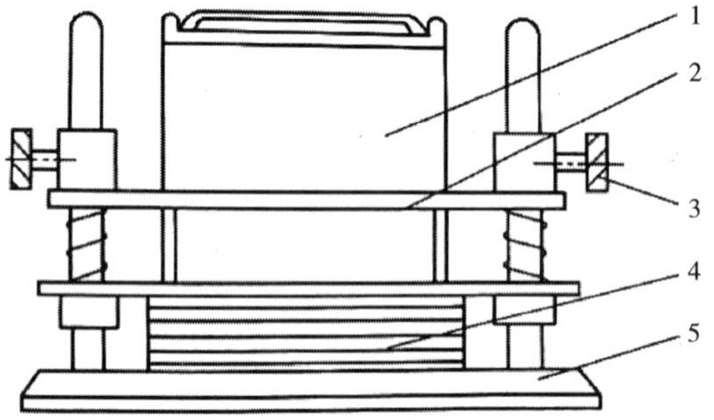

图 1-28　YG631 型汗渍色牢度仪结构示意图

1—重锤　2—弹簧压架　3—紧钉螺钉　4—夹板　5—座架

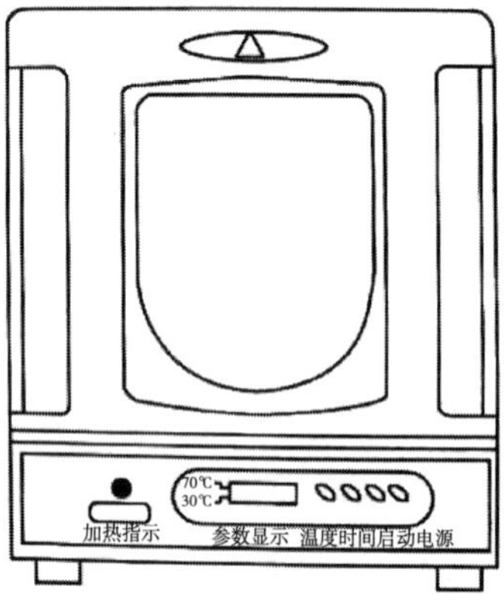

图 1-29　Y(B)902 型汗渍色牢度烘箱

四、试验试剂

试验用试剂分碱液和酸液两种类型，分别用蒸馏水配制，现配现用。

（1）碱液每升含：L-组氨酸盐酸盐水合物 0.5g，NaCl 5g，$Na_2HPO_4 \cdot 12H_2O$ 5g 或 $Na_2HPO_3 \cdot 2H_2O$ 2.5g，用 0.1mol/L NaOH 溶液调整试液 pH 值至 8.0±0.2。

（2）酸液每升含：L-组氨酸盐酸盐水合物 0.5g，NaCl 5g，$Na_2HPO_4 \cdot 12H_2O$ 2.2g，用 0.1mol/L NaOH 溶液调整试液 pH 值至 5.5±0.2。

五、试样准备

（1）染色织物。试样尺寸为40mm×100mm，与一块多纤维贴衬织物相贴合，并沿一短边缝合。或夹在两块贴衬织物之间，形成一个组合试样。其中，贴衬织物的选用见表1-34。整个试验需要制备两个试样。

表1-34　耐汗渍色牢度试验用贴衬织物的纤维种类

第一块黏衬织物	第二块黏衬织物	第一块黏衬织物	第二块黏衬织物
棉	羊毛	醋酯纤维	黏胶纤维
羊毛	棉	锦纶	羊毛或棉纤维
丝	棉	聚酯纤维	羊毛或棉纤维
麻	羊毛	腈纶	羊毛或棉纤维
黏胶纤维	羊毛	—	—

（2）印花织物。其正面与内贴衬织物每块的一半相接触，剪下其余一半，交叉覆盖于背面，缝合两短边；或者与一块多纤维贴衬织物相贴合，缝一短边。如果不能包括全部颜色，则需制备多个组合试样。

（3）纱线或散纤维。可将纱线编成织物，按织物试样制备，或者用约为贴织物总量的一半，纱线以平行长度组成40mm×100mm的一薄层；散纤维梳压成40mm×100mm的薄片，夹于两块贴衬织物之间，或夹于一块40mm×100mm多纤维贴衬织物和一块同尺寸染不上颜色的织物之间，沿四边缝合。将纱线或散纤维固定，形成一个组合试样。整个试验需要两个组合试样。

（4）贴衬织物。每个组合试样需两块贴衬织物，每块尺寸为40mm×100mm，第一块用试样的同类纤维制成，第二块由表1-34规定的纤维制成。如果试样是混纺或交织品，则第一块用主要含量的纤维制成，第二块用次要含量的纤维制成。

六、试验步骤

（1）按规定配方分别制备酸、碱试液，浴比为1∶50，各放入一块组合试样，使其完全润湿，然后在室温下放置30min，为保证试液能良好而均匀地渗透，必要时可稍揿压和拨动。酸和碱试验使用的仪器要分开，以免相互影响。

（2）取出试样，倒去残液，把组合试样放在试样板上，用另一块试样板刮去过多的试液；或者用两根玻璃棒夹去组合试样上过多的试液。将试样夹在两块试样板中间。

（3）用同样步骤放好其他组合试样，并使试样受压12.5kPa。

（4）把带有组合试样的酸、碱二组仪器放在恒温箱内，在保持（37±2)℃的温度下放置4h。

（5）取出组合试样，保留一短边缝合，拆去其他缝线，展开试样，在温度不超过60℃的空气中悬挂干燥。

（6）用变色灰色样卡和沾色灰色样卡，分别评定酸、碱溶液作用后的试样变色和标准贴衬布沾色牢度的等级。

七、原始记录汇总

根据测试方法的要求，完成原始记录汇总，见表1-35。检测结果应记录检测所采用的标准编号；试样的详细描述；检测项目指标及检测结果等级，使用灰卡或仪器评定的试样变色级数；如果采用单纤维贴衬织物，则应记录所用的每种贴衬织物的沾色级数；如果采用多纤维贴衬织物，则应记录其型号和每种纤维的沾色级数；以及任何偏离本标准的细节及检测中的异常现象。

表1-35　耐汗渍色牢度原始记录单

耐汗渍色牢度　　江苏盛虹纺织品检测中心有限公司 Jiangsu Shenghong Textiles Testing Center Co.,LTD.

江苏盛虹纺织品检测中心有限公司　　SHWS-003-2019

检测标准：________　样品编号：________　抽样日期：________

碱性	原样	酸性
原样变化________		原样变化________
沾色：羊毛________		沾色：羊毛________
腈纶________		腈纶________
涤纶________		涤纶________
锦纶________		锦纶________
棉布________		棉布________
醋酯纤维________		醋酯纤维________
备注________		备注________

备注：

检测：________　审核：________　日期：________

共　页，第　页

小提示

（1）要保证试样彻底被试液浸透。遇到试样长时间浸入试液也难以完全浸透时，需用手或平头玻璃棒充分按压试样，也可用抽吸法使其浸透。

（2）为保证每个试样所受压力正常，YG631型汗渍色牢度测试仪应平放在恒温箱内保温。

（3）耐汗渍色牢度快速测试法的实验条件为（70±2）℃温度下压放1h。

知识点二　纺织品透湿性能检测

纺织品透湿性能
课程讲解

一、基本知识

1. **透湿率**

在试样两面保持规定的温湿度条件下，规定时间内垂直通过单位面积试样的水蒸气质量，以 g/(m^2·h) 或 g/(m^2·24h) 为单位。

2. **透湿度**

在试样两面保持规定的温湿度条件、单位水蒸气压差下，规定时间内垂直通过单位面积试样的水蒸气质量，以 g/(m^2·Pa·h) 为单位。

3. **透湿系数**

在试样两面保持规定的温湿度条件、单位水蒸气压差下，单位时间内垂直透过单位厚度、单位面积试样的水蒸气质量，以 g·cm/(cm^2·s·Pa) 为单位。

二、技术依据与基本原理

1. **主要技术依据**

GB/T 12704.1—2009《纺织品　织物透湿性试验方法　第 1 部分　吸湿法》和 GB/T 12704.2—2009《纺织品　织物透湿性试验方法　第 2 部分　蒸发法》。

2. **基本原理**

（1）吸湿法。把盛有干燥剂并封以织物试样的透湿杯放置于规定温度和湿度的密封环境中，根据一定时间内透湿杯质量的变化，计算试样透湿率、透湿度及透湿系数。

（2）蒸发法。把盛有一定温度蒸馏水并封以织物试样的透湿杯放置于规定温度和湿度的密封环境中，根据一定时间内透湿杯质量的变化，计算试样透湿率、透湿度及透湿系数。

三、仪器设备与用具

（1）YG216 型（或 YG501 型等）织物透湿测试仪。

（2）电子天平，精确至±0.001g。

四、试样准备

（1）按取样要求准备试验样品。

（2）每个样品上至少剪取 3 块试样，每块试样直径为 70mm。

五、试验参数选择

（1）吸湿法。优先采用①试验条件，若需要可采用②、③或其他试验条件。

①温度为（38±2）℃，相对湿度为（90±2）%。

②温度为（23±2）℃，相对湿度为（50±2）%。

③温度为（20±2）℃，相对湿度为（65±2）%。

（2）蒸发法。优先采用①试验条件，若需要可采用②、③或其他试验条件。

①温度为（38±2）℃，相对湿度为（50±2）%。

②温度为（23±2）℃，相对湿度为（50±2）%。

③温度为（20±2）℃，相对湿度为（65±2）%。

六、试验步骤

1. 吸湿法

（1）在干燥的透湿杯中加入烘燥的氯化钙吸湿剂，并使吸湿剂平面至杯口 4mm 左右，空白试验的杯中不加干燥剂。

（2）将直径为 70mm 的 3 块试样，测试面朝上放在 3 个透湿杯上，用垫圈、压环及螺帽固定。

（3）将透湿杯放入试验箱平衡 1h（温度为 38℃，相对湿度为 90%，气流速度为 0. 3～0. 5m/s）后迅速取出。

（4）迅速盖上对应杯盖，放在 20℃左右的硅胶干燥器中平衡 30min 后，按编号逐个称量，并且精确至 0. 001g，每个试验组合体称量时间不超过 15s。

（5）去掉标盖，将透湿杯放入试验箱 1h 后取出，再按照第（4）步称重。

2. 蒸发法

（1）方法 A——正杯法。

①先用量筒精确量取与试验条件温度相同的蒸馏水 34mL，注入清洁、干燥的透湿杯内，使水距试样下表面位置 10mm 左右。

②再将试样测试面朝下放置在透湿杯上，装上垫圈和压环，旋上螺帽，再用乙烯胶带从侧面封住压环、垫圈及透湿杯，组成试验组合体。步骤①和步骤②应在尽可能短的时间内完成。

③迅速将试验组合体水平放置在已达到规定试验条件的试验箱内，经过 1h 平衡后，按编号在箱内逐一称量，精确至 0. 001g。若在箱外称重，每个试验组合体称量时间不超过 15s。

④经过试验时间 1h 后，按（3）中的规定，以同一顺序称量。

⑤整个试验过程中，要保持试验组合体水平，避免杯内的水沾到试样的内表面。

（2）方法 B——倒杯法。

①组成试验组合体的步骤与方法 A 的前两步相同。

②迅速将整个试验组合体倒置后，水平放置在已达规定试验条件的试验箱内（要保证试样下表面处有足够的空间），经过 1h 平衡后，按编号在试验箱内逐一称量，精确至 0. 001g。若在箱外称重，每个试验组合体称量时间不超过 15s。

③经过试验时间 1h 后取出，按②中的规定，以同一顺序称量。若试样测试透湿率过小，可延长试验时间，并在试验报告中予以说明。

七、结果计算

1. 透湿率

$$\mathrm{WVT}=\frac{\Delta m-\Delta m'}{A\cdot t}$$

式中：WVT——透湿率，g/(m^2·h) 或 g/(m^2·24h)；

Δm——同一试验组合体两次称量之差，g；

$\Delta m'$——空白试样的同一试验组合体两次称最之差（不做空白试验时，$\Delta m'=0$），g；

A——有效试验面积，m^2，本部分中的装置为 0.00283m^2；

t——试验时间，h。

2. 透湿度

$$\mathrm{WVP}=\frac{\mathrm{WVT}}{\Delta p}=\frac{\mathrm{WVT}}{P_{\mathrm{CB}}\ (R_1-R_2)}$$

式中：WVP——透湿度，g/(m^2·Pa·h)；

Δp——试样两侧水蒸气压差，Pa；

P_{CB}——在试验温度下的饱和水蒸气压力，Pa；

R_1——试验时试验箱的相对湿度，%；

R_2——透湿杯内的相对湿度（透湿杯内的相对湿度可按 0 计算），%。

3. 透湿系数

$$\mathrm{PV}=1.157\times10^{-9}\mathrm{WVP}\times d$$

式中：PV——透湿系数（透湿系数仅对于均匀的单层材料有意义），(g·cm) /(cm^2·s·Pa)；

d——试样厚度，cm。

八、原始记录汇总

根据测试方法的要求，完成原始记录汇总，见表 1-36。

表 1-36　透湿性检测原始记录单

透湿性检测　　江苏盛虹纺织品检测中心有限公司 Jiangsu Shenghong Textiles Testing Center Co.,LTD.

江苏盛虹纺织品检测中心有限公司　　SHWS-003-2019

检测标准：__________　样品编号：__________　抽样日期：__________

结果：

备注：

检测：__________　审核：__________　日期：__________

共　页，第　页

知识点三　耐摩擦色牢度检测

具体检测方法见 GB/T 3920—2008《纺织品　色牢度试验　耐摩擦色牢度》。

知识点四　耐皂洗色牢度检测

具体检测方法见 GB/T 3921—2008《纺织品　色牢度试验　耐皂洗色牢度》。

知识点五　耐熨烫色牢度检测

具体检测方法见 GB/T 6152—1997《纺织品　色牢度试验　耐热压色牢度》。

知识点六　水洗尺寸稳定性检测

具体检测方法见 GB/T 8628—2013《纺织品　测定尺寸变化的试验中织物试样和服装的准备、标记及测量》、GB/T 8629—2017《纺织品　试验用家庭洗涤和干燥程序》及 GB/T 8630—2013《纺织品　洗涤和干燥后尺寸变化的测定》。

知识点七　干洗尺寸稳定性检测

具体检测方法见 FZ/T 80007. 3—2006《使用黏合衬服装耐干洗测试方法》。

知识点八　撕破性检测

具体检测方法见 GB/T 3917. 1—2009《纺织品　织物撕破性能　第 1 部分：冲击摆锤法撕破强力的测定》、GB/T 3917. 2—2009《纺织品　织物撕破性能　第 2 部分：裤形试样（单缝）撕破强力的测定》、GB/T 3917. 3—2009《纺织品　织物撕破性能　第 3 部分：梯形试样撕破强力的测定》、GB/T 3917. 4—2009《纺织品　织物撕破性能　第 4 部分：舌形试样（双缝）撕破强力的测定》。

任务五　衬衫类产品检测报告（表 1-37）

表 1-37　检测报告　　　　报告编号（No.）：

产品名称 Product Name		衬衫	检验类别 Test Type	委托检验
样品数量 Sum of Sample		1 套	样品状态 Sample State	符合检验要求
委托单位 Consigner	名称 Name	苏州市晨煊纺织科技有限公司	电话 Telephone	13829023289
	地址 Address	江苏吴江区盛泽镇西二环路 1188 号	邮编 Postcode	215228

续表

<table>
<tr><td colspan="2">送样日期
Sampling Date</td><td colspan="2">2021 年 5 月 20 日</td><td>检验日期
Test Date</td><td colspan="2">2021 年 5 月 22 日</td></tr>
<tr><td colspan="2">检验项目
Test Items</td><td colspan="5">纤维含量、pH 值、甲醛含量、可分解致癌芳香胺燃料、异味、耐水色牢度、耐酸汗渍色牢度、耐碱汗渍色牢度、耐摩擦色牢度、耐皂洗色牢度、耐光色牢度、水洗尺寸变化率、起毛起球、顶破强力、洗后扭曲率和洗后外观质量</td></tr>
<tr><td colspan="2">检验依据
Test Basis</td><td colspan="5">GB/T 2660—2017《衬衫》
GB 18401—2010《国家纺织产品基本安全技术规范 B 类》</td></tr>
<tr><td colspan="7">检验结果 Test Results</td></tr>
<tr><td colspan="7">通用技术要求 General Technical Requirements</td></tr>
<tr><td>序号
Ser. #</td><td colspan="2">项目
Item</td><td>测试方法
Test Method</td><td>检测结果
Test Results</td><td>技术要求
Tech. Req.</td><td>结论
Conclusion</td></tr>
<tr><td>1</td><td colspan="2">pH 值</td><td>GB/T 7573—2009</td><td>5. 9</td><td>4. 0~8. 5</td><td>合格</td></tr>
<tr><td>2</td><td colspan="2">甲醛含量/(mg/kg)</td><td>GB/T 2912. 1—2009</td><td>42</td><td>≤75</td><td>合格</td></tr>
<tr><td>3</td><td colspan="2">可分解致癌芳香胺染料/(mg/kg)</td><td>GB/T 17592—2011</td><td>未检出*</td><td>≤20</td><td>合格</td></tr>
<tr><td>4</td><td colspan="2">异味</td><td>GB 18401—2010</td><td>无</td><td>无</td><td>合格</td></tr>
<tr><td rowspan="2">5</td><td rowspan="2">耐水色牢度/级</td><td>变色</td><td rowspan="2">GB/T 5713—2013</td><td>4</td><td>≥3</td><td rowspan="2">合格</td></tr>
<tr><td>沾色</td><td>4</td><td>≥3</td></tr>
<tr><td rowspan="2">6</td><td rowspan="2">耐酸汗渍色牢度/级</td><td>变色</td><td rowspan="2">GB/T 3922—2013</td><td>3-4</td><td>≥3</td><td rowspan="2">合格</td></tr>
<tr><td>沾色</td><td>3-4</td><td>≥3</td></tr>
<tr><td rowspan="2">7</td><td rowspan="2">耐碱汗渍色牢度/级</td><td>变色</td><td rowspan="2">GB/T 3922—2013</td><td>4</td><td>≥3</td><td rowspan="2">合格</td></tr>
<tr><td>沾色</td><td>4</td><td>≥3</td></tr>
<tr><td>8</td><td>耐干摩擦色牢度/级</td><td>沾色</td><td>GB/T 3920—2008</td><td>3</td><td>≥3</td><td>合格</td></tr>
<tr><td colspan="7">其他技术要求 Other Technical Requirements</td></tr>
<tr><td rowspan="3">9</td><td rowspan="3">耐水洗尺寸变化率/%</td><td>领大</td><td rowspan="3">GB/T 8629—2017，4N，晾干</td><td>-0. 5</td><td>≥-2. 0</td><td rowspan="3">合格</td></tr>
<tr><td>胸围</td><td>-1. 5</td><td>≥-2. 5</td></tr>
<tr><td>衣长</td><td>-0. 5</td><td>≥-3. 0</td></tr>
<tr><td rowspan="2">10</td><td rowspan="2">耐皂洗色牢度/级</td><td>变色</td><td rowspan="2">GB/T 3921—2008，A1</td><td>4</td><td>≥3-4</td><td rowspan="2">合格</td></tr>
<tr><td>沾色</td><td>4</td><td>≥3</td></tr>
<tr><td>11</td><td>耐湿摩擦色牢度/级</td><td>沾色</td><td>GB/T 3920—2008</td><td>3-4</td><td>≥2-3</td><td>合格</td></tr>
<tr><td>12</td><td>耐光色牢度/级</td><td>变色</td><td>GB/T 8427—2019</td><td>3</td><td>≥3</td><td>合格</td></tr>
<tr><td>13</td><td colspan="2">缝子纰裂程度/cm</td><td>GB/T 21294—2014，9. 2. 1</td><td>0. 4</td><td>≤0. 6</td><td>合格</td></tr>
<tr><td>14</td><td colspan="2">撕破强力/N</td><td>GB/T 3917. 1—2009</td><td>10. 5</td><td>≥7</td><td>合格</td></tr>
<tr><td>15</td><td colspan="2">洗后外观</td><td>GB/T 8629—2017，4N，晾干</td><td>符合</td><td>GB/T 22853—2019，5. 3</td><td>合格</td></tr>
</table>

续表

序号 Ser. #	项目 Item	测试方法 Test Method	检测结果 Test Results	技术要求 Tech. Req.	结论 Conclusion
16	纤维含量/%	FZ/T 01057. 3—2007	100% 聚酯纤维	100% 聚酯纤维	合格

注　＊可分解致癌芳香胺染料实验室检出限 20mg/kg。

贴样		
备注	仅对来样负责 (Only responsible to the submitted samples)	
主检 Tested by		签发日期 (Date): 年　月　日
制表 Compiled by		
校核 Checked by		
审批 Approved by		

◯项目二 裙装综合检测任务实施

【项目导入】

江苏盛虹纺织品检测中心有限公司与客户苏州市晨煊纺织科技有限公司签订合同，针对客户提供的裙装产品的相关性能进行检测，对其产品质量给出评价。检测公司在接到该订单后，为了更加准确有效地完成合同，将不同性能检测任务分发给各部门，最终汇总形成一份完整的裙装检测报告。

【课程思政目标】

（1）通过对盛虹集团有限公司及江苏盛虹纺织品检测中心有限公司发展进程的介绍，使学生认识到中国正在从纺织大国向纺织强国迈进，培养学生对纺织行业的热爱。

（2）通过企业的真实纺织品检测案例的学习，培养学生的职业认同感。

【学习目标】

（1）根据客户要求进行任务分解。

（2）运用纺织品检测知识，熟练掌握裙装产品的相关检测。

（3）对测试结果能够进行正确表达和评价。

（4）具备分析影响测试结果准确性的能力。

【能力目标】

（1）具备裙装产品综合检测能力。

（2）检测标准的选择和应用。

【素养目标】

（1）培养学生具有良好的职业道德和职业素养。

（2）培养学生团队合作精神和创新精神。

【知识点】

裙装产品的技术要求、检测任务实施、报告编写等。

【技能点】

（1）测试标准的选择与解读。

（2）检测方法的学习和使用。

（3）样品的制备、测试、数据分析。

（4）测试报告的填写。

任务一　企业测试任务单填写

江苏盛虹纺织品检测中心有限公司

TEXTILE TESTING APPLICATION（纺织品测试申请表）

SHWS-4. 1-2-01　Form No.（编号）SH-WS 4042719

Invoice Information（开票信息）：______

Applicant Name（申请公司名称）：______

Address（地址）：______

Contact Person（联系人）：______　Telephone（电话）：______　Fax（传真）：______

Buyer（买家）：______　Order No.（订单号）：______　Style（款号）：______

Sample Description（样品描述）：______

Brand Standard（品牌标准）：☐ Marks & Spencer　☐李宁　☐安踏　☐美邦　☐森马　☐以纯　☐利郎　☐其他____

Requirement Grade（要求等级）：☐优等品　☐一等品　☐合格品

Standards/Methods Used（采用标准/方法）：☐ ISO　☐ AATCC/ASTM　☐ JIS　☐ JB　☐ FZ/T　☐ Other____

Sample No.（样品编号）：______　Sample Quantity（样品数量）：______

Test Required（测试项目）：______

Dimensional Stability/尺寸稳定性	Method/方法	Physical/物理性能	Method/方法
☐ Washing/水洗	______	☑ Tensile Strength/断裂程度	______
☐ Dry Heat/干热	______	☐ Tear Strength/撕裂程度	______
☐ Steam/汽蒸	______	☑ Seam Slippage/接缝滑落	______
Colour Fastness/色牢度		☐ Seam Strength/接缝强度	______
☐ Washing/水洗	______	☐ Bursting Strength/顶破/胀破程度	______
☐ Dry-cleaning/干洗	______	☑ Pilling Resistance/起毛起球	______
☐ Rubbing/摩擦	______	☑ Abrasion Resistance/耐磨性	______
☑ Light/光照	______	☐ Yarn Count/纱线密度	______
☐ Perspiration/汗渍	______	☐ Fabric weight/织物克重	______
☐ Water/水渍	______	☐ Threads Per Unit Length/织物密度	______
☐ Chlorinated Water/氯化水	______	☐ Flammability/燃烧性能	______
☐ Chlorine Bleach/氯漂	______	☐ Washing Appearance/洗后外观	______
☐ Non-Chlorine Bleach/非氯漂	______	☐ Down Proof/防沾绒	______
Functional/功能性		Chemical/化学性能	
☐ Spray Rating/泼水	______	☐ Fibre Content/成分分析	______
☑ Rain Test/雨淋	______	☐ pH Value/pH 值	______
☐ Hydrostatic Pressure Test/静水压	______	☐ Formaldehyde Content/甲醛	______
☑ Air Permeability/透气性	______	☐ Azo Test/偶氮染料	______
☐ Water Vapour Permeability/透湿性	______	☐ Heavy Metal/重金属	______
☐ Ultraviolet/抗紫外线	______	☐国家纺织产品基本安全技术规范	GB 18401—2010
☐ Chromaticity/荧光度	______	Other Testing（其他）勾丝性能	

Working Days（工作日）______天　报告传递方式：☐自取　☐邮寄　☐短信　☐邮件

Return Remained Sample（剩余样品是否归还）：☐ Yes（是）　☐ No（否）　Expense（费用）：______

Report（报告）：☐ Chinese Report（中文报告）　☐ English Report（英文报告）

Authorized Signature（申请人签名）：______　Date（日期）：______

Received Signature（接收人签名）：______　Date（日期）：______

吴江盛泽镇西二环路 1188 号　邮政编码：215228　No. 1188Xierhuan Road，Shengze，Wujiang　Post Code：215228

Tel：+86-0512-63525197　Fax：+86-0512-63525390　E-mail：jczx@ shgroup. cn

任务二　测试任务分解

实验室在接收到客户的检测委托单后，会经过“样品接单”“任务分解”（图 2-1）“样品准备”“样品测试”“原始记录汇总”“报告编制”“发送客户”等七个步骤。纺织品检测流程如图 2-2 所示。

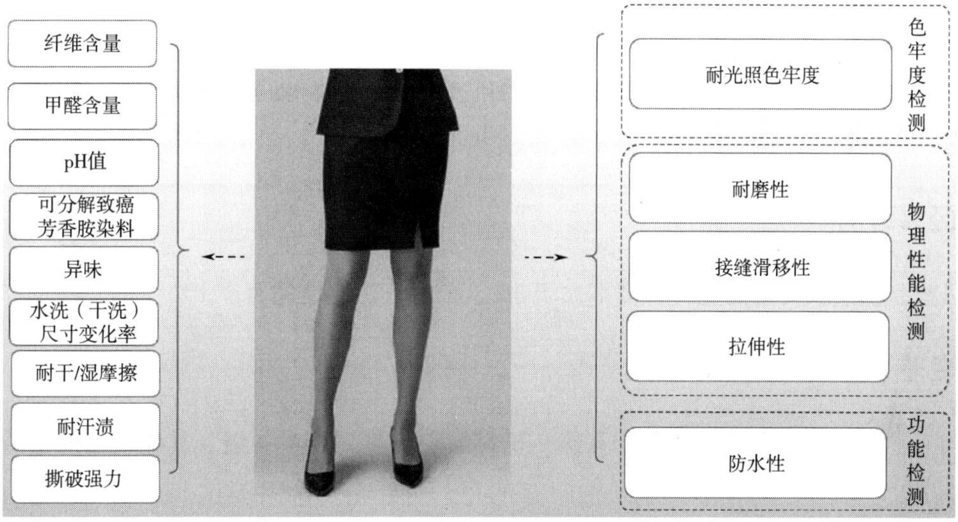

图 2-1　裙装产品测试任务分解

任务三　裙装产品技术要求

依据国家针对裙套的检测标准进行技术要求分析，标准为 FZ/T 81004—2022《连衣裙、裙套/Dress and lady suit》。

一、使用说明

成品使用说明按 GB/T 5296.4—2012 和 GB 18401—2010 的规定执行。

二、号型规格

（1）号型设置按 GB/T 1335.2—2008 和 GB/T 1335.3—2009 的规定选用。

（2）成品主要部位规格按 GB/T 1335.2—2008 和 GB/T 1335.3—2009 的有关规定自行设计。

三、原材料

1. 面料

按国家有关纺织面料标准选用符合本标准质量要求的面料。

2. **里料**

采用与所用面料相适宜并符合本标准质量要求的里料。

3. **辅料**

（1）衬布、垫肩。采用与所用面料尺寸变化率、性能、色泽相适宜的衬布和垫肩，其质量应符合本标准规定。

（2）缝线。采用与所用面辅料性能、色泽相适宜的缝线、绣花线的缩率应与面料相适应；钉扣线应与扣的色泽相适宜；钉商标线应与商标底色相适宜（装饰线除外）。

（3）纽扣、拉链及附件。采用适合所用面料的纽扣、拉链及其他附件，纽扣表面光洁、无缺损，附件应无残疵、无尖锐点和锐利边缘，经洗涤和/或熨烫后不变形、不变色、不沾色、不生锈。拉链啮合良好、光滑流畅。

四、经纬纱向

后身、袖子及筒裙的允斜程度不大于3%，前身底边不倒翘。

五、色差

（1）腰头与大身的色差不低于4级。里料的色差不低于3-4级。其他表面部位的色差高于4级。

（2）套装中上装与裙子的色差不低于4级。

六、外观疵点

成品各部位的疵点允许存在程度按表2-1规定，成品各部位划分如图2-2所示，每个独立部位只允许疵点一处，未列入本标准的疵点按其形态，参照表2-1相似疵点执行。

表2-1　成品各部位的疵点允许存在程度　　单位：cm

疵点名称	各部位允许存在程度		
	1号部位	2号部位	3号部位
粗节（粗于原纱一倍）	不允许	长度2.5以内	长度3.5以内
竹节（粗于原纱二倍）	不允许	长度2.5以内	长度2.5以内
双经双纬	不允许	不影响外观	长度不限
浅油纱	不允许	长度2.5以内	长度3.5以内
色档	不允许	轻微	不影响外观
斑疵（油、锈、色斑）	不允许	不明显，不大于0.2cm^2	不明显，不大于0.3cm^2
散布性棉结、毛粒、粗节、竹节	不允许		

注　1. 浅油纱，目测距离60cm观察时可见。
2. 麻类等特殊风格的产品除外。

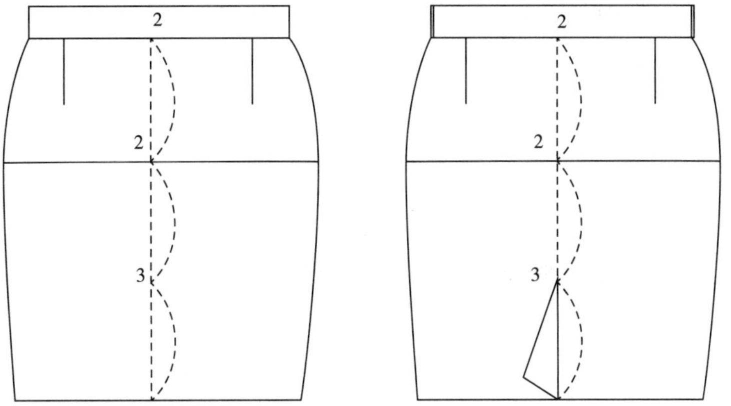

图 2-2　成品各部位划分图

七、缝制

（1）针距密度按表 2-2 规定（特殊设计除外）。

表 2-2　针距密度

项目		针距密度	备注
明暗线	细线	不少于 12 针/3cm	特殊需要除外
	粗线	不少于 9 针/3cm	
包缝线		不少于 9 针/3cm	—
手工针		不少于 7 针/3cm	肩缝、袖窿、领子不少于 9 针
三角针		不少于 5 针/3cm	以单面计算
锁眼	细线	不少于 12 针/cm	—
	粗线	不少于 9 针/cm	—
钉扣	细线	每眼不少于 8 根线	缠脚线高度与止口厚度相适应
	粗线	每眼不少于 6 根线	

注　细线：20tex 及以下缝纫线；粗线：20tex 以上缝纫线。

（2）各部位缝制平服，线路顺直、整齐、牢固，针迹均匀；上下线松紧适宜，无跳线、断线，起止针处及袋口须回针缉牢。

（3）领子平服，不反翘，领子部位明线不允许有接线。

（4）绱袖圆顺，前后基本一致；袋与袋盖方正、圆顺；袋口两端应打结。

（5）滚条、压条要平、宽窄一致。

（6）外露缝份须包缝，各部位缝份不小于 0.8cm，领、袋、门襟、止口等特殊部位除外。

（7）锁眼定位准确，大小适宜，扣与眼对位，整齐牢固，眼位不偏斜、锁眼针迹美观、整齐、平服。

（8）钉扣牢固，扣脚高低适宜，线结不外露。钉扣不得钉在单层布上（装饰扣除外），缠脚高度与扣眼厚度相适宜，缠绕三次以上（装饰扣不缠绕），收线打结须结实完整。

（9）扣与扣眼上下要对位。四合扣牢固，上下要对位，吻合适度，无变形或过紧现象。

（10）绱门襟拉链平服，左右高低一致。

（11）商标、号型标志、成分含量标志、洗涤标志准确清晰，位置端正。

（12）对称部位基本一致。

（13）领子部位不允许跳针，其余部位 30cm 内不得有连续跳针或两处及以上单跳针，链式线迹不允许跳针。

（14）装饰物（绣花、镶嵌等）牢固、平服。

（15）裙子侧缝顺直，筒裙类产品扭曲率不大于 3%。

八、规格允许偏差

成品主要部位规格允许偏差按表 2-3 规定。

表 2-3　成品主要部位规格允许偏差

部位名称		规格允许偏差/cm
领大		±0.6
衣长		±1.0
胸围		±2.0
总肩宽		±0.8
长袖袖长	圆袖	±1.2
	连肩袖	±0.6
短袖袖长		±0.6
腰围		±1.5
裙长		±1.5
连衣裙裙长		±2.0

九、整烫

（1）各部位熨烫平服、整洁，无烫黄、水渍及亮光。

（2）覆黏合衬部位不允许有脱胶、渗胶、起皱、起泡、沾胶。

十、理化性能

成品理化性能按表 2-4 规定。

表 2-4 成品理化性能

项目			分等要求		
			优等品	一等品	合格品
纤维含量			符合 GB/T 29862—2013 的规定		
甲醛含量/(mg/kg)			符合 GB 18401—2010 的规定		
pH 值					
可分解致癌芳香胺染料/(mg/kg)					
异味					
尺寸变化率/% ≥	水洗	领大	-1.0	-1.5	-2.0
		胸围	-1.5	-2.0	-2.5
		衣长	-1.5	-2.5	-3.5
		腰围	-1.0	-1.5	-2.0
		裙长	-1.5	-2.5	-3.5
	干洗	领大	-1.5		
		胸围	-2.0		
		衣长	-2.0		
		腰围	-1.5		
		裙长	-2.0		
覆黏合衬部位剥离强度/[N/(2.5cm×10cm)] ≥			6		
面料色牢度/级 ≥	耐干洗	变色	4-5	4	3-4
		沾色	4-5	4	3-4
	耐皂洗	变色	4	3-4	3
		沾色	4	3-4	3
	拼接互染	沾色	4-5	4	4
	耐干摩擦	沾色	4	3-4	3
	耐湿摩擦	沾色	3-4	3	2-3
	耐光	变色（深）	4	4	3
		变色（浅）	4	3	3
	耐汗渍	变色	4	3-4	3
		沾色	4	3-4	3
	耐水	变色	4	3-4	3
		沾色	4	3-4	3
里料色牢度/级 ≥	耐皂洗	沾色	3		
	耐干摩擦		3-4		
	耐汗渍	变色	3		
		沾色			
	耐水	变色	3		
		沾色			

续表

项目		分等要求		
		优等品	一等品	合格品
装饰件合和绣花线耐皂洗/级 ≥	变色	3-4		
	沾色	3-4		
装饰件合和绣花线耐干洗/级 ≥	变色	3-4		
	沾色	3-4		
面料起球/级 ≥		4	3-4	3
接缝性能		纰缝≤0.6cm，纰缝测试过程不得出现织物断裂、滑脱、缝纫线断裂		

任务四　性能检测

知识点一　纺织品起毛起球性能检测

纺织品起毛起球性能
课程讲解

一、基本知识

织物在使用或洗涤过程中，不断经受摩擦，从而使其表面的纤维端露出于织物，并在织物表面呈现许多毛绒，即为“起毛”，若这些毛绒在继续使用中不能及时脱落，就相互纠缠在一起，被揉成许多球形小粒，即为“起球”。织物起毛起球后，外观明显变差，同时其表面的摩擦、耐磨性和光泽也会发生变化。

二、技术依据与基本原理

1. 主要技术依据

GB/T 4802. 1—2008《纺织品　织物起毛起球性能的测定　第 1 部分：圆轨迹法》、GB/T 4802. 2—2008《纺织品　织物起毛起球性能的测定　第 2 部分：改型马丁代尔法》、GB/T 4802. 3—2008《纺织品　织物起毛起球性能的测定　第 3 部分：起球箱法》及 GB/T 4802. 4—2008《纺织品　织物起毛起球性能的测定　第 4 部分：随机翻滚法》。

2. 基本原理

（1）圆轨迹法。先按规定方法和试验参数，采用尼龙刷和织物磨料或仅用织物磨料，使试样摩擦起毛起球。然后，在规定光照条件下，对起毛起球性能进行视觉描述评定。

（2）改型马丁代尔法。在规定压力下，圆形试样以李莎茹（Lissajous）图形的轨迹与相同织物或羊毛织物磨料织物进行摩擦。并且，试样能够绕与试样平面垂直的中心轴自由转动。经规定的摩擦阶段后，采用视觉描述方式评定试样的起毛或起球等级。

（3）起球箱法。安装在聚氨酯管上的试样，在具有恒定转速、衬有软木的木箱内任意翻转。经过规定的翻转次数后，对起毛起球性能进行视觉描述评定。

（4）随机翻滚法。采用随机翻滚式起球箱，使织物在铺有软木衬垫，并填有少量灰色短棉的圆筒状试验仓中随意翻滚摩擦。然后，在规定光源条件下，对起毛起球性能进行视觉描述评定。

三、试验方法

（一）圆轨迹法

1. 仪器设备、用具及试样

圆轨迹起毛起球仪（图2-3）、尼龙刷、磨料织物（全毛华达呢）、泡沫塑料垫片、圆样切割仪或用模板、笔、剪刀、评级箱、毛织物及化纤织物各若干。

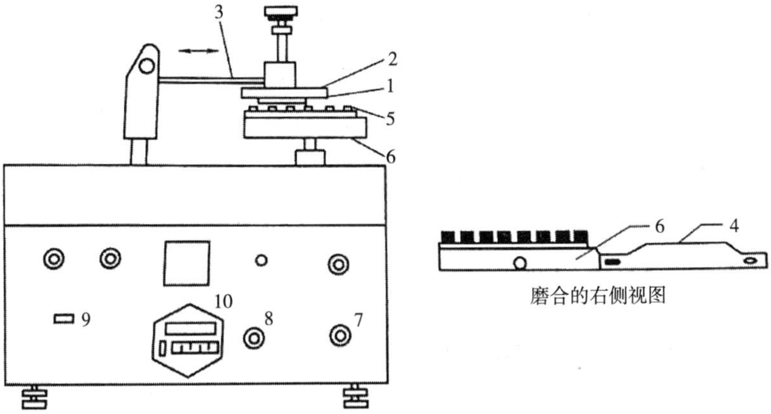

图2-3 圆轨迹起毛起球仪

1—试样 2—试样夹头 3—试样夹头臂 4—磨料织物 5—磨料尼龙刷 6—磨合 7—停止按钮 8—启动按钮 9—正反向按钮 10—电磁计数器

2. 试验参数选择

（1）根据织物类型选取试验参数，具体见表2-5。

（2）试验转速为60r/min。

表2-5 试验参数及适用织物类型示例

参数类别	压力/cN	起毛次数/次	起球次数/次	适用织物类型示例
A	590	150	150	工作服面料、运动服装面料及紧密厚度织物等
B	590	50	50	合成纤维长丝外衣织物等
C	490	30	50	军需服（精梳混纺）面料等
D	490	10	50	化纤混纺、交织织物等

续表

参数类别	压力/cN	起毛次数/次	起球次数/次	适用织物类型示例
E	780	0	600	精梳毛织物、轻起绒织物短纤维纬编织物及内衣面料等
F	490	0	50	粗梳毛织物、绒类织物及松结构织物等

注 1. 表中未列的其他织物可以参照表中所列类似织物或按有关方面商定选择参数。
2. 根据需要或有关方协议同意，可以适当选择参数类别，但应在报告中说明。
3. 考虑到所有类型织物测试或穿着时的起球情况是不可能的，因此有关各方可以采用取得一致意见的试验参数，并在报告中说明。

3. 试样准备

（1）按取样要求准备试验样品。

（2）从样品上剪取5块圆形试样，每个试样的直径为（113±0.5）mm。并且，在每块试样上标记反面。当织物没有明显的正反面时，两面都要进行测试。另剪取1块评级所需的对比样，尺寸与试样相同。在取样时，各试样不应包括相同的经纱和纬纱（纵列和横行）。

4. 试验步骤

（1）试验前调节仪器水平，尼龙刷保持清洁。

（2）分别将泡沫塑料垫片、试样和织物磨料装在试验夹头和磨台上，试样必须正面朝外。

（3）放下试样夹头，使试样与毛刷平面接触。启动仪器，使试样在规定的压力下，摩擦规定的次数，并且在到达规定的次数时仪器自停。

（4）将回转托盘轻轻抬起，并转动180°，放落平稳，使华达呢磨料盘处在工作位置。放下试样夹头，使试样与织物磨料平面接触。启动仪器，仪器到预置摩擦次数即自动停机。

（5）取下试样准备评级，注意不要使试验面受到任何外界的影响。

（6）评级箱应放在暗室中，将一块已测试样和未测试样并排放置在评级箱的试样板中间。已测试样放置在左边，未测试样放置在右边。从试样的前方直接观察每一块试样进行评级。

（7）依据表2-6中列出的视觉描述，对每一块试样进行评级。如果介于两级之间，记录半级，如3.5级。但是，由于评定的主观性，建议至少2人对试样进行评定。

表2-6　视觉描述评级

级数	状态描述
5	无变化
4	表面轻微起毛和（或）轻微起球
3	表面中度起毛和（或）中度起球，不同大小和密度的球覆盖试样的部分表面
2	表面明显起毛和（或）起球，不同大小和密度的球覆盖试样的大部分表面
1	表面严重起毛和（或）起球，不同大小和密度的球覆盖试样的整个表面

5. 结果评定

（1）记录每一块试样的评级，每个人员的评级结果为其对所有试样评定等级的平均值。

（2）样品的试验结果为全部人员评级的平均值，如果平均值不是整数，修约至最近的0.5级，并用“-”表示，如3-4级。如果单个测试结果与平均值之差超过半级，则应同时报告每一块试样的级数。

（二）改型马丁代尔法

1. 仪器设备、用具及试样

马丁代尔耐磨测试仪、毛毡、磨料、加压重锤、评级箱、裁样器及各种织物试样若干。

2. 试验参数选择

（1）不同种类的纺织品按表2-7进行起球试验。

表2-7　起球试验分类

类别	纺织品种类	磨料	负荷质量	评定阶段	摩擦次数
1	装饰织物	羊毛织物磨料	415±2	1	500
				2	1000
				3	2000
				4	5000
2	机织物（除装饰织物之外）	机织物本身（面/面）或羊毛织物磨料	415±2	1	125
				2	500
				3	1000
				4	2000
				5	5000
				6	7000
3	针织物（除装饰织物以外）	针织物本身（面/面）或羊毛织物磨料	155±2	1	125
				2	1000
				3	2000
				4	5000

（2）相对运动速度为（50±2）r/min。仪器设有自停开关，当达到预定的摩擦次数时，仪器自动停止。

3. 试样准备

（1）如需预处理，可采用双方协议的方法水洗或干洗试样品。

（2）按取样要求准备试验样品。

（3）试样夹具中的试样是直径为140mm的圆形试样。起球台上的试样可以裁剪成直径为140mm圆形或边长为（150±2）mm的方形试样。

（4）至少取 3 组试样，每组含 2 块试样，且一块安装在试样夹具中，另一块作为磨料安装在起球台上。如果起球台上选用羊毛织物磨料，则至少需要 3 块试样进行测试。如果试验 3 块以上的试样，应取奇数块试样。在测试时，还应多取一块试样用于评级时的比对样。

（5）取样前，应在需评级的每块试样背面的同一点做标记，以确保在评级时沿同一个纱线方向评定试样。同时，标记不能影响试验的进行。

4. 试验步骤

（1）逐一安装试样夹具中的试样。注意试样应正面朝上地放在毡垫（直径为 90mm）上，借助于试样安装辅助装置，保证试样夹具内的试样无褶皱。

（2）逐一安装起球台上的试样。注意起球台上毛毡的直径为 140mm，其上放置试样或羊毛织物磨料，试样或羊毛织物磨料的摩擦面向上。放上加压重锤，并用固定环固定。

（3）起球测试。先根据表 2-5 选择试样参数，再启动仪器，测试直到第一个摩擦阶段，按要求进行第一次评定。评定时，不取出试样，不清除试样表面。评定完成后，将试样夹具按取下的位置重新放置在起球台上，继续进行测试。在每一个摩擦阶段都要进行评估，直到达到表 2-6 规定的试验终点。

（4）起毛起球评定与圆轨迹法的试验步骤（5）~（7）相同。

5. 结果评定

与圆轨迹法相同。

（三）起球箱法

1. 仪器设备、用具及试样

织物起毛起球箱（图 2-4）、聚氨酯载样管、方形冲样器（或用模板、笔、剪刀）、缝纫机、PVC 胶带、评级箱及织物试样若干。

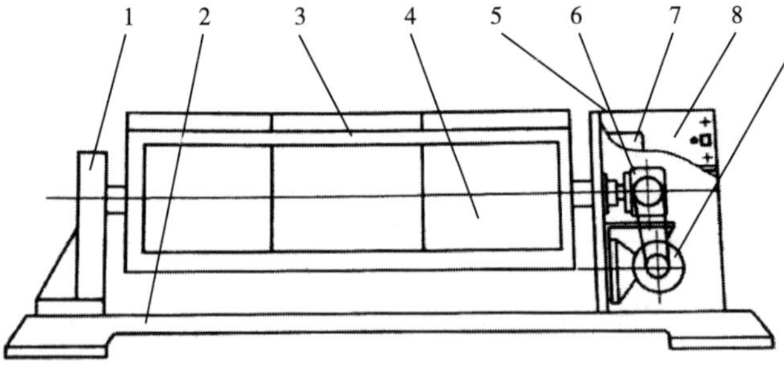

图 2-4　织物起毛起球箱

1—尾架　2—底板　3—支架　4—起球箱　5—箱体　6—涡轮减速箱

7—计数器　8—控制面板　9—电动机

2. 试验参数选择

（1）起毛起球箱转速为 60r/min。

（2）设定粗纺织物翻转 7200r，精纺织物翻转 14400r。当然，也可根据协议要求设定。

3. 试样准备

（1）预处理要求同改型马丁代尔法。

（2）按取样要求准备试验样品。

（3）从样品上剪取 4 块试样，每块试样的尺寸为 125mm×125mm。在每块试样上标记织物反面和织物纵向。同时，还要另取一块尺寸为 125mm×125mm 的试样作为评级所需的对比样。

（4）将每块试样正面向内折叠（其中 2 块织物折的方向与织物纵向一致，2 块织物折的方向与织物横向方向一致），距边 12mm 缝合，形成试样管。

（5）将缝合试样管的里面翻出，使织物正面作为试样管的外面。在试样管的两端各剪 6mm 端口，以去掉缝纫变形。

（6）将准备好的试样管装在聚氨酯载样管上，使试样两端距聚氨酯载样管边缘的距离相等，并且还要保证接缝部位尽可能的平整，如图 2-5 所示。用 PVC 胶带缠绕每个试样的两端，使试样固定在聚氨酯载样管上，且载样管的两端各有 6mm 裸露。

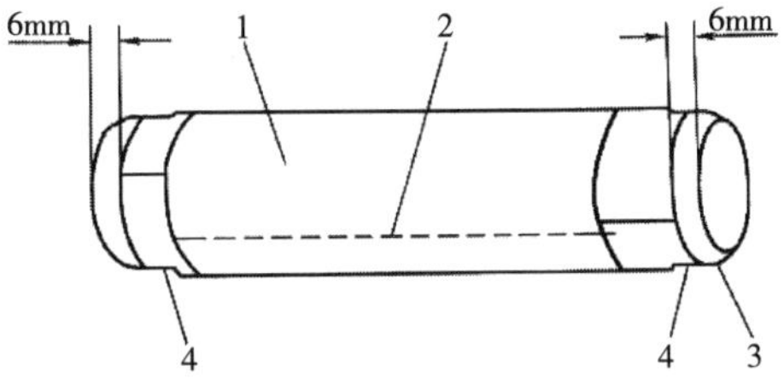

图 2-5　聚氨酯载样管上的试样

1—测试试样　2—缝合线　3—聚氨酯载样管　4—胶带

4. 试验步骤

（1）试验前起球箱内必须清洁，不得留有任何短纤维或其他影响试验的物质。

（2）把 4 个套好试样的载样管放进同一起球箱内，牢固地关上箱盖。

（3）把计数器拨到预置转数 14400r 或按协议的转数。

（4）启动仪器，当计数器达到所需转数后，从载样管上取下试样，除去缝线后，展平试样。

（5）起毛起球的评定与圆轨迹法的试验步骤(5)～(7)相同。

5. 结果评定

与圆轨迹法相同。

四、原始记录汇总

根据测试方法的要求，完成原始记录汇总，如表 2-8 所示。

表 2-8 纺织品起毛起球测试原始记录单

纺织品起毛起球性能测试　　江苏盛虹纺织品检测中心有限公司 Jiangsu Shenghong Textiles Testing Center Co.,LTD.

来样日期			检测方法		GB/T
					ISO
仪器名称					ASTM
					其他
仪器编号			测试单位		
试样面积/m^2					
温度/℃			相对湿度/%		
测试项目	测试结果				平均值

检测：________　　审核：________　　日期：________

共　页，第　页

知识点二　纺织品勾丝性能检测

纺织品勾丝性能课程讲解

一、基本知识

勾丝是指织物中纱线或纤维被尖锐物体勾出或勾断浮在织物表面形成的线圈、纤维（束）圈状、绒毛或其他凸凹不平的疵点。织物的抗勾丝性对于结构较稀松的织物，特别是针织外衣织物、长丝织物及浮长线较长的织物尤为重要。

二、技术依据与基本原理

1. **主要技术依据**

GB/T 11047—2008《纺织品　织物勾丝性能评定　钉锤法》。

2. **基本原理**

筒状试样套于转筒上，用链条悬挂的钉锤置于试样表面上。当转筒以恒速转动时，钉锤在试样表面随机翻转、跳动，并勾挂试样，试样表面产生勾丝。经过规定的转数后，对比标准样照对试样的勾丝程度进行评级。

三、仪器设备与用具

钉锤式勾丝仪（图 2-6）、橡胶环、毛毡垫、卡尺、画样板、放大镜、钢直尺（分度为 1mm）、剪刀、画笔、缝纫机、针线、评定板、评级箱、针织物试样若干种。

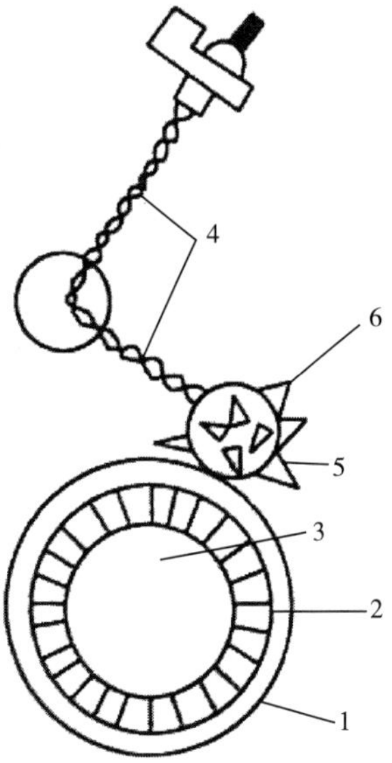

图 2-6　钉锤式勾丝仪

1—试样　2—毛毡　3—转筒

4—链条　5—钉锤　6—针钉

四、试验参数选择

（1）试验转数为 600r。

（2）转筒转速（60±2）r/min。

五、试样准备

（1）按取样要求准备试验样品。

（2）试样排样如图 2-7 所示。在样品上裁取经（纵）向和纬（横）向试样各 2 块，每块试样的尺寸为 330mm×200mm。

（3）在裁好的试样反面做有效长度，即试样套筒周长的标记线，对非弹性织物套筒的周长为 280mm，而对弹性织物套筒的周长为 270mm。然后，将试样（正面朝内）对折，沿标记线缝纫成筒状，最后翻过来使正面朝外，能套在套筒上，使其松紧适度。如果试样套在转筒上过紧或过松，可适当调节周长，以使其松紧适度。经（纵）向试样的经（纵）向与试样的短边平行，纬（横）向试样的纬（横）向与试样的长边平行。

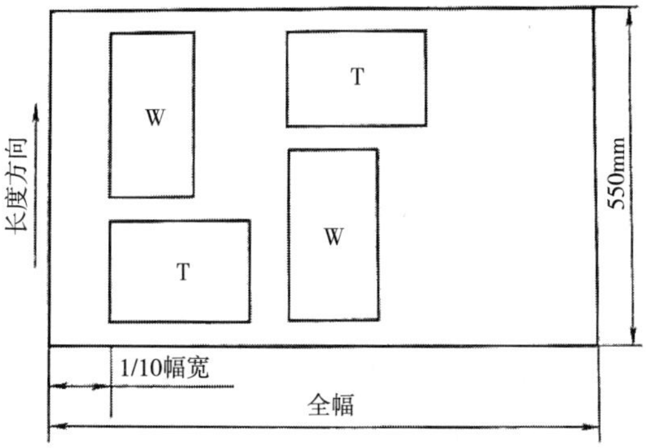

图 2-7　钉锤法勾丝试样排样图

六、试验步骤

（1）将缝好的筒状试样小心地套在转筒上，缝边向两侧展开、摊平。然后，用橡胶环固定试样一端，展开褶皱，使试样表面圆整，再用橡胶环固定试样另一端。经（纵）向和纬（横）向试样应随机地装放在转筒上，即试样的经（纬）向不总是在同样的转筒上试验。在装放针织物横向试样时，应使其中一块试样纵行线圈尖端向左，另一块向右。

（2）将钉锤绕过导杆轻放在试样上，并用卡尺设定钉锤位置。

（3）将计数器复零后，启动仪器，同时应注意观察钉锤应能自由地在整个转筒宽度上移动，否则需停机检查。

（4）每块试样可预定转数为600r，达到规定的转数后，仪器自停，小心移去钉锤，取下试样。

（5）试样取下后至少要放置4h。将评定板插入筒状试样，使评级区处于评定板正面，缝线处于背面中心。

（6）将试样放入评级箱观察窗内，同时将标准样照放在另一侧。评级箱如图2-8所示，且其箱内光源采用12V 55W的石英卤灯。

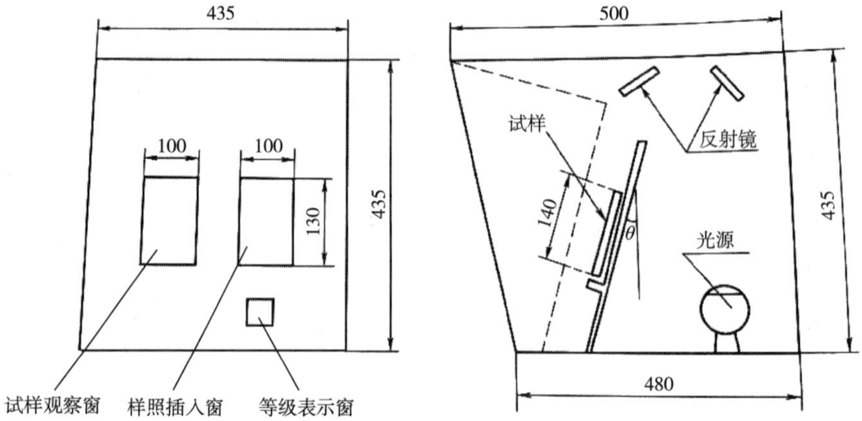

图2-8　织物评级箱（单位：mm）

七、评级及试验结果

（1）依据试样勾丝（包括紧纱段）的密度（不论勾丝长短）按表2-9列出的级数，对每一块试样进行评级，如果介于两级之间，记录0.5级，如2.5级。每个人员的评级结果为对所有试样评定等级的平均值，而全部人员评级的平均值作为样品的试验结果。

（2）如果试样勾丝中含中、长勾丝，则应按表2-10的规定，在原评级的基础上顺降等级。一块试样中，长勾丝累计顺降最多为1级。

（3）分别计算经（纵）向和纬（横）向试样（包括增测的试样）勾丝级别的平均数，作为该方向最终勾丝级别。如果平均数不是整数，修约至最接近的0.5级，并用“-”表示；如3-4级。≥4级表示具有良好的抗勾丝能力；≥3-4级表示具有抗勾丝性能；≤3级表示抗勾丝性能差。

表2-9　视觉描述评级

级数	状况描述
5	表面无变化
4	表面轻微勾丝和（或）紧纱段
3	表面中度勾丝和（或）紧纱段，不同密度的勾丝（紧纱段）覆盖试样的部分表面

续表

级数	状况描述
2	表面明显勾丝和（或）紧纱段，不同密度的勾丝（紧纱段）覆盖试样的大部分表面
1	表面严重勾丝和（或）紧纱段，不同密度的勾丝（紧纱段）覆盖试样的整个表面

表 2-10 试样中、长勾丝顺降的级别

勾丝类型	占全部勾丝比例	顺降级别/级
中勾丝（长度为 2~10mm 的勾丝）≥	1/2~3/4	1/4
	3/4	1/2
长勾丝（长度>10mm 的勾丝）≥	1/4~1/2	1/4
	1/2~3/4	1/2
	3/4	1

八、原始记录汇总

根据测试方法的要求，完成原始记录汇总，如表 2-11 所示。

表 2-11 纺织品勾丝性能原始记录单

纺织品勾丝性能测试　江苏盛虹纺织品检测中心有限公司 Jiangsu Shenghong Textiles Testing Center Co.,LTD.

<table>
<tr><td rowspan="2">来样日期</td><td colspan="2" rowspan="2"></td><td colspan="2" rowspan="4">检测方法</td><td>GB/T</td></tr>
<tr><td>ISO</td></tr>
<tr><td rowspan="2">仪器名称</td><td colspan="2" rowspan="2"></td><td>ASTM</td></tr>
<tr><td>其他</td></tr>
<tr><td>仪器编号</td><td colspan="2"></td><td colspan="2">测试单位</td><td></td></tr>
<tr><td>试样面积/m^2</td><td colspan="5"></td></tr>
<tr><td>温度/℃</td><td colspan="2"></td><td colspan="2">相对湿度/%</td><td></td></tr>
<tr><td>测试项目</td><td colspan="4">测试结果</td><td>平均值</td></tr>
<tr><td></td><td></td><td></td><td></td><td></td><td></td></tr>
<tr><td></td><td></td><td></td><td></td><td></td><td></td></tr>
<tr><td></td><td></td><td></td><td></td><td></td><td></td></tr>
</table>

检测：________　审核：________　日期：________

共　页，第　页

知识点三　纺织品透气性能检测

纺织品透气性能
课程讲解

一、基本知识

纺织品透过空气的能力称为透气性。纺织品的透气性能直接影响人体释放的热量和水汽快速向外散发，从而影响到人体的热湿舒适性。

二、技术依据与基本原理

1. 主要技术依据

GB/T 5453—1997《纺织品　织物透气性的测定》。

2. 基本原理

在规定的压差条件下，测定一定时间内垂直通过试样给定面积的气流流量，从而计算出透气率。气流速率可直接测出，也可通过测定流量孔径两面的压差换算而得。

三、仪器设备与用具

YG461 型织物透气测试仪、织物试样若干种。

四、试验参数选择

试验面积为 20cm^2。服用织物的压降为 100Pa，产业用织物的压降为 200Pa。如果压降达不到或不适用，经有关方面协商后可选用 50Pa 或 500Pa，也可选用 5cm^2、50cm^2 或 100cm^2 的试验面积。

五、试样准备

（1）按取样要求准备试验样品。

（2）同一样品的不同部位重复测定至少 10 次，试样可不剪下。

六、试验步骤

（1）将试样夹持在试样圆台上，一般为 20cm^2，绷紧试样，加上垫圈，防止漏气。

（2）选择喷嘴并安装在气流量筒内（新仪器通过菜单选定喷嘴后，仪器会自动更换喷嘴）。

（3）接通电源，调节压力降在规定的数值上。

（4）开始试验，至达到设定压差时，仪器自动停止，透气量/压差显示屏自动显示透气率（mm/s）。

七、试验结果

计算透气率的算术平均值，结果修约至测量范围（测量满档量程）的 2%。

$$R = \frac{q_v}{A} \times 167$$

$$R = \frac{q_v}{A} \times 0.167$$

式中：R——透气率，mm/s（或 m/s）；

q_v——平均气流量，L/min；

A——试验面积，cm^2；

167——由 L/min×cm^2 换算成 mm/s 的换算系数；

0.167——由 L/min×cm^2 换算成 m/s 的换算系数。

该式主要用于结构稀疏的织物、非织造布等透气率较大的织物。

八、原始记录汇总

根据测试方法的要求，完成原始记录汇总，如表 2-12 所示。

表 2-12　纺织品透气性能原始记录单

透气性能测试

江苏盛虹纺织品检测中心有限公司
Jiangsu Shenghong Textiles Testing Center Co.,LTD.

江苏盛虹纺织品检测中心有限公司　　SHWS-003-2019

<table>
<tr><td rowspan="2">来样日期</td><td colspan="2" rowspan="2"></td><td colspan="2" rowspan="4">检测方法</td><td>GB/T</td></tr>
<tr><td>ISO</td></tr>
<tr><td rowspan="2">仪器名称</td><td colspan="2" rowspan="2"></td><td>ASTM</td></tr>
<tr><td>其他</td></tr>
<tr><td>仪器编号</td><td colspan="2"></td><td colspan="2">测试单位</td><td></td></tr>
<tr><td>试样面积/m²</td><td colspan="5"></td></tr>
<tr><td>温度/℃</td><td colspan="2"></td><td colspan="2">相对湿度/%</td><td></td></tr>
<tr><td>测试项目</td><td colspan="4">测试结果</td><td>平均值</td></tr>
<tr><td>FM-1</td><td></td><td></td><td></td><td></td><td></td></tr>
<tr><td>FM-2</td><td></td><td></td><td></td><td></td><td></td></tr>
<tr><td>FM-3</td><td></td><td></td><td></td><td></td><td></td></tr>
</table>

备注：

检测：__________　　审核：__________　　日期：__________

共　页，第　页

知识点四　纺织品耐光照色牢度检测

具体检测方法见 GB/T 8427—2019《纺织品　色牢度试验　耐人造光色牢度：氙弧》。

知识点五　纺织品耐磨性能检测

具体检测方法见《Y522 型圆盘式织物平磨仪说明书》与 GB/T 21196—2007《纺织品　马丁代尔法织物耐磨性的测定》。

知识点六　纺织品接缝处纱线抗滑移性能检测

具体检测方法见 GB/T 13772. 1—2008《纺织品　机织物接缝处纱线抗滑移的测定　第 1 部分：定滑移量法》、GB/T 13772. 2—2018《纺织品　机织物接缝处纱线抗滑移的测定　第 2 部分：定负荷法》、GB/T 13772. 3—2008《纺织品　机织物接缝处纱线抗滑移的测定　第 3 部分：针夹法》及 GB/T 13772. 4—2008《纺织品　机织物接缝处纱线抗滑移的测定　第 4 部分：摩擦法》。

知识点七　纺织品拉伸性能检测

具体检测方法见 GB/T 3923. 1—2013《纺织品　织物拉伸性能　第 1 部分：断裂强力和断裂伸长率的测定（条样法）》和 GB/T 3923. 2—2013《纺织品　织物拉伸性能　第 2 部分：断裂强力的测定（抓样法）》。

知识点八　纺织品防水性能检测

具体检测方法见 GB/T 4744—2013《纺织品　防水性能的检测和评价　静水压法》和 GB/T 4745—2012《纺织品　防水性能的检测和评价　沾水法》。

任务五　裙装产品检测报告（表 2-13）

表 2-13　检测报告　　报告编号（No.）：

<table>
<tr><td colspan="2">产品名称
Product Name</td><td>裙装</td><td>检验类别
Test Type</td><td>委托检验</td></tr>
<tr><td colspan="2">样品数量
Sum of Sample</td><td>1 套</td><td>样品状态
Sample State</td><td>符合检验要求</td></tr>
<tr><td rowspan="2">委托单位
Consigner</td><td>名称
Name</td><td>苏州市晨煊纺织
科技有限公司</td><td>电话
Telephone</td><td>13829023289</td></tr>
<tr><td>地址
Address</td><td>江苏吴江区盛泽镇
西二环路 1188 号</td><td>邮编
Postcode</td><td>215228</td></tr>
</table>

续表

送样日期 Sampling Date	2021 年 5 月 20 日	检验日期 Test Date	2021 年 5 月 22 日
检验项目 Test Items	纤维含量、pH 值、甲醛含量、可分解致癌芳香胺燃料、异味、耐水色牢度、耐酸汗渍色牢度、耐碱汗渍色牢度、耐摩擦色牢度、耐皂洗色牢度、耐光色牢度、水洗尺寸变化率、起毛起球、顶破强力、洗后扭曲率和洗后外观质量		
检验依据 Test Basis	GB 18401—2010《国家纺织产品基本安全技术规范》B 类 FZ/T 81004—2022《连衣裙、裙套》		

检验结果 Test Results						
通用技术要求 General Technical Requirements						
序号 Ser. #	项目 Item		测试方法 Test Method	检测结果 Test Results	技术要求 Tech. Req.	结论 Conclusion
1	pH 值		GB/T 7573—2009	6. 3	4. 0~8. 5	合格
2	甲醛含量/(mg/kg)		GB/T 2912. 1—2009	35	≤75	合格
3	可分解致癌芳香胺染料/(mg/kg)		GB/T 17592—2011	未检出*	≤20	合格
4	异味		GB 18401—2010	无	无	合格
5	耐水色牢度/级	变色	GB/T 5713—2013	4	≥3	合格
		沾色		4	≥3	
6	耐酸汗渍色牢度/级	变色	GB/T 3922—2013	3-4	≥3	合格
		沾色		3-4	≥3	
7	耐碱汗渍色牢度/级	变色	GB/T 3922—2013	3-4	≥3	合格
		沾色		3-4	≥3	
8	耐干摩擦色牢度/级	沾色	GB/T 3920—2008	3	≥3	合格
其他技术要求 Other Technical Requirements						
9	耐水洗尺寸变化率/%	领大	GB/T 8629—2017，4N，晾干	-0. 5	≥-2. 0	合格
		胸围		-0. 5	≥-2. 5	
		衣长		-1. 0	≥-3. 5	
10	耐皂洗色牢度/级	变色	GB/T 3921—2008，A1	3-4	≥3	合格
		沾色		3-4	≥3	
11	耐湿摩擦色牢度/级	沾色	GB/T 3920—2008	3-4	≥2-3	合格
12	耐光色牢度/级	变色	GB/T 8427—2019	2-3	≥3	不合格
13	耐拼接互染色牢度/级	沾色	GB/T 31127—2014	3-4	≥4	不合格
14	缝子纰裂/cm		GB/T 21294—2014，9. 2. 1	0. 5	≤0. 6	合格
15	起毛起球/级		GB/T 4802. 1—2008	3-4	≥3	合格

续表

<table>
<tr><td>序号
Ser. #</td><td colspan="2">项目
Item</td><td colspan="2">测试方法
Test Method</td><td>检测结果
Test Results</td><td>技术要求
Tech. Req.</td><td>结论
Conclusion</td></tr>
<tr><td rowspan="4">16</td><td rowspan="4">洗后外观</td><td>接缝平整度/级</td><td colspan="2" rowspan="4">FZ/T 81004—2022，5.4.11</td><td>4</td><td>≥3</td><td>合格</td></tr>
<tr><td>扭曲率/%</td><td>0.2</td><td>≤3.0</td><td>合格</td></tr>
<tr><td>变色/级</td><td>4-5</td><td>3-4</td><td>合格</td></tr>
<tr><td>其他</td><td>符合</td><td>GB/T 21295—2014</td><td>合格</td></tr>
<tr><td>17</td><td colspan="2">纤维含量/%</td><td colspan="2">FZ/T 01057.3—2007</td><td>100%
聚酯纤维</td><td>100%
聚酯纤维</td><td>合格</td></tr>
<tr><td colspan="8">注　* 可分解致癌芳香胺染料实验室检出限 20mg/kg。</td></tr>
<tr><td colspan="3">贴样</td><td colspan="5"></td></tr>
<tr><td colspan="3">备注</td><td colspan="5">仅对来样负责
(Only responsible to the submitted samples)</td></tr>
<tr><td colspan="3">主检
Tested by</td><td></td><td colspan="4" rowspan="4">签发日期（Date）：

年　月　日</td></tr>
<tr><td colspan="3">制表
Compiled by</td><td></td></tr>
<tr><td colspan="3">校核
Checked by</td><td></td></tr>
<tr><td colspan="3">审批
Approved by</td><td></td></tr>
</table>

知识链接一　纺织标准的概念和分类

一、纺织标准的概念

从专业角度看，纺织标准是以纺织科学技术和纺织生产实践为基础制定的、由公认机构发布的关于纺织生产技术的各项统一规定。纺织标准是企业组织生产、质量管理、贸易（交货）和技术交流的重要依据，同时也是实施产品质量仲裁、质量监督检查的依据。对于纺织品技术规格、性能要求的具体内容和达到的质量水平以及这些技术规格和性能的检验、测试方法，都是根据有关标准确定的，或者是由贸易双方按协议规定的。

纺织标准作为纺织品检验的依据，应具有合理性和科学性，是工贸双方都可以接受的。首先，纺织产品标准是对纺织品的品种、规格、品质、等级、运输和包装以及安全性、卫生性等技术要求的统一规定。其次，纺织方法标准是对各项技术要求的检验方法、验收规则的统一规定。准确运用纺织标准，可以对纺织品的质量属性作出全面、客观、公正、科学的判定。

二、纺织标准的分类

（一）按纺织标准的级别分类

按照标准化层级标准作用和有效的范围，可以划分为不同层次和级别的标准，如国际标准、区域标准、国家标准、行业标准、地方标准和企业（公司）标准。

1. 国际标准

国际标准是由众多具有共同利益的独立主权国组成的世界性标准化组织，通过有组织的合作和协商而制定、发布的标准。例如：国际标准化组织（ISO）制定发布的标准，国际电工委员会（IEC）制定发布的标准。

通常说的国际标准是指 ISO 发布的标准，包括除电气、电子专业以外的其他专业和领域中的国际标准，称为 ISO 标准。IEC 标准是由国际电工委员会发布的电气、电子方面的国际标准。

对于各国来说，国际标准可以自愿采用。但因为国际标准集中了一些先进工业国家的技术经验，加之各国考虑外贸上的利益，往往积极采用国际标准。也就是说，国际标准是由国际标准化组织通过的标准，也包括参与标准化活动的国际团体通过的标准，其目的是便于成员国之间进行贸易和情报交流。

2. 区域标准

区域标准泛指世界某一区域标准化团体所通过的标准，是由区域性国家集团或标准化团体为其共同利益而制定、发布的标准。

历史上，一些国家由于其独特的地理位置或是民族、政治、经济因素而联系在一起，形成国家集团，组成了区域性的标准化组织，以协调国家集团内的标准化工作。例如：欧洲标准化委员会（CEN）、欧洲电工标准化委员会（CENELEC）、太平洋区域标准大会（PASC）、泛美标准化委员会（COPANT）、亚洲标准化咨询委员会（ASAC）、非洲标准化组织（ARSO）等。

3. 国家标准

国家标准是由合法的国家标准化组织（官方的或被授权的非官方或半官方的），经过法定程序制定、发布的标准，在该国范围内适用。例如：中国国家标准（GB）、美国国家标准（ANSI）、英国国家标准（BS）、德国国家标准（DIN）、法国国家标准（NF）、日本工业标准（JIS）、澳大利亚国家标准（AS）等。

4. 行业标准

行业标准是指全国性的各行业范围内统一的标准，它由行业标准化组织制定发布。全国纺织品标准化技术委员会技术归口单位，是纺织工业标准化研究所，设立基础、丝绸、毛纺、针织、家用纺织品、纺织机械与附件、服装、纤维制品、染料等分技术委员会或专业技术委员会，负责制定或修订全国纺织工业各专业范围内统一执行的标准。对那些需要制定国家标准，但条件尚不具备的，可以先制定行业标准进行过渡，条件成熟之后再升格为国家标准。

5. 地方标准

地方标准是由地方标准化组织制定、发布的标准，它在该地方范围内适用。我国地方标准是指在某个省、自治区、直辖范围内需要统一的标准。我国制定地方标准的对象应具备三个条件：第一，没有相应的国家或行业标准；第二，需要在省、自治区、直辖市范围内统一的事或物；第三，工业产品的安全卫生要求。

6. 企业标准

企业标准是指企业制定的产品标准和为企业内需要协调统一的技术要求和管理、工作要求所制定的标准。由企业自行制定、审批和发布的标准在企业内部适用，它是企业组织生产经营活动的依据。

企业标准又可分为生产型标准和贸易型标准两类。生产型标准又称为内控标准，是企业为达到或超过上级标准，而对产品指标制定高于现行上级标准的内部控制标准，一般不对外，目的在于促进提高产品的质量。贸易型标准是经备案可以向客户公开，作为供、需双方交货时验收依据的技术性文件。

企业标准的主要特点：第一，企业标准由企业自行制定、审批和发布，产品标准必须报当地政府标准化主管部门和有关行政主管部门备案；第二，对于已有国家标准或行业标准的产品，企业标准要严于有关的国家标准或行业标准；第三，对于没有国家标准或行业标准的产品，企业应当制定标准，作为组织生产的依据；第四，企业标准能在本企业内部适用，由于企业标准具有一定的专有性和保密性，故不宜公开；第五，企业标准不能直接作为合法的交货依据，只有在供需双方经过磋商并订人买卖合同时，企业标准才可以作为交货依据。

（二）按纺织标准的性质分类

根据标准的性质，纺织标准可分为三大类：技术标准、管理标准和工作标准。

1. 技术标准

技术标准是对标准化领域中需要协调统一的技术事项所制定的标准。纺织标准大多为技术标准，根据内容可以分为三类：基础性技术标准、产品标准、检测和试验方法标准。

（1）基础性技术标准。基础性技术标准是对一定范围内的标准化对象的共性因素，例如概念、数系、通则，所作的统一规定。它在一定范围内作为制订其他技术标准的依据和基础，并普遍使用，具有广泛的指导意义。纺织基础标准的范围包括各类纺织品及纺织制品的有关名词术语、图形、符号、代号及通用性法则等内容。例如：GB/T 8685—2008《纺织品　维护标签规范　符号法》，GB 9994—2018《纺织材料公定回潮率》等。

（2）产品标准。产品标准是对产品的结构、规格、性能、质量和检验方所作的技术规定。产品标准是产品生产、检验、验收、使用、维修和洽谈贸易的技术依据。我国纺织产品标准主要涉及纺织产品的品种、规格、技术性能、试验方法、检验规则、包装、储藏、运输等各项技术规定。例如，GB/T 15551—2016《桑蚕丝织物》国家标准规定了桑蚕丝织物的技术要求、产品包装和标志，适用于评定各类服装用的练白、染色（色织）、印花纯桑蚕丝织物、桑蚕丝与其他长丝、纱线交织丝织物的品质等。

（3）检测和试验方法标准。检测和试验方法标准是对产品性能、质量的检测和试验方法所作的规定，其内容包括：检测和试验的类别、原理、抽样、取样、操作、精度要求等方面的规定；对使用的仪器、设备、条件、方法、步骤、数据分析、结果的计算、评定、合格标准、复验规则等所作的规定。例如：GB/T 4666—2009《纺织品　织物长度和幅宽的测定》，GB/T 4802.2—2008《纺织品　织物起毛起球性能的测定　第2部分：改型马丁代尔法》等。

2. 管理标准

管理标准是对标准化领域中需要协调统一的管理事项所制定的标准，包括管理基础标准、技术管理标准、经济管理标准、行政管理标准、生产经营管理标准等。管理标准一般是规定一些原则性的定性更求且有指导性。目的是利用管理标准来规范企业的质量管理行为、环境管理行为以及职业健康安全管理行为，从而持续改进企业的管理，促进企业的发展。

3. 工作标准

工作标准是对工作的责任、权利、范围、质量要求、程序、效果、检查方法、考核办法等所制定的标准。工作标准一般包括部门工作标准和岗位（个人）工作标准。企业组织经营管理的主要战略是不断提高质量，要实现这一战略目标必须以工作标准的实施来保障。

（三）按纺织标准的表现形式分类

根据标准的表现形式，纺织标准主要分为两种：文字标准和实物标准。

1. 文字标准

文字标准是用文字或图表对标准化对象作出的统一规定，即“标准文件”。文字标准是标准的基本形态。

2. 实物标准

实物标准是标准化对象的某些特性难以用文字准确描述出来时，可制成实物标准，并附有文字说明的标准，即“标准样品”。标准样品是由指定机构，按一定技术要求制作的实物样品或样照，简称“标样”。标准样品同样是重要的纺织品质量检测依据，可供检测外观、规格等对照、判别之用，其结果与检验员的经验、综合技术素质关系密切。

（四）按纺织标准的执行方式

标准的实施就是要将标准所规定的各项要求，通过一系列措施，贯彻到生产实践中，这也是标准化活动的一项中心任务。由于标准的对象和内容不同，标准的实施对于生产、管理贸易等产生的影响和作用会造成较大差别。《中华人民共和国标准化法》规定：“国家标准、行业标准分为强制性标准和推荐性标准。”因此，标准按执行方式分为强制性标准和推荐性标准。

1. 强制性标准

强制性标准是国家在保障人体健康、人身财产安全、环境保护等方面对全国或一定区域内统一技术要求而制定的标准，以法律、行政法规规定强制执行的标准。在国家标准中，以 GB 开头的属于强制性标准。

国家制定强制性标准是为了起到控制和保障的作用，因此强制性标准必须执行，不得擅自更改或降低强制性标准所规定的各项要求。对于违反强制性标准规定的，要由法律、行政法规规定的行政主管部门或工商行政管理部门依法处理。

2. 推荐性标准

推荐性标准是指除强制性标准外的其他标准，在国家标准中，以 GB/T 开头的属于推荐性标准。计划体制下单一的强制性标准体系并不能适应当代市场机制的发展和需求，因为市场需求是广大消费者需求的综合。设立推荐性标准可使生产企业在标准的选择、采用上拥有较大的自主权，为企业适应市场需求、开发产品拓展广阔空间。

推荐性标准的实施，从形式上看是由有关各方自愿采用的标准，国家一般也不作强制执行要求。但是，作为全国、全行业范围内共同遵守的准则，国家标准和行业标准一般都等同或等效采用了国际标准，从标准的先进性和科学性看，它们都积极地采用了已标准化的各项成果，积极采用推荐性标准，有利于提高产品质量，有利于提高产品的国内外市场竞争能力。

知识链接二　纺织标准的内容

任何一项标准所包括的内容都是根据标准化对象和制定标准的目的来确定的。纺织标准主要由四部分组成：概述部分、一般部分、技术部分和补充部分，其中一般部分和技术部分合称主体部分。

一、纺织标准的概述部分

国家标准和行业标准的封面和首页应包括：编号、名称、批准和发布部门、批准和发布及实施日期内容，其编写格式应符合 GB/T 1.2—2020 的具体规定，其余标准号照此执行。

前言是每项技术标准都应编写的内容，包括：

（1）基本部分。主要提供有关该项技术标准的一般信息。

（2）专用部分。说明采用国际标准的程度，废除和代替的其他文件，重要技术内容的有关情况，与其他文件的关系，实施过渡期的要求以及附录的性质等。

二、纺织标准的一般部分

这一部分主要对技术标准的内容作一般性介绍，它包括标准的名称、范围、引用标准等内容。

技术标准的名称应简短而明确地反映出标准化对象的主题，但又能与其他标准相区别。因此，技术标准的名称一般由标准化对象的名称和所规定的技术特征两部分组成。技术标准的范围用于说明一项技术标准的对象与主题、内容范围和适用的领域。

引用标准这部分内容主要列出一项技术标准正文中所引用的其他标准文件的编号和名称。

三、纺织标准的技术部分

这部分内容是技术标准的主体，是技术标准所规定的实质性内容，由八个部分组成。

1. 定义

技术标准中采用的名词、术语尚无统一规定时，则应在该标准中作出定义和说明。名词、术语也可以单独制定标准。例如 FZ/T 80003—2006《纺织品与服装　缝纫型式　分类和术语》。

2. 符号和缩略语

技术标准中使用的某些符号和缩略语，可以列出它们的一览表，并对所列符号、缩略语的功能、意义、具体使用场合给出必要的说明，以便于读者理解。

3. 要求

产品的技术要求主要是为了满足使用要求而必须具备的技术性能、指标、表面处理等质量要求。纺织标准所规定的技术要求是可以测定和鉴定的，其主要内容包括：质量等级、物理性能、机械性能、化学性能、使用特性、稳定性、表面质量和内在质量，关于防护、卫生和安全的要求，工艺要求，质量保证以及其他必须规定的要求。

4. 抽样

这部分内容可以放在试验方法部分的开头，而不单列。抽样这部分用于规定进行抽样的条件、抽样的方法、样品的保存方法等必须列示的内容。

5. 试验方法

试验方法这部分主要是给出测定特性值，或检查是否符合规定要求以及保证所测定结果再现性的各种程序细则。其内容主要包括：试验原理、试样的采取或制备、试剂或试样、试验用仪器和设备、试验条件、试验步骤、试验结果的计算、分析和评定、试验记录和试验报告等。试验方法也可以单独列为一项标准，即方法标准。

6. 分类与命名

分类与命名这部分可以与要求部分合在一起。分类与命名部分是为符合所规定特性要求的产品、加工或服务而制定的一个分类、命名编号的规则。对产品而言，就是要对有关产品总体安排的种类、型式、尺寸或多数系列等作出统一规定，开给出产品分类后具体产品的表示方法。

7. 标志、包装、运输、储存

在纺织产品标准中，可以对产品的标志、包装、运输和储存作出统一规定，以使产品从出厂到交付使用过程中的产品质量能得到充分保证，符合规定的贸易条件，这部分内容可以单独制定标准。

8. 标准的附录

标准中的附录可分为标准的附录和提示的附录两种不同性质。

四、纺织标准的补充部分

1. 提示的附录

标准中附录的另一种形式，它不是标准正文的组成部分，不包含任何要求，也不具有标准正文的效力。提示的附录只提供理解标准内容的信息，帮助读者正确掌握和使用标准。

2. 脚注

脚注的使用应控制在最低限度，用于提供使用技术标准时参考的附加信息。

3. 正文中的注释

正文中的注释用来提供理解条文所必要的附加信息和资料，不包含任何要求。

4. 表注和图注

表注和图注属于标准正文的内容，它与脚注和正文中的注释不同，是可以包含要求的。

五、标准编号的说明

完整的标准编号由三部分组成：标准代号、顺序号和年代号。

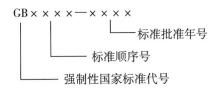

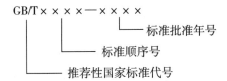

1. 中国国家标准编号

GB××××—××××

- GB：强制性国家标准代号
- ××××：标准顺序号
- ××××：标准批准年号

GB/T××××—××××

- GB/T：推荐性国家标准代号
- ××××：标准顺序号
- ××××：标准批准年号

2. 纺织行业标准编号

FZ××××—××××

- FZ：强制性纺织行业标准代号
- ××××：标准顺序号
- ××××：标准批准年号

FZ/T××××—××××

- FZ/T：推荐性纺织行业标准代号
- ××××：标准顺序号
- ××××：标准批准年号

3. 企业标准编号

Q/××××　××××—××××

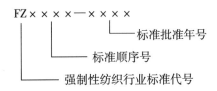

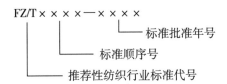

- Q/：企业标准代号
- ××××：×××企业代号
- ××××：标准顺序号
- ××××：标准批准年号

拓展练习　西裤综合检测任务实施

【项目导入】

江苏盛虹纺织品检测中心有限公司与客户苏州市晨煊纺织科技有限公司签订合同，针对客户提供的西裤产品的相关性能进行检测，对其产品质量给出评价。检测公司在接到该订单后，为了更加准确有效地完成合同，将不同性能检测任务分发给各部门，最终汇总形成一份完整的西裤产品检测报告。

【课程思政目标】

（1）以中国纺织大工匠、全国五一劳动奖章获得者的真实事迹、用踏实勤恳、尽职尽责的大国工匠精神引导莘莘学子爱岗敬业。

（2）通过企业的真实纺织品检测案例，培养学生的工匠精神、劳模精神，将价值塑造、知识传授与能力培养统一于教学之中。

【学习目标】

（1）根据客户要求进行任务分解。

（2）运用纺织品检测知识，熟练掌握西裤产品的相关检测。

（3）对测试结果能够进行正确表达和评价。

（4）具备分析影响测试结果准确性的能力。

【能力目标】

（1）具备西裤产品综合检测能力。

（2）检测标准的选择和应用。

【素养目标】

（1）培养学生具有良好的职业道德和职业素养。

（2）培养学生团队合作精神和创新精神。

【知识点】

西裤产品的技术要求、检测任务实施、报告编写等。

【技能点】

（1）测试标准的选择与解读。

（2）检测方法的学习和使用。

（3）样品的制备、测试、数据分析。

（4）测试报告的填写。

任务一 企业测试任务单填写

江苏盛虹纺织品检测中心有限公司

TEXTILE TESTING APPLICATION（纺织品测试申请表）

SHWS-4. 1-2-01 From No.（编号）SH-WS 4042719

Invoice Information（开票信息）: ____________________

Applicant Name（申请公司名称）: ____________________

Address（地址）: ____________________

Contact Person（联系人）: ________ Telephone（电话）: ________ Fax（传真）: ________

Buyer（买家）: ________ Order No.（订单号）: ________ Style（款号）: ________

Sample Description（样品描述）: ____________________

Brand Standard（品牌标准）: ☐ Marks & Spencer ☐李宁 ☐安踏 ☐美邦 ☐森马 ☐以纯 ☐利郎 ☐其他____

Requirement Grade（要求等级）: ☐优等品 ☐一等品 ☐合格品

Standards/Methods Used（采用标准/方法）: ☐ ISO ☐ AATCC/ASTM ☐ JIS ☐ JB ☐ FZ/T ☐ Other ____

Sample No.（样品编号）: ____________ Sample Quantity（样品数量）: ____________

Test Required（测试项目）: ____________

Dimensional Stability/尺寸稳定性	Method/方法	Physical/物理性能	Method/方法
☐ Washing/水洗	________	☐ Tensile Strength/断裂程度	________
☐ Dry Heat/干热	________	☐ Tear Strength/撕裂程度	________
☐ Steam/汽蒸	________	☑ Seam Slippage/接缝滑落	________
Colour Fastness/色牢度		☐ Seam Strength/接缝强度	________
☑ Washing/水洗	________	☑ Bursting Strength/顶破/胀破程度	________
☐ Dry-cleaning/干洗	________	☑ Pilling Resistance/起毛起球	________
☑ Rubbing/摩擦	________	☐ Abrasion Resistance/耐磨性	________
☐ Light/光照	________	☐ Yarn Count/纱线密度	________
☑ Perspiration/汗渍	________	☐ Fabric weight/织物克重	________
☐ Water/水渍	________	☐ Threads Per Unit Length/织物密度	________
☐ Chlorinated Water/氯化水	________	☐ Flammability/燃烧性能	________
☐ Chlorine Bleach/氯漂	________	☐ Washing Appearance/洗后外观	________
☐ Non-Chlorine Bleach/非氯漂	________	☐ Down Proof/防沾绒	________
Functional/功能性		Chemical/化学性能	
☐ Spray Rating/泼水	________	☐ Fibre Content/成分分析	________
☐ Rain Test/雨淋	________	☐ pH Value/pH 值	________
☐ Hydrostatic Pressure Test/静水压	________	☐ Formaldehyde Content/甲醛	________
☐ Air Permeability/透气性	________	☐ Azo Test/偶氮染料	________
☐ Water Vapour Permeability/透湿性	________	☐ Heavy Metal/重金属	________
☐ Ultraviolet/抗紫外线	________	☐国家纺织产品基本安全技术规范	GB 18401—2010
☐ Chromaticity/荧光度	________	Other Testing（其他）	________

Working Days（工作日）________天　　报告传递方式: ☐自取 ☐邮寄 ☐短信 ☐邮件

Return Remained Sample（剩余样品是否归还）: ☐ Yes（是） ☐ No（否） Expense（费用）: ________

Report（报告）: ☐ Chinese Report（中文报告） ☐ English Report（英文报告）

Authorized Signature（申请人签名）: ____________ Date（日期）: ____________

Received Signature（接收人签名）: ____________ Date（日期）: ____________

吴江盛泽镇西二环路 1188 号 邮政编码: 215228 No. 1188Xierhuan Road, Shengze, Wujiang Post Code: 215228

Tel: +86-0512-63525197 Fax: +86-0512-63525390 E-mail: jczx@ shgroup. cn

任务二　测试任务分解

实验室在接收到客户的检测委托单后，会经过“合同评审”“任务分解（图 2-9）”“样品准备”“测试仪器准备”“测试环节”“原始记录汇总、审核”“报告编制、发送客户”等七个步骤。

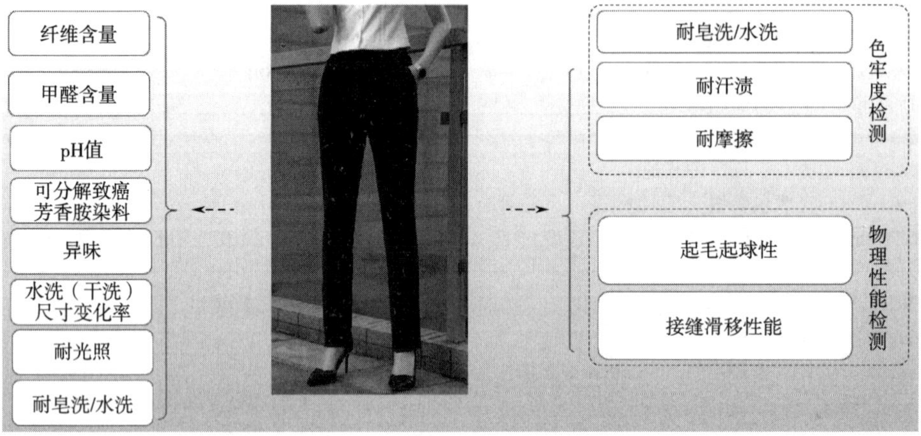

图 2-9　西裤产品测试任务分解

任务三　西裤产品技术要求

依据国家针对西裤的检测标准进行技术要求分析，标准为 GB/T 2666—2017《西裤/Trousers》。

一、使用说明

使用说明按 GB/T 5296.4—2012 和 GB 31701—2015 规定。

二、号型规格

（1）号型设置按 GB/T 1335—2008 规定。

（2）主要部位规格按 GB/T 1335—2008 和 GB/T 14304—2019 有关规定自行设计。

三、原材料

1. 面料

采用符合本标准相关质量要求的面料。

2. 里料

采用与所用面料相适宜并符合本标准相关质量要求的里料。

3. **辅料**

(1) 衬布、装饰花边、袋布。采用与所用面料、里料的性能相适宜的衬布、装饰花边、袋布，其质量应符合本标准相关规定。

(2) 缝线、绳带、松紧带。采用与所用面料、里料、辅料的性能、色泽相适宜的缝线、绳带、松紧带（装饰线、装饰带除外）。

(3) 纽扣、拉链及其他附件。采用适合所用面料的纽扣（装饰扣除外）、拉链及其他附件。纽扣、装饰扣、拉链及其他附件应表面光洁、无毛刺、无缺损，无残疵、无可触及锐利尖端和锐利边缘。拉链啮合良好、顺滑流畅。14 周岁以下男童门襟拉链处应有里贴（襟）。

注：可触及锐利尖端和锐利边缘是指在正常穿着条件下，成品上可能对人体皮肤造成伤害的锐利尖端和边缘。

四、经纬纱向

面料经纬纱线按表 2-14 规定。

表 2-14　经纬纱向　　单位：cm

部位名称	纱向规定
前身	经纱以烫迹线为准，横裆线以下歪斜不大于 0.5，色织条格料歪斜不大于 0.2
后身	经纱以烫迹线为准，中裆线以下歪斜不大于 1.0，色织条格料歪斜不大于 0.5

五、色差

(1) 下裆缝、腰头与大身的色差不低于 4 级，其他表面部位高于 4 级。

(2) 套装中下装与上装的色差不低于 4 级，同批不同条色差不低于 4 级。

六、外观疵点

成品各部位疵点允许存在程度按表 2-15 规定，成品各部位划分见图 2-10，各部位只允许一种允许存在程度内的疵点。

表 2-15　成品各部位疵点允许存在程度

疵点名称	各部位允许存在程度		
	1 号部位	2 号部位	3 号部位
纱疵	不允许	轻微，总长度 1.0cm 或总面积 0.3cm^2 以下；明显不允许	轻微，总长度 1.5cm 或总面积 0.5cm^2 以下；明显不允许
毛粒（个）	1	3	5

续表

疵点名称	各部位允许存在程度		
	1 号部位	2 号部位	3 号部位
条印、折痕	不允许	轻微，总长度 1.5cm 或总面积 1.0cm^2 以下；明显不允许	轻微，总长度 2.0cm 或总面积 1.5cm^2 以下；明显不允许
斑疵（油污、锈斑、色斑、水渍、粉印等）	不允许	轻微，总面积 0.3cm^2 以下；明显不允许	轻微，总面积 0.5cm^2 以下；明显不允许
破洞、磨损、蛛网	不允许		

注 疵点程度描述：
轻微：疵点在直观上不明显，通过仔细辨认才可看出。
明显：不影响总体效果，但能明显感觉到疵点的存在。

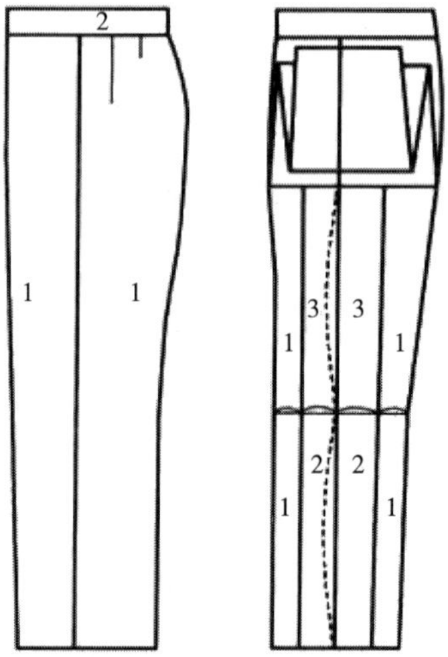

图 2-10　成品各部位划分

七、缝制

（1）针距密度按表 2-16 规定，特殊设计除外。

表 2-16　针距密度

项目		针距密度	备注
明暗线		不少于 11 针/3cm	—
包缝线		不少于 11 针/3cm	—
手工针		不少于 7 针/3cm	—
三角针	腰口	不少于 9 针/3cm	以单面计算
	脚口	不少于 6 针/3cm	

续表

项目		针距密度	备注
锁眼	细线	不少于 12 针/cm	—
	粗线	不少于 9 针/cm	

注　细线指 20tex 及以下缝纫线，粗线指 20tex 以上缝纫线。

（2）缝制线路顺直、整齐、平服。

（3）表面部位无毛、脱、漏。无连根线头。

（4）上下线松紧适宜。起落针处应有回针（省尖处可不回针，留有 1～1.5cm 线头）。底线不得外露。

（5）明线和链式线迹不允许跳针、断线、接线，其他缝纫线迹 30cm 内不得有连续跳针或一处以上单跳针，不得脱线。

（6）侧缝袋口下端打结处向上 5cm 与向下 10cm 之间、下裆缝中档线以上、后裆缝、小裆缝缉两道线，或用链式线迹缝制。

（7）袋口两端封口应牢固、整洁。

（8）袋布的垫料要折光边或包缝。袋布垫底平服。袋布缝制牢固，无脱、漏。

（9）绱拉链平服。绱拉链宽窄互差小于 0.3cm。

（10）缝份宽度不小于 0.8cm（开袋、门襟止口除外）。

（11）锁眼定位准确，大小适宜，无跳、开线，无毛漏，纱线无绽出。扣与眼对位，钉扣牢固。纽脚高低适宜，线结不外露。

（12）钉扣绕脚线高度与止口厚度相适应。

（13）腰头面、里、衬平服，松紧适宜。腰里不反吐，绱腰圆顺。

（14）门襟不短于里襟。门、里襟长短互差不大于 0.3cm。门襟止口不反吐；门襟缝合松紧适宜。

（15）前、后裆圆顺、平服。裆底十字缝互差不大于 0.3cm。

（16）串带牢固。长短互差不大于 0.4cm。位置准确、对称，宽窄、左右、高低互差不大于 0.2cm。袋位高低、袋口大小互差不大于 0.3cm，左右互差不大于 0.3cm，袋口顺直平服。

（17）后袋盖圆顺、方正、平服。袋口无毛漏。袋盖里不反吐。嵌线宽窄小于 0.2cm。袋盖不小于袋口。

（18）裙身平服，下摆不起吊。裤、裙里与面松紧相适宜。

（19）省道长短一致、左右对称，互差不大于 0.5cm；裙裥不豁开。

（20）两裤腿长短互差不大于 0.5cm，肥瘦互差不大于 0.3cm。

（21）两脚口大小互差不大于 0.3cm，贴脚条止口外露。裤脚口错位互差不大于 1.5cm，裤脚口边缘顺直。裙底边圆顺。

（22）商标、耐久性标签位置端正、平服。

八、规格尺寸允许偏差

成品主要部位规格尺寸允许偏差按表 2-17 规定。

表 2-17　尺寸偏差

部位名称	规格尺寸允许偏差（cm）
裤（裙）长	±1.5
腰围	±1.0

九、整烫

（1）各部位熨烫平服、整洁，无烫黄、水渍及亮光。烫迹线顺直，臀部圆顺，裤脚平直。

（2）覆黏合衬部位不允许有脱胶、渗胶、起皱及起泡，各部位表面不允许有沾胶。

十、理化性能

成品理化性能按表 2-18 规定，其中，3 岁以上至 14 岁儿童穿着服装的安全性能还应同时符合 GB 31701—2015 的规定。

表 2-18　理化性能

<table>
<tr><th colspan="3" rowspan="2">项目</th><th colspan="3">分等要求</th></tr>
<tr><th>优等品</th><th>一等品</th><th>合格品</th></tr>
<tr><td colspan="3">纤维含量/%</td><td colspan="3">符合 GB/T 29862—2013 的规定</td></tr>
<tr><td colspan="3">甲醛含量/(mg/kg)</td><td colspan="3" rowspan="4">符合 GB 18401—2010 的规定</td></tr>
<tr><td colspan="3">pH 值</td></tr>
<tr><td colspan="3">可分解致癌芳香胺染料/(mg/kg)</td></tr>
<tr><td colspan="3">异味</td></tr>
<tr><td rowspan="2">尺寸变化率/%</td><td colspan="2">水洗[a]</td><td colspan="3">裤（裙）长±1.5；腰围-1.2~+1.0</td></tr>
<tr><td colspan="2">干洗[a]</td><td colspan="3">裤（裙）长±1.0；腰围±0.8</td></tr>
<tr><td rowspan="2">洗涤后扭斜率/%
≤</td><td colspan="2">水洗[a]</td><td colspan="2">2.0</td><td>4.0</td></tr>
<tr><td colspan="2">干洗[a]</td><td colspan="2">1.5</td><td>3.0</td></tr>
<tr><td rowspan="6">面料色牢度/级
≥</td><td rowspan="2">耐皂洗[a]</td><td>变色</td><td>4</td><td>3-4</td><td>3-4</td></tr>
<tr><td>沾色</td><td>4</td><td>3-4</td><td>3</td></tr>
<tr><td rowspan="2">耐干洗[a]</td><td>变色</td><td>4-5</td><td>4</td><td>3-4</td></tr>
<tr><td>沾色</td><td>4-5</td><td>4</td><td>3-4</td></tr>
<tr><td rowspan="2">耐水</td><td>变色</td><td>4</td><td>4</td><td>3-4</td></tr>
<tr><td>沾色</td><td>4</td><td>3-4</td><td>3</td></tr>
</table>

续表

项目			分等要求 优等品	分等要求 一等品	分等要求 合格品
面料色牢度/级 ≥	耐汗渍（酸、碱）	变色	4	3-4	3
面料色牢度/级 ≥	耐汗渍（酸、碱）	沾色	4	3-4	3
面料色牢度/级 ≥	耐摩擦	干摩擦	4	3-4	3
面料色牢度/级 ≥	耐摩擦	湿摩擦[a]	3-4	3	2-3
面料色牢度/级 ≥	耐光	浅色	4	3	3
面料色牢度/级 ≥	耐光	深色	4	4	3
里料色牢度/级 ≥	耐皂洗[a]	沾色	4	3-4	3
里料色牢度/级 ≥	耐干洗[a]	沾色	4	4	3-4
里料色牢度/级 ≥	耐干摩擦		4	3-4	3-4
里料色牢度/级 ≥	耐汗渍（酸、碱）	变色	4	3	3
里料色牢度/级 ≥	耐汗渍（酸、碱）	沾色	4	3	3
里料色牢度/级 ≥	耐水	变色	4	3-4	3
里料色牢度/级 ≥	耐水	沾色	4	3-4	3
装饰件和绣花耐皂洗[a]、耐干洗沾色[a]/级 ≥			3-4	3-4	3-4
面料起球/级 ≥	精梳（绒面）		3-4	3	3
面料起球/级 ≥	精梳（光面）		4	3-4	3-4
面料起球/级 ≥	粗梳		3-4	3	3
接缝性能	缝子纰裂程度[b]/cm ≤	面料、里料	0.6	0.6	0.6
接缝性能	裤后裆缝接缝强力/N ≥	面料	140	140	140
接缝性能	裤后裆缝接缝强力/N ≥	里料	80	80	80
面料撕破强力/N ≥			10	10	10
洗涤后外观[a]			样品经洗涤（包括水洗、干洗）后应符合 GB/T 21295—2014 表 13 中的外观质量规定		

注　按 GB/T 4841.3—2006 规定，颜色深于 1/12 染料染色标准深度为深色，颜色不深于 1/12 染料染色标准深度为浅色。

a　水洗尺寸变化率、洗涤后扭斜率（水洗）、耐皂洗色牢度、耐湿摩擦色牢度和水洗后外观不考核使用说明注明不可水洗产品；干洗尺寸变化率、洗涤后扭斜率（干洗）、耐干洗色牢度和干洗后外观不考核使用说明注明不可干洗产品。

b　纰裂试验出现纱线滑脱、织物撕破或缝线断裂现象，判定接缝性能不符合要求。

任务四　性能测试

【本项目技能点】

（1）测试标准的选择与解读。

（2）检测方法的学习和使用。

（3）样品的制备、测试、数据分析。

（4）测试报告的填写。

知识点一　纺织品接缝处纱线抗滑移性能检测

纺织品接缝处纱线抗滑移性能课程讲解

一、基本知识

织物接缝处纱线抗滑移性是指织物在一定的使用条件下，抵抗纱线滑移和缝口脱开损坏的性能。服装、装饰及产业用纺织品在日常使用中，缝口脱开损坏是容易出现的现象，这直接影响其美观性和耐用性。比如，在袖窿、座椅套等缝合处，由于受外力的原因，织物容易脱开。在具体的检测中，应根据织物类型、特点及应用场合选择适宜的测试方法。

缝线性能是衡量纺织品对缝线的适应能力的指标，可以用缝线强力和缝线滑移来表示。缝线强力是指试样在标准缝线后抵抗水平拉伸的能力。缝线滑移是指试样在标准缝线处的纱线抵抗滑移的能力。

二、技术依据与基本原理

1. 主要技术依据

GB/T 13772. 1—2008《纺织品　机织物接缝处纱线抗滑移的测定　第 1 部分：定滑移量法》、GB/T 13772. 2—2018《纺织品　机织物接缝处纱线抗滑移的测定　第 2 部分：定负荷法》、GB/T 13772. 3—2008《纺织品　机织物接缝处纱线抗滑移的测定　第 3 部分：针夹法》及 GB/T 13772. 4—2008《纺织品　机织物接缝处纱线抗滑移的测定　第 4 部分：摩擦法》。

2. 基本原理

（1）定滑移量法。是测定试样中纱线产生规定滑移量所需要的负荷。在测试时，用夹持器夹持试样，在拉伸试验仪上分别拉伸同一试样的缝合及未缝合部分，并在同一横坐标的同一起点上，记录缝合及未缝合试样的力—伸长曲线。找出两曲线平行于伸长轴的距离等于规定滑移量的点，读取该点对应的力值为滑移阻力。

（2）定负荷法。是测定试样在施加规定负荷时产生的滑移量。在测试时，将矩形试样折叠后，沿宽度方向缝合，然后沿折痕开剪，用夹持器夹持试样，并垂直于接缝方向施以拉伸负荷，测定在施加规定负荷时产生的滑移量。

（3）针夹法。以针排拉脱的形式测定机织物中纱线抗滑移性。在测试时，分别使用针排夹具与普通夹具夹持试样在拉伸试验仪上拉伸试样，在同一横坐标的同一起点上记录针排夹持试样和普通夹持试样的力—伸长曲线。然后，测定在施加规定负荷下两曲线间平行于伸长轴的距离，即为滑移量。

（4）摩擦法。以摩擦辊与织物摩擦的形式测定机织物中纱线抗滑移性。在测试时，将一对摩擦辊以规定压力相对夹持具有一定张力的试样，摩擦辊与试样以一定速度做相对单向摩擦，织物中纱线均匀状态发生滑移变形，测定经规定次数的摩擦后的滑移量，以衡量织物抗滑移变形性能。

三、仪器设备与用具

1. **定滑移量法**

等速伸长（CRE）织物强力测试仪、缝纫机、缝纫针、缝纫线、测量钢尺、分规、放大镜、织物试样若干种。

2. **定负荷法**

等速伸长（CRE）织物强力测试仪、缝纫机、缝纫针、缝纫线、测量钢尺（分度值不超过 0.5mm）、游标卡尺、分规、放大镜、织物试样若干种。

3. **针夹法**

等速伸长（CRE）织物强力测试仪、针排夹具及织物试样若干等。

4. **摩擦法**

摩擦式滑移性测试仪、测量钢尺（分度值不超过 0.5mm）、分规、放大镜、试样。

四、试样准备

按取样要求准备试验样品。

1. **定滑移量法**

（1）取样。裁取经纱滑移试样与纬纱滑移试样各 5 块，每块试样的尺寸为 400mm×100mm。经纱滑移试样的长度方向平行于纬纱，用于测定经纱滑移；纬纱滑移试样的长度方向平行于经纱，用于测定纬纱滑移。

试样如图 2-11 所示，沿正面朝内折叠 110mm，折痕平行于宽度方向。在距折痕 20mm 处缝一条锁式缝迹，沿长度方向距布边 38mm 处画一条与长边平行的标记线，以保证对缝合试样及未缝合试样进行实验时，夹持对齐同一纱线。然后，在折痕端距缝迹线 12mm 剪开试样。最后，将缝合好的试样沿宽度方向距折痕 110mm 处剪成两段，一段包含接缝，另一段不包含接缝。不含接缝的长度 180mm。试样分布如图 2-12 所示。

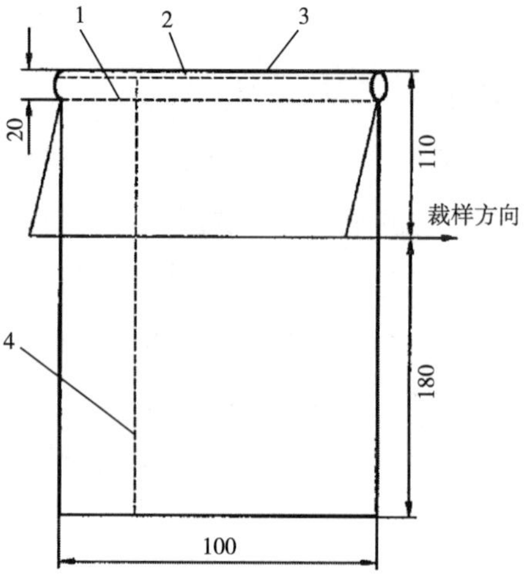

图 2-11 试样尺寸图

1—缝线 2—裁剪线 3—折叠线 4—标记线

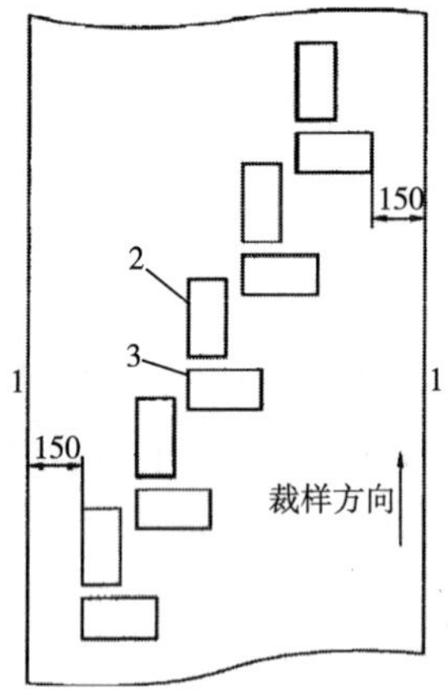

图 2-12 试样分布图

1—布边 2—纬向滑移 3—经向滑移

（2）试验参数选择。规定滑移量由有关方商定，一般织物采用 6mm，对缝隙很小就不能满足使用要求的织物可采用 3mm。拉伸速度为（50±5）mm/min，隔距长度为（100±1）mm，线迹形式为 301 型，如图 2-13 所示。缝纫的具体要求见表 2-19。

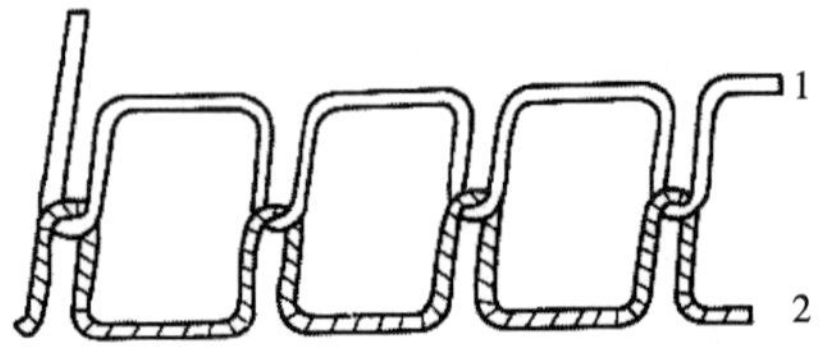

图 2-13 301 型线迹形式

1—针线 2—底线

表 2-19 缝纫要求

织物分类	缝纫线	缝针规格		针迹密度/（针/100mm）
	100%涤纶包芯纱线密度/tex	公制机针号数	直径/mm	
服用织物	45±5	90	0.9	50±2

2. *定负荷法*

（1）取样。裁取经纱滑移试样与纬纱滑移试样各 5 块，每块试样的尺寸为 200mm×100mm。经纱滑移试样的长度方向平行于纬纱，用于测定经纱滑移；纬纱滑移试样的长度方向平行于经纱，用于测定纬纱滑移。

将试样（正面朝内）对折，折痕平行于宽度方向，在距折痕 20mm 处缝制一条直形缝迹，缝迹平行于折痕线。最后，在折痕端距缝迹线 12mm 处剪开试样，两层织物的缝合余量相同。

（2）试验参数选择。不同织物定负荷值见表 2-20。拉伸速度为（50±5）mm/min，隔距长度为（100±1）mm，线迹形式为 301 型，缝纫的具体要求见表 2-21。

表 2-20 拉伸试样规定负荷值

织物分类	定负荷 F_0/N
服用织物 220g/m²	60
服用织物 220g/m²	120
装饰织物	180

表 2-21 缝纫要求

织物分类	缝纫线	缝针规格		针迹密度/（针/100mm）
	100%涤纶包芯纱线密度/tex	公制机针号数	直径/mm	
服用织物	45±5	90	0.9	50±2
装饰织物	74±5	110	1.1	32±2

3. **针夹法**

（1）取样。裁取经纱滑移试样与纬纱滑移试样各 5 块，每块试样的尺寸为 300mm×60mm。经纱滑移试样的长度方向平行于排纱，用于测定经纱得移；纬纱滑移试样的长度方向平行于经纱，用于测定纬纱滑移。

沿试样长度的方向，从两边缘各扯去大致相同的纱线，使试样的宽度为 50mm。在试样长度一半处画一条基准线，并标记试样的两端。

（2）试验参数选择。拉伸速度为（50±5）mm/min，隔距长度为（100±1）mm，终止负荷为 250N。

针具的一面具有整齐排列的针，另一面具有与针相对应的孔洞，如图 2-14 所示。针的数量与特性根据测试织物的种类而定，具体见表 2-22。为了正确地夹持试样，夹持服用织物与夹持装饰用织物时挡板的位置不同，如图 2-15 所示。

表 2-22 针夹参数

项目	服用织物	装饰织物
针的种类	圆形针	圆形针
挡板至针排夹具顶部边缘的距离/mm	15±0.5	20±0.5
挡板至针排中心的距离/mm	10±0.5	15±0.5
相邻针轴心的距离/mm	2.5±0.1	7±0.1
针底的直径/mm	0.5±0.03	0.9±0.03
针高/mm	8±0.5	8±0.5
针的总数量/枚	17	7
夹持织物槽的宽度/mm	2.25±0.25	2.25±0.25

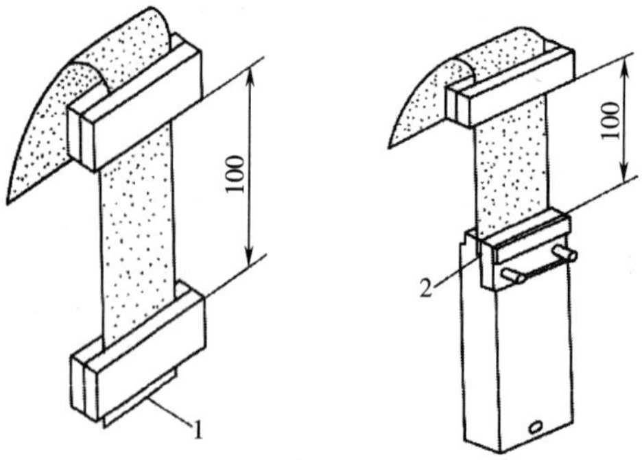

图 2-14 试样夹持示意图

1—服用织物伸出夹持器的长度（10±1）mm 2—装饰织物超出排针的长度（15±1）mm

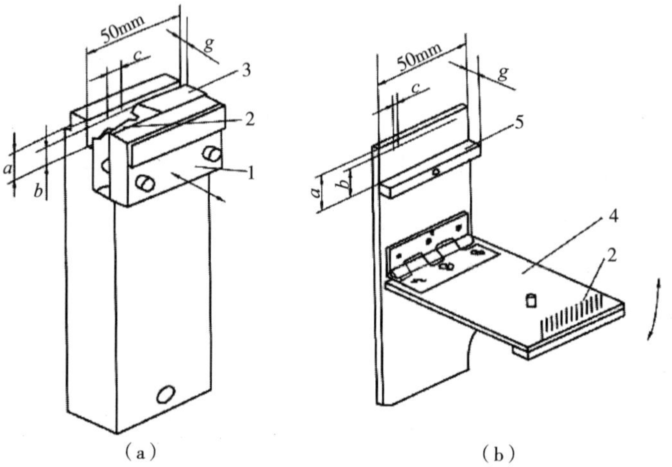

图 2-15 针排夹具

1—可移动的针夹 2—刺针 3—防护板 4—带有铰链的针夹 5—挡板

仪器夹持器的中心点应处于拉力轴线上，夹持线与拉力线垂直，夹持面在同一平面上。如果使用平滑夹面不能防止试样的滑移时，应使用其他形式的夹持器。夹持面上可使用适当的衬垫材料。夹持器的宽度至少为 60mm，且不能比测试样品窄。

4. **摩擦法**

（1）取样。裁取经、纬向各 5 块以上试样。试样长不小于 200mm，宽稍大于 100mm。经向试样的宽度方向平行于经纱，反之是纬向试样。

在试样经、纬向边缘各扯出几根整纱，以确定纱线方向。扯纱后试样宽度为 100mm±1/2 根纱。

（2）试验参数选择。

①摩擦辊产生单向摩擦，频率约为 30 次/min，动程为 25mm。

②两摩擦辊相对夹持试样，按规定施加压力负荷。一般特别稀、薄及柔软的织物压力负荷为 5N，其他织物为 10N。

五、试验步骤

1. 定滑移量法试验步骤

（1）调整仪器夹距为（100±1）mm，速度为（50±5）mm/min。

（2）夹持原样（不含接缝的试样），启动仪器直至达到终止负荷200N，得到原样的力—伸长曲线。

（3）夹持缝合样（含接缝的试样），注意试样的接缝应位于两夹钳中间且平行于钳口线。启动仪器直至达到终止负荷200N，得到从同一原点开始的缝合样的力—伸长曲线。

（4）根据试验所得原样和缝合样的力—伸长曲线，可得到与规定滑移量对应的滑移阻力。

（5）重复以上操作，直至完成规定的试样数。

结果计算：由测试结果分别计算出试样的经纱平均滑移阻力和纬纱平均滑移阻力，并修约至最接近的1N。

注意事项：

（1）如果拉伸力在200N或小于终止负荷200N时，试样未产生规定的滑移量，则记录结果为“>200N”。

（2）如果拉伸力在200N以内，试样或接缝出现断裂，导致无法测定规定滑移量，则报告“织物断裂”或“接缝断裂”，并记录此时所施加的拉伸力值。

2. 定负荷法试验步骤

（1）调节仪器夹距为（100±1）mm，速度为（50±5）mm/min。

（2）夹持试样，保证试样的接缝位于两夹持器中间且平行于夹持线。

（3）启动仪器，缓慢增大施加试样上的负荷至定负荷值。

（4）当达到定负荷值，立即以50mm/min的速度将拉力减小到5N，并在此时固定夹持器不动。

（5）立即测量缝迹两边缝隙的最大宽度值即滑移量S，修约至最接近的1mm，滑移量S的测定如图2-16所示。测定可借助游标卡尺、放大装置，注意不得碰触脱缝边缘的纱线。

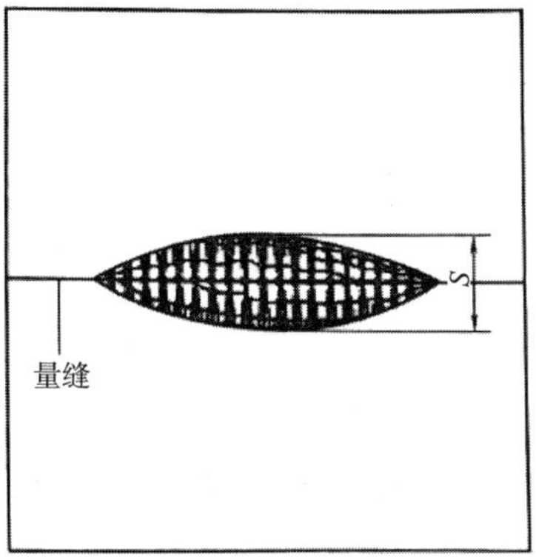

图2-16　滑移量的测定

（6）重复以上操作，直至完成规定的试样数。

结果计算：计算经纱滑移的平均值和纬纱滑移的平均值，修约至最接近的1mm。

注意事项：如果在达到定负荷值前试样或接缝受到破坏而导致无法测定滑移量时，则报告“织物断裂”或“接缝断裂”，并报告此时所施加的拉力值。

3. 针夹法试验步骤

（1）调整仪器的拉伸速度为（50±5）mm/min。

（2）在测试仪上安装两个普通夹持器。

（3）调整隔距长度为（100±1）mm。

（4）夹持试样的一端。

（5）启动拉伸装置，直到施加的拉力达到（250±5）N 时停止试验，并记录力—伸长曲线。然后，将夹持器回复到起始位置，取下试样。

（6）先将针排夹具夹持在测试仪的下夹持器上，再调整测试仪的夹持器，使其隔距长度为（100±1）mm。

①这里的隔距长度是指上夹持器夹面的有效夹持线与针排夹具上针排夹持线之间的距离。

②织物的伸长能够掩盖纱线的滑移现象。服用织物测试时，可选择较小的隔距长度。在这种情况下，伸长率应与本测试方法相同，即 50%/min。比如隔距为 20mm，伸长率为 50%/min，也就是织物每分钟伸长 10mm。

（7）将针具上的排针插入同一试样的另一端并夹紧，排针应与试样的宽度方向平行。夹持试样宽的方向应与针具挡板的长度方向平行，针排插入服用织物与插入装饰用织物的位置已作出了规定。试样下端固定后，上夹持器夹紧试样的另一端，以保证整个试样的平整。

（8）启动拉伸装置，直到施加的拉力达到（250±5）N 时终止实验，在上述图纸的同一原点记录力—伸长曲线。当拉力达到 250N 时，能够得到完整的力—伸长曲线。根据测试样品种类的不同，选择测定滑移量的定负荷值，通常服用织物的定负荷不超过（100±5）N；装饰用织物的定负荷不超过（200±5）N。

（9）将夹持器回复到起始位置。对其他试验重复上述程序，得到每组试样的每对力—伸长曲线。

试验结果的计算：

对于每对曲线，如图 2-17 所示，量取在拉力值为（5±1）N 处两曲线间平行于伸长轴的距离 L，修约至最接近的 0.5mm，作为对试样初始松弛伸长的补偿。

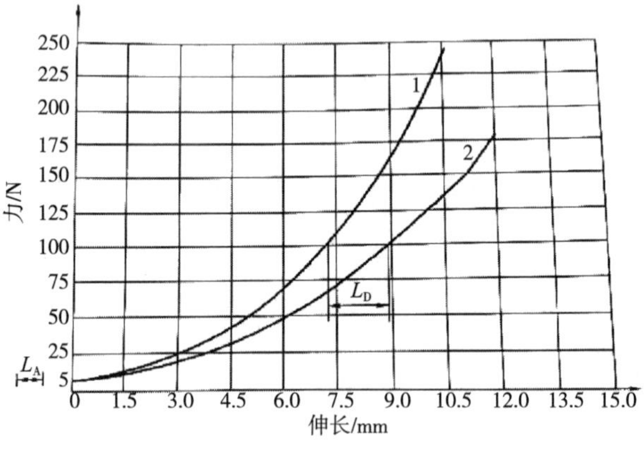

图 2-17　力—伸长曲线

1—普通夹具夹持试样的力—伸长曲线

2—针排夹具夹持试样的力—伸长曲线

L_A—拉力为 5N 时两曲线间的距离（mm）

L_D—拉力为 100N 时两曲线间的距离（mm）

测量在规定拉力时，两曲线间平行于伸长轴的距离 L_D，并修约至最接近的 0.5mm。规定拉力（100N 或 200N）下产生的滑移量 L_S 可按下式计算。

$$L_S = L_D - L_A$$

式中：L_S——拉力为 100N 或 200N 时的滑移量，mm；

L_D——规定拉力下两曲线间的距离，mm；

L_A——拉力为 5N 时量曲线间的距离，mm。

分别计算在规定拉力下的经纱平均滑移量与纬纱平均滑移量，并修约至最接近 0.5mm。

注意事项：如果试样在最大拉伸力处或在拉伸力未达到 200N 时出现断裂，则应报告结果“织物断裂”，并报告此时所施加的拉力值。

4. 摩擦法试验步骤

(1) 将试样长度方向的一端夹入夹样框的一个夹钳内，另一端通幅加上 25N 的张力负荷，然后夹紧另一夹钳。夹紧的试样应平整无皱，经纬纱分别平行于夹样框的边框线。装样装置如图 2-18 所示。

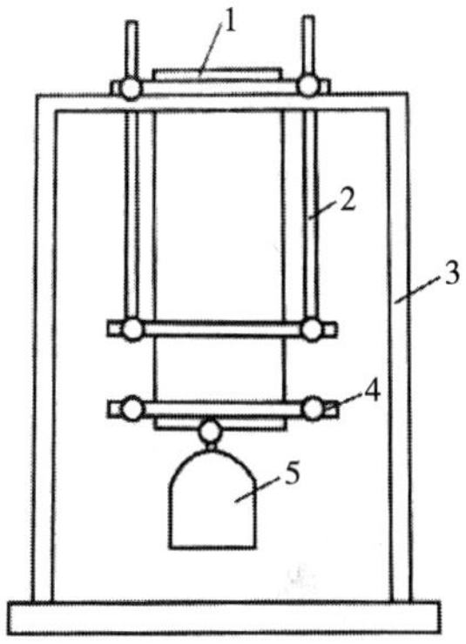

图 2-18　装样装置

1—试样　2—夹样框　3—装样架

4—张力夹　5—张力锤

(2) 将夹好试样的夹样框放到滑道上，并处于摩擦起始端。

(3) 使两摩擦辊相对夹持试样，施加规定压力负荷。

(4) 以约 30 次/min 的频率驱使摩擦辊与试样产生 2 次单向摩擦。摩擦区与一边缘的距离为 15mm。

(5) 调换夹样框位置，重复摩擦过程，在距试样另一边约 15mm 处形成另一摩擦区。

(6) 测定每一摩擦区滑移变形的最大缝隙宽度，即滑移量 S，如图 2-19 所示，并修约至最接近的 0.5mm。测定可借助测量尺、分规及放大装置等。同时，要注意测定中不要碰触摩擦区内的纱线，以免破坏已形成的滑移状态。

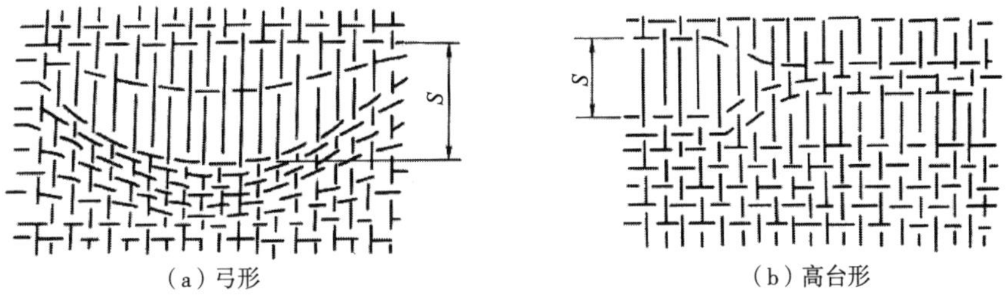

图 2-19　滑移量的测定

(7) 如果试样滑移变形呈非正常滑移状态，如图 2-20 所示，则应另取样重新测定。

结果计算：

(1) 计算每一试样两次摩擦所测得滑移量的平均值，修约至最接近的 0.1mm。

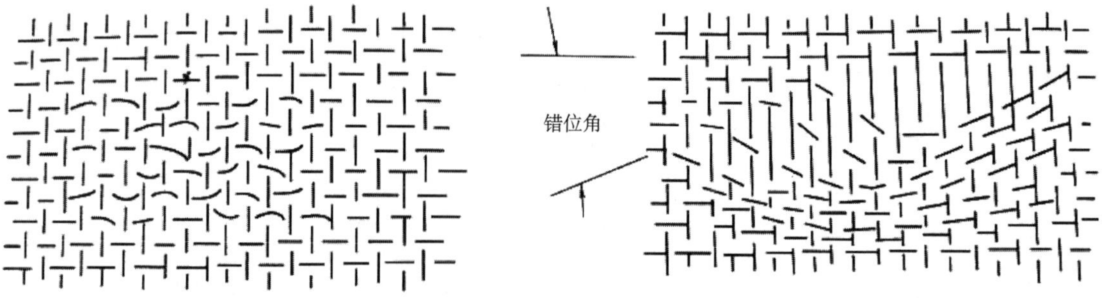

（a）非滑移　　（b）斑纹形

图 2-20　非正常滑移量状态

（2）分别计算经、纬纱 5 个试样的平均滑移量，修约至最接近的 0.5mm。

注意事项：

（1）本方法主要适用于轻薄、柔软、稀松的机织物及其他易滑移织物，适用于厚型及结构紧密的织物。

（2）摩擦辊每经过一定次数摩擦（如 50 次）后，应使其转动一个角度，以保证摩擦辊与试样为线接触。如此转动一周后更换新的摩擦辊。仪器在不使用的时候，应使两摩擦辊处于脱离状态，切勿长期接触。

六、原始记录汇总

根据测试方法的要求，完成原始记录汇总，见表 2-23。

表 2-23　接缝处纱线抗滑移性能检测原始记录单

接缝处纱线抗滑移性能检测　　江苏盛虹纺织品检测中心有限公司 Jiangsu Shenghong Textiles Testing Center Co.,LTD.

江苏盛虹纺织品检测中心有限公司　　SHWS-003-2019

测试标准：________　样品编号：________　抽样日期：________

结果：

备注：

检测：________　审核：________　日期：________

共　页，第　页

知识点二　纺织品顶破性能检测

纺织品顶破性能
课程讲解

一、基本知识

织物在穿着或使用时，经常会受到垂直于织物平面的集中负荷作用，从织物的一面使其鼓起扩张直至破损，如膝部、肘部、鞋面、手套手指处及袜子脚趾处等，这种现象称为顶破或胀破。由于它的受力方式属于多向受力破坏，所以这项检测特别适用于针织物、三向织物、非织造布及降落伞用布。

我国已把顶破强度作为考核部分针织品内在品质的指标，国内外对家用纺织品中的很多产品，如床上用品（床单、被罩、枕套）、毛巾（面巾、浴巾、沙滩巾）、厨房用品（桌布、围裙、袖套）、沙发布等都要求进行顶破方面的检测。降落伞、三向织物、安全气囊袋、非织造布及过滤袋在使用时都要考虑胀破。

二、技术依据与基本原理

1. **主要技术依据**

GB/T 19976—2005《纺织品　顶破强力的测定　钢球法》、GB/T 7742. 1—2005《纺织品　织物胀破性能　第 1 部分：胀破强力和胀破扩张度的测定　液压法》及 GB/T 7742. 2—2015《纺织品　织物胀破性能　第 2 部分：胀破强力和胀破扩张度的测定　气压法》。

2. **基本原理**

（1）钢球法。将一定面积的试样夹持在固定基座的圆环试样夹内，圆球形顶杆以恒定的移动速度垂直地顶向试样，使试样变形直至破裂，测得顶破强力。

（2）液压法。将一定面积的试样夹持在可延伸的膜片上，并在膜片下面施加液体压力。然后，以恒定的速度增加液体的体积，使膜片和试样膨胀，直到试样破裂，测得胀破强力和胀破扩张度。

（3）气压法。将试样夹持在可延伸的膜片上，在膜片下面施加气体压力。然后，以恒定速度增加气体体积，使膜片和试样膨胀，直到试样破裂，测得胀破强力和胀破扩张度。

三、仪器设备与用具

1. **钢球法**

等速伸长（CRE）织物强力测试仪（包括一个试样夹持器和一个球形顶杆组件）、剪刀、圆形画样板。

2. **液压法**

织物液压胀破测试仪、布夹、剪刀、圆形画样板。

3. 气压法

气压顶破测试仪、布夹、剪刀、圆形画样板。

四、试样准备

按取样要求准备试验样品。

1. 钢球法取样

(1) 取样。试样分布如图 2-21 所示，试样为圆形试样，其直径为 6cm，至少取 5 块。

(2) 试验参数选择。选择力的量程，使输出值在满量程的 10%~90%；设定测试仪的速度为 (300±10) mm/min，顶破装置示意图如图 2-22 所示。

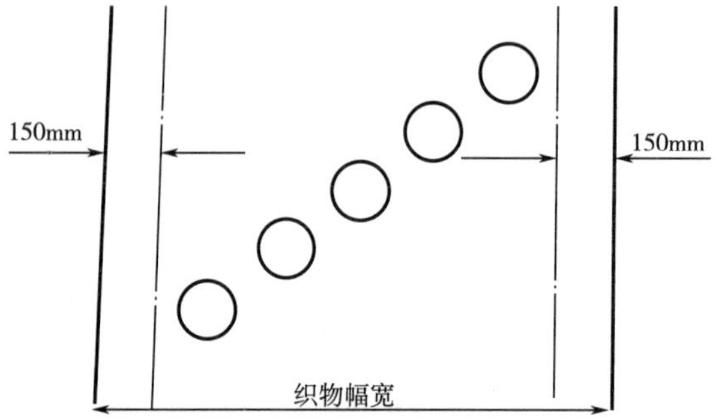

图 2-21 试样分布图

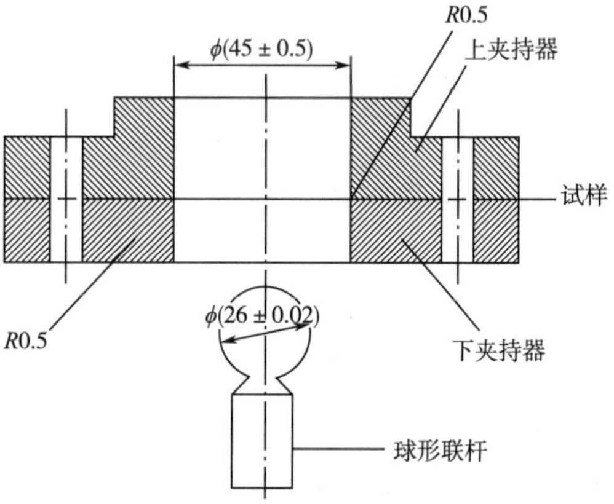

图 2-22 顶破装置示意图（单位：mm）

2. 液压法取样

(1) 取样。试样试验面积为 $50cm^2$（直径为 79.8mm）。对具有低延伸织物（根据经验或预试验），如产业用织物推荐试验面积至少 $100cm^2$（直径 113mm）。使用的夹持系统一般不需要裁剪试样即可进行试验。

(2) 试验参数选择。恒定体积增长速率设定在 $100\sim500cm^3/min$；进行预试验，调整试验的胀破时间为 (20±5) s；胀破压力大于满量程的 20%时，其精度为满量程的±2%。

3. 气压法取样

(1) 取样。试样尺寸有 $7.3cm^2$（直径 30.5mm）和 $100cm^2$（直径 113mm）两种，但可根据仪器设备和需要任选一种。常规试验时，每个样品至少测试 5 次；国际贸易仲裁检验时，每个样品需测试 10 次，并均需附加 2 个预试验。

(2) 试验参数选择。选定恒定的体积增长速率为 $100\sim500cm^3/min$，精度为±10%。进行预试验，根据测试仪的条件调节加压速率，使平均胀破时间为 (20±5) s。

根据织物试样的不同选择弹性膜片的厚度，一般为 0.38~0.53mm。

膜片压力的测定。试验面积为 $50cm^2$，在没有试样的条件下，膨胀膜片，直至达到有试样时的平均胀破高度或平均胀破体积，以此胀破压力作为“膜片压力”。

五、试验步骤

1. *钢球法试验步骤*

（1）安装直径25mm或38mm的球形顶杆和夹持器，保证环形夹持器的中心在顶杆的轴心线上。

（2）将试样放入圆环夹持器内夹紧，试样反面朝向顶杆。然后把圆环夹持器放在支架上的测试槽中。

（3）启动测试仪，直至试样被顶破。

（4）记录其顶破强力最大值。

2. *液压法试验步骤*

（1）将圆形试样夹持在可延伸的膜片上，使其处于平整无变形。用夹持环夹紧试样。

（2）启动测试仪，使膜片和试样膨胀。直到试样破裂，测得胀破强力和胀破扩张度。此步与气压法基本相同。

（3）在织物的不同部位重复试验，并且在每个部位要达到至少5次试验。

（4）膜片压力的测定同气压法。

3. *气压法试验步骤*

（1）先将圆形试样置于弹性膜片上，并被夹持在半圆罩和底盘之间。然后将扩张度记录装置调整至零位，按要求拧紧安全盖。

（2）启动测试仪，对试样逐个进行试验，试样破坏后，测得胀破强力和胀破扩张度。

（3）测试仪复位，重复以上步骤，直至完成规定的试样数。

（4）测试弹性膜片的校正系数。用与上述试验相同的气流速度，在没有试样的情况下用夹具夹住弹性膜片，使膜片膨胀达到上述试样平均胀破扩张度时所需的压力，即为弹性膜片的校正系数。

六、试验结果评定

（1）计算试样的顶破强力平均值（N），结果修约至整数位。

（2）胀破强度。具体可按如下公式计算。

$$A=A'-B$$

式中：A——膜片顶破试样的平均胀破强度，kN/m^2；

A'——实测的织物胀破强度，kN/m^2；

B——弹性膜片校正系数，kN/m^2。

七、原始记录汇总

根据测试方法的要求，完成原始记录汇总，见表 2-24。

表 2-24　顶破强力测试原始记录单

顶破强力测试　　江苏盛虹纺织品检测中心有限公司 Jiangsu Shenghong Textiles Testing Center Co.,LTD.

江苏盛虹纺织品检测中心有限公司　　SHWS-009-2019

检测标准：＿＿＿＿＿＿　样品编号：＿＿＿＿＿＿　抽样日期：＿＿＿＿＿＿

结果：

备注：

检测：＿＿＿＿＿＿　审核：＿＿＿＿＿＿　日期：＿＿＿＿＿＿

共　页，第　页

知识点三　纺织品耐摩擦色牢度检测

具体检测方法见 GB/T 3920—2008《纺织品　色牢度试验　耐摩擦色牢度》。

知识点四　纺织品耐皂洗色牢度检测

具体检测方法见 GB/T 3921—2008《纺织品　色牢度试验　耐皂洗色牢度》。

知识点五　纺织品耐汗渍色牢度检测

具体检测方法见 GB/T 3922—2013《纺织品　色牢度试验　耐汗渍色牢度》。

知识点六　纺织品起毛起球性检测

具体检测方法见 GB/T 4802. 1—2008《纺织品　织物起毛起球性能的测定　第 1 部分：圆轨迹法》、GB/T 4802. 2—2008《纺织品　织物起毛起球性能的测定　第 2 部分：改型马丁代尔法》、GB/T 4802. 3—2008《纺织品　织物起毛起球性能的测定　第 3 部分：起球箱法》及 GB/T 4802. 4—2008《纺织品　织物起毛起球性能的测定　第 4 部分：随机翻滚法》。

任务五 西裤类产品检测报告（表 2-25）

表 2-25 检测报告 报告编号（No.）：

<table>
<tr><td colspan="2">产品名称
Product Name</td><td>西裤</td><td>检验类别
Test Type</td><td>委托检验</td></tr>
<tr><td colspan="2">样品数量
Sum of Sample</td><td>1 套</td><td>样品状态
Sample State</td><td>符合检验要求</td></tr>
<tr><td rowspan="2">委托单位
Consigner</td><td>名称
Name</td><td>苏州市晨煊纺织
科技有限公司</td><td>电话
Telephone</td><td>13829023289</td></tr>
<tr><td>地址
Address</td><td>江苏吴江区盛泽镇
西二环路 1188 号</td><td>邮编
Postcode</td><td>215228</td></tr>
<tr><td colspan="2">送样日期
Sampling Date</td><td>2021 年 5 月 20 日</td><td>检验日期
Test Date</td><td>2021 年 5 月 22 日</td></tr>
<tr><td colspan="2">检验项目
Test Items</td><td colspan="3">纤维含量、pH 值、甲醛含量、可分解致癌芳香胺燃料、异味、耐水色牢度、耐酸汗渍色牢度、耐碱汗渍色牢度、耐摩擦色牢度、耐皂洗色牢度、耐光色牢度、水洗尺寸变化率、起毛起球、顶破强力、洗后扭曲率和洗后外观质量</td></tr>
<tr><td colspan="2">检验依据
Test Basis</td><td colspan="3">GB 18401—2010《国家纺织产品基本安全技术规范》B 类
GB/T 2666—2017《西裤》</td></tr>
</table>

<table>
<tr><td colspan="7">检验结果 Test Results</td></tr>
<tr><td colspan="7">通用技术要求 General Technical Requirements</td></tr>
<tr><td>序号
Ser. #</td><td colspan="2">项目
Item</td><td>测试方法
Test Method</td><td>检测结果
Test Results</td><td>技术要求
Tech. Req.</td><td>结论
Conclusion</td></tr>
<tr><td>1</td><td colspan="2">pH 值</td><td>GB/T 7573—2009</td><td>6. 3</td><td>4. 0～8. 5</td><td>合格</td></tr>
<tr><td>2</td><td colspan="2">甲醛含量/(mg/kg)</td><td>GB/T 2912. 1—2009</td><td>35</td><td>≤75</td><td>合格</td></tr>
<tr><td>3</td><td colspan="2">可分解致癌芳香胺染料/(mg/kg)</td><td>GB/T 17592—2011</td><td>未检出*</td><td>≤20</td><td>合格</td></tr>
<tr><td>4</td><td colspan="2">异味</td><td>GB 18401—2010</td><td>无</td><td>无</td><td>合格</td></tr>
<tr><td rowspan="2">5</td><td rowspan="2">耐水色牢度/级</td><td>变色</td><td rowspan="2">GB/T 5713—2013</td><td>4</td><td>≥3-4</td><td rowspan="2">合格</td></tr>
<tr><td>沾色</td><td>4</td><td>≥3</td></tr>
<tr><td rowspan="2">6</td><td rowspan="2">耐酸汗渍色牢度/级</td><td>变色</td><td rowspan="2">GB/T 3922—2013</td><td>3-4</td><td>≥3</td><td rowspan="2">合格</td></tr>
<tr><td>沾色</td><td>3-4</td><td>≥3</td></tr>
<tr><td rowspan="2">7</td><td rowspan="2">耐碱汗渍色牢度/级</td><td>变色</td><td rowspan="2">GB/T 3922—2013</td><td>3-4</td><td>≥3</td><td rowspan="2">合格</td></tr>
<tr><td>沾色</td><td>3-4</td><td>≥3</td></tr>
<tr><td>8</td><td>耐干摩擦色牢度/级</td><td>沾色</td><td>GB/T 3920—2008</td><td>3</td><td>≥3</td><td>合格</td></tr>
<tr><td colspan="7">其他技术要求 Other Technical Requirements</td></tr>
</table>

续表

序号 Ser. #	项目 Item		测试方法 Test Method	检测结果 Test Results	技术要求 Tech. Req.	结论 Conclusion
9	耐水洗尺寸变化率/%	裤长	GB/T 8629—2017，4N，晾干	-0.5	-1.5~+1.5	合格
		腰围		-0.5	-1.2~+1.0	
10	耐皂洗色牢度/级	变色	GB/T 3921—2008，A1	3-4	≥3-4	合格
		沾色		3-4	≥3	
11	耐湿摩擦色牢度/级	沾色	GB/T 3920—2008	3-4	≥2-3	合格
12	耐光色牢度/级	变色	GB/T 8427—2019	2-3	≥3	不合格
13	耐光汗复合色牢度（碱)/级	变色	GB/T 14576—2009	2-3	≥3	不合格
14	耐拼接互染色牢度/级	沾色	GB/T 31127—2014	3-4	≥4	不合格
15	水洗扭曲率/%		GB/T 8629—2017，4N，晾干	2.0	≤4.0	合格
16	洗后外观		GB/T 8629—2017，4N，晾干	符合	GB/T 21295—2014	合格
17	纤维含量/%		FZ/T 01057.3—2007	100% 聚酯纤维	100% 聚酯纤维	合格
注 ＊可分解致癌芳香胺染料实验室检出限 20mg/kg。						

贴样		
备注	仅对来样负责（Only responsible to the submitted samples）	
主检 Tested by		签发日期（Date）： 年 月 日
制表 Compiled by		
校核 Checked by		
审批 Approved by		

◯项目三 夹克综合检测任务实施

【项目导入】

江苏盛虹纺织品检测中心有限公司与客户苏州市晨煊纺织科技有限公司签订合同，针对客户提供的夹克产品的相关性能进行检测，对其产品质量给出评价。检测公司在接到该订单后，为了更加准确有效地完成合同，将不同性能检测任务分发给各部门，最终汇总形成一份完整的夹克产品检测报告。

【课程思政目标】

（1）通过企业劳模精神的学习领会，培养学生的职业精神和职业认同感。

（2）通过企业的真实纺织品检测案例的学习，培养学生爱岗敬业、踏实勤奋的工作态度。

【学习目标】

（1）根据客户要求进行任务分解。

（2）运用纺织品检测知识，熟练掌握夹克产品的相关检测。

（3）对测试结果能够进行正确表达和评价。

（4）具备分析影响测试结果准确性的能力。

【能力目标】

（1）具备夹克产品综合检测能力。

（2）检测标准的选择和应用。

【素养目标】

（1）培养学生具有良好的职业道德和职业素养。

（2）培养学生团队合作精神和创新精神。

【知识点】

夹克产品的技术要求、检测任务实施、报告编写等。

【技能点】

（1）测试标准的选择与解读。

（2）检测方法的学习和使用。

（3）样品的制备、测试、数据分析。

（4）测试报告的填写。

任务一　企业测试任务单填写

江苏盛虹纺织品检测中心有限公司

TEXTILE TESTING APPLICATION（纺织品测试申请表）

SHWS-4.1-2-01　Form No.（编号）SH-WS 4042719

Invoice Information（开票信息）：______

Applicant Name（申请公司名称）：______

Address（地址）：______

Contact Person（联系人）：______　Telephone（电话）：______　Fax（传真）：______

Buyer（买家）：______　Order No.（订单号）：______　Style（款号）：______

Sample Description（样品描述）：______

Brand Standard（品牌标准）：☐ Marks & Spencer　☐李宁　☐安踏　☐美邦　☐森马　☐以纯　☐利郎　☐其他____

Requirement Grade（要求等级）：☐优等品　☐一等品　☐合格品

Standards/Methods Used（采用标准/方法）：☐ ISO　☐ AATCC/ASTM　☐ JIS　☐ JB　☐ FZ/T　☐ Other ____

Sample No.（样品编号）：______　Sample Quantity（样品数量）：______

Test Required（测试项目）：______

Dimensional Stability/尺寸稳定性	Method/方法	Physical/物理性能	Method/方法
☐ Washing/水洗	______	☑ Tensile Strength/断裂程度	______
☐ Dry Heat/干热	______	☐ Tear Strength/撕裂程度	______
☐ Steam/汽蒸	______	☑ Seam Slippage/接缝滑落	______
Colour Fastness/色牢度		☐ Seam Strength/接缝强度	______
☐ Washing/水洗	______	☐ Bursting Strength/顶破/胀破程度	
☐ Dry-cleaning/干洗	______	☐ Pilling Resistance/起毛起球	______
☐ Rubbing/摩擦	______	☑ Abrasion Resistance/耐磨性	______
☑ Light/光照	______	☐ Yarn Count/纱线密度	______
☐ Perspiration/汗渍	______	☐ Fabric weight/织物克重	______
☐ Water/水渍	______	☐ Threads Per Unit Length/织物密度	______
☐ Chlorinated Water/氯化水	______	☐ Flammability/燃烧性能	______
☐ Chlorine Bleach/氯漂	______	☐ Washing Appearance/洗后外观	______
☐ Non-Chlorine Bleach/非氯漂	______	☐ Down Proof/防沾绒	______
Functional/功能性		Chemical/化学性能	
☑ Spray Rating/泼水	______	☐ Fibre Content/成分分析	______
☑ Rain Test/雨淋	______	☐ pH Value/pH 值	______
☐ Hydrostatic Pressure Test/静水压	______	☐ Formaldehyde Content/甲醛	______
☐ Air Permeability/透气性	______	☐ Azo Test/偶氮染料	______
☐ Water Vapour Permeability/透湿性	______	☐ Heavy Metal/重金属	______
☐ Ultraviolet/抗紫外线	______	☐国家纺织产品基本安全技术规范	GB 18401—2010
☐ Chromaticity/荧光度	______	Other Testing（其他）______	

Working Days（工作日）______天　报告传递方式：☐自取　☐邮寄　☐短信　☐邮件

Return Remained Sample（剩余样品是否归还）：☐ Yes（是）　☐ No（否）　Expense（费用）：______

Report（报告）：☐ Chinese Report（中文报告）　☐ English Report（英文报告）

Authorized Signature（申请人签名）：______　Date（日期）：______

Received Signature（接收人签名）：______　Date（日期）：______

吴江盛泽镇西二环路 1188 号　邮政编码：215228　No. 1188Xierhuan Road, Shengze, Wujiang　Post Code：215228

Tel：+86-0512-63525197　Fax：+86-0512-63525390　E-mail：jczx@ shgroup. cn

任务二　测试任务分解

实验室在接收到客户的检测委托单后，会经过“合同评审”“任务分解（图 3-1）”“样品准备”“测试仪器准备”“测试环节”“原始记录汇总、审核”“报告编制、发送客户”等七个步骤。纺织品检测流程如图 1-2 所示。

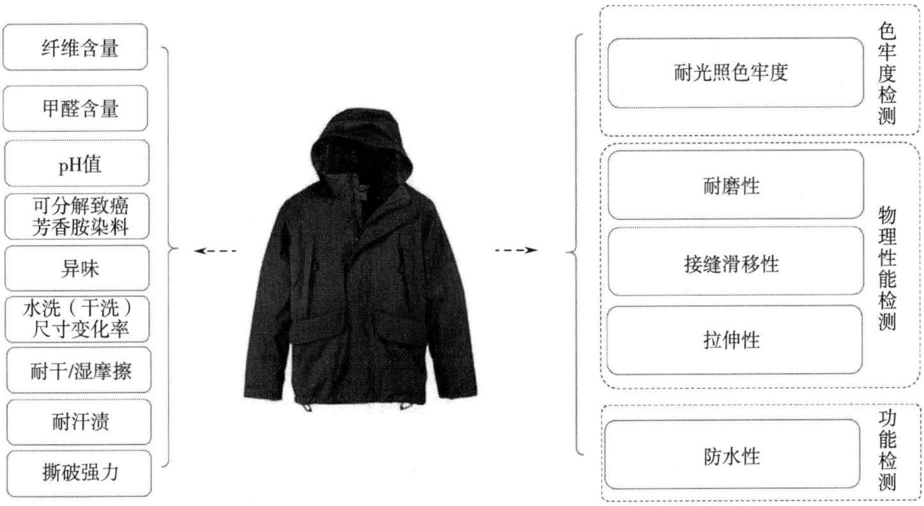

图 3-1　夹克衫产品测试任务分解

任务三　夹克产品技术要求

依据国家针对夹克的检测标准进行技术要求分析，标准为 FZ/T 81008—2021《夹克衫/Jackets》。

一、使用说明

成品使用说明按 GB/T 5296.4—2012 和 GB 31701—2015 规定。

二、号型规格

（1）号型设置按 GB/T 1335.2—2008 规定。

（2）主要部位规格按 GB/T 1335.2—2008 有关规定自行设计。

三、原材料

1. 面料

按有关纺织面料标准选用符合本标准质量要求的面料。

2. **里料**

采用与所用面料相适宜并符合本标准质量要求的里料。

3. **辅料**

（1）衬布、垫肩、装饰花边、袋布。采用与所用面料、里料的性能相适宜的衬布、垫肩、装饰花边、袋布，其质量应符合本标准规定。

（2）缝线、绳带、松紧带。采用与所用面料、里料、辅料的性能相适宜的缝线、绳带、松紧带（装饰线、带除外）。

（3）纽扣及其他附件。采用适合所用面料的纽扣（装饰扣除外）及其他附件。纽扣、装饰扣及其他附件应表面光洁、无毛刺、无缺损、无残疵、无可触及锐利尖端和锐利边缘。

注：可触及锐利尖端和锐利边缘是在正常穿着条件下，成品上可能对人体皮肤造成伤害的锐利边缘和尖端。

四、经纬纱向

前身底边不倒翘，后身、袖子的纱线歪斜程度按表 3-1 规定。

表 3-1　经纬纱向

项目	技术要求/%
色织条、格类	≤2.5
其他	≤5.0

五、对条对格

（1）面料有明显条格在 1.0cm 及以上的按表 3-2 规定。

表 3-2　对条对格规定　　单位：cm

部位名称	对条对格规定	备注
左右前身	条料对中心条、格料对格互差不大于 0.3	格子不大不一致时，以前身三分之一上都为准
袋与前身	条料对条、格料对格互差不大于 0.2	格子不大不一致时，以袋前都的中心为准
斜料双袋	左右对称、互差不大于 0.3	以明显条为主（阴阳条不考虑）
左右领尖	左右对称、互差不大于 0.2	阴阳条格以明显条格为主
袖头	左右袖头条格子顺直，以直条对称，互差不大于 0.2	以明显条为主
后过肩	条料顺直，两头对比互差不大于 0.4	—

续表

部位名称	对条对格规定	备注
长袖	条格顺直，以袖山为准，互差不大于 1.0	3.0 以下格料不对横，1.5 以下条料不对条
短袖	条格顺直，以袖山为准，互差不大于 0.5	2.0 以下格料不对横，1.5 以下条料不对条

（2）倒顺绒原料，全身顺向一致。

（3）特殊图案以主图为准，全身图案或顺向一致。

六、色差

领面，过肩、口袋、明门襟，袖头面与大身色差高于 4 级。其他部位色差不低于 4 级。

七、外观疵点

各部位疵点按表 3 规定，成品部位划分见图 3-2。各部位只允许一种允许存在程度内的疵点。未列入本标准的疵点按其形态，参照表 3-3 相似疵点执行。

表 3-3　各部位疵点

疵点名称	各部位允许存在程度			
	0 号部位	1 号部位	2 号部位	3 号部位
粗于一倍粗纱 2 根	不允许	长 3.0cm 以内	不影响外观	长不限
粗于二倍粗纱 3 根	不允许	长 1.5cm 以内	长 4.0cm 以内	长 6.0cm 以内
粗于三倍粗纱 4 根	不允许	不允许	长 2.5cm 以内	长 4.0cm 以内
双经双纬	不允许	不允许	不影响外观	长不限
小跳花	不允许	2 个	6 个	不影响外观
经缩	不允许	不允许	长 4.0cm，宽 1.0cm 以内	不明显
纬密不均	不允许	不允许	不明显	不影响外观
颗粒状粗纱	不允许	不允许	不允许	不允许
经缩波纹	不允许	不允许	不允许	不允许
断经断纬 1 根	不允许	不允许	不允许	不允许
搔损	不允许	不允许	不允许	轻微
浅油纱	不允许	长 1.5cm 以内	长 2.5cm 以内	长 4.0cm 以内
色档	不允许	不允许	轻微	不影响外观
轻微色斑（污渍）	不允许	不允许	0.2cm×0.2cm 以内	不影响外观

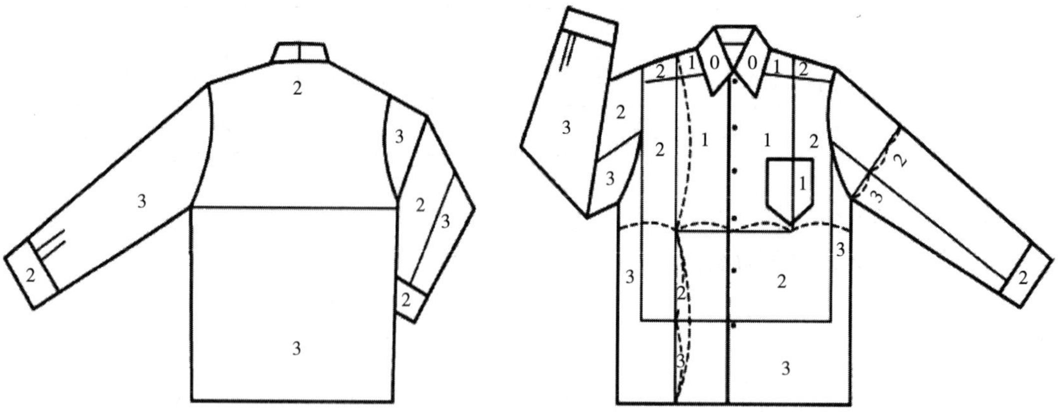

图 3-2　成品部位划分

八、缝制

（1）针距密度按表 3-4 规定，特殊设计除外。

表 3-4　针距密度

项目	针距密度	备注
明暗线	不少于 12 针/3cm	—
绗缝线	不少于 9 针/3cm	—
包缝线	不少于 12 针/3cm	包括锁缝（链式线）
锁眼	不少于 12 针/cm	—

（2）各部位缝制平服，线路顺直、整齐、牢固，针迹均匀。

（3）上下线松紧适宜，无跳线、断线，起落针处应有回针。

（4）领子部位不允许跳针，其余各部位 30cm 内不得有连续跳针或一处以上单跳针，链式线迹不允许跳线。

（5）领子平服，领面、里、衬松紧适宜，领尖不反翘。

（6）绱袖圆顺，吃势均匀，两袖前后基本一致。

（7）袖头及口袋和衣片的缝合部位均匀、平整、无歪斜。

（8）商标和耐久性标签位置端正、平服。

（9）锁眼定位准确，大小适宜，两头封口。开眼无绽线。

（10）钉扣与眼位相对应，整齐牢固。缠脚线高低适宜，线结不外露，钉扣线不脱散。

（11）四合扣（四件扣）松紧适宜，牢固。

（12）成品中不得含有金属针或金属锐利物。

九、规格尺寸允许偏差

成品主要部位规格尺寸允许偏差按表 3-5 规定。

表 3-5　成品主要部位规格尺寸允许偏差　　单位：cm

部位名称		规格允许偏差
领大		±0.6
衣长		±1.0
长袖袖长	连肩袖	±1.2
	圆袖	±0.8
短袖袖长		±0.6
腰围		±2.0
总肩宽		±0.8

十、整烫

(1) 各部位熨烫平服、整洁，无烫黄、水渍及亮光。使用黏合衬部位不允许有脱胶，渗胶、起皱，起泡及沾胶。

(2) 领型左右基本一致，折叠端正。

(3) 一批产品的整烫折叠规格应保持一致。

十一、理化性能

成品理化性能按表 3-6 规定。

表 3-6　成品理化性能

项目		分等要求		
		优等品	一等品	合格品
纤维含量/%		符合 GB/T 29862—2013 规定		
甲醛含量/(mg/kg)		符合 GB 18401—2010 中 B 类规定		
pH 值				
可分解致癌芳香胺染料/(mg/kg)				
异味				
水洗（干洗）尺寸变化率[a]/%	领大	≥-1.0	≥-1.5	≥-2.0
	胸围[b]	≥-1.5	≥-2.0	≥-2.5
	衣长	≥-2.0	≥-2.5	≥-3.0

续表

项目			分等要求		
			优等品	一等品	合格品
色牢度/级	耐皂洗[c]	变色	≥4	≥3-4	≥3
		沾色	≥4	≥3-4	≥3
	耐干洗[d]	变色	≥4-5	≥4	≥3-4
		沾色	≥4-5	≥4	≥3-4
	耐干摩擦	沾色	≥4	≥3-4	≥3
	耐湿摩擦[e]	沾色	≥4	≥3-4	≥3
	耐光	变色	≥4	≥3	
	耐汗渍（酸、碱）	变色	≥4	≥3	
		沾色	≥4	≥3	
	耐水	变色	≥4	≥3	
		沾色	≥4	≥3	
缝子纰裂程度[f]/cm			≤0.6		
撕破强力/N			≥7		
洗涤前起皱级差/级		领子	≥4.5		
		口袋	≥4.5		
		袖头	≥4.5		
		门襟	≥4.5		
		摆缝	≥4.0		
		底边	≥4.0		
洗涤后外观	洗涤后起皱级差[g]/级	领子	>4.0	≥4.0	>3.0
		口袋	>3.5	≥3.5	>3.0
		袖头	>4.0	≥4.0	>3.0
		门襟	>3.5	≥3.5	>3.0
		摆缝	>3.5	≥3.5	>3.0
		底边	>3.5	≥3.5	>3.0
	洗涤干燥后，黏合衬部位不允许出现脱胶、起泡，其他部位不允许出现破损、脱落、变形、明显扭曲和严重变色。缝口不允许脱散				

注 按 GB/T 4841.3—2006 规定，颜色深于 1/12 染料染色标准深度色卡为深色，颜色不深于 1/12 染料染色标准深度为浅色。

a 洗涤后的尺寸变化率根据成品使用说明标注内容进行考核。

b 纬向弹性产品不考核胸围的洗涤后尺寸变化率。

c 耐皂洗色牢度不考核使用说明中标注不可水洗的产品。

d 耐干洗色牢度不考核使用说明中标注不可干洗的产品。

e 耐湿摩擦色牢度允许程度，起绒、植绒类面料及深色面料的一等品和合格品可以比本标准规定低半级。

f 缝子纰裂程度试验结果出现滑脱织物断裂、缝线断裂判定为不符合要求。

g 当原料为全棉、全毛、全麻、棉麻混纺时洗涤后起皱级差允许比本标准降低 0.5 级。

任务四　性能测试

纺织品耐光色牢度

课程讲解

知识点一　纺织品耐光色牢度检测

一、基本知识

耐光色牢度又称为耐晒牢度或日晒牢度。耐光褪色的机理至今没有统一的理论解释，一般认为有色纺织品在日晒时，其中的染料吸收光能，并对染料产生一定的光氧化作用，破坏了染料的发色体系，使染料颜色变浅甚至失去颜色。影响日晒褪色的主要因素，包括光照强度（光照强度越强，染料褪色越严重）、光照时间（光照时间越长，褪色越严重）、染料本身的结构（一般分子中含有金属原子的染料耐光牢度好）及染料在纤维上的状态（如聚集态染料比单分子状态染料的耐光色牢度高）四项。除此之外，纤维性质、织物上整理剂等也会对耐光色牢度产生不同程度的影响。

耐光色牢度的检测是把试样与一组色牢度为 1-8 级的蓝色羊毛标准同时放在相当于日光的人造光源下，并按规定条件进行暴晒，然后比较试样与蓝色羊毛标准的变色情况，从而评定出试样的耐光色牢度等级。

二、技术依据与基本原理

1. **主要技术依据**

GB/T 8427—2019《纺织品　色牢度试验　耐人造光色牢度：氙弧》。

2. **基本原理**

纺织品试样与一组蓝色羊毛标准一起在人造光源下按规定条件暴晒，然后将试样与蓝色羊毛标准进行变色对比，从而评定其色牢度。对于白色纺织品试样，是将其白度变化与蓝色羊毛标准对比，从而评定其色牢度。

三、仪器设备、用具及材料

1. **试验仪器**

耐光色牢度测试仪（氙弧灯）（图 3-3）、变色灰色样卡、评级用标准光源箱（图 3-4）、蓝色羊毛标准（图 3-5）及待测纺织品试样等。

2. **试样准备**

（1）使用空冷式设备测试时，试样的尺寸不小于 45mm×10mm，在同一块试样上进行逐段分期暴晒，每一期的暴晒面积应不小于 10mm×8mm。将待测试样紧附于硬卡上，若为纱线，应将纱线紧密卷绕在硬卡上或平行排列固定于硬卡上；若为散纤维，则应将其梳压整理成均匀薄层固定于硬卡上。为了便于操作，可将一块或几块试样和相同尺寸的蓝色羊毛标准进行排列，并置于一块或多块硬卡上，如图 3-6 所示。

图 3-3　耐光色牢度测试仪

图 3-4　标准光源箱

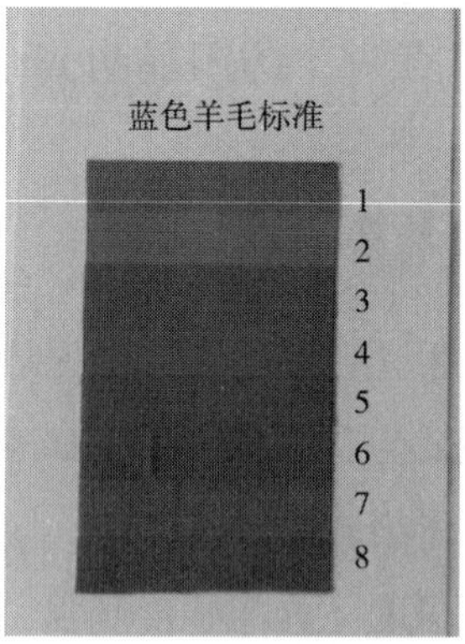

图 3-5　蓝色羊毛标准

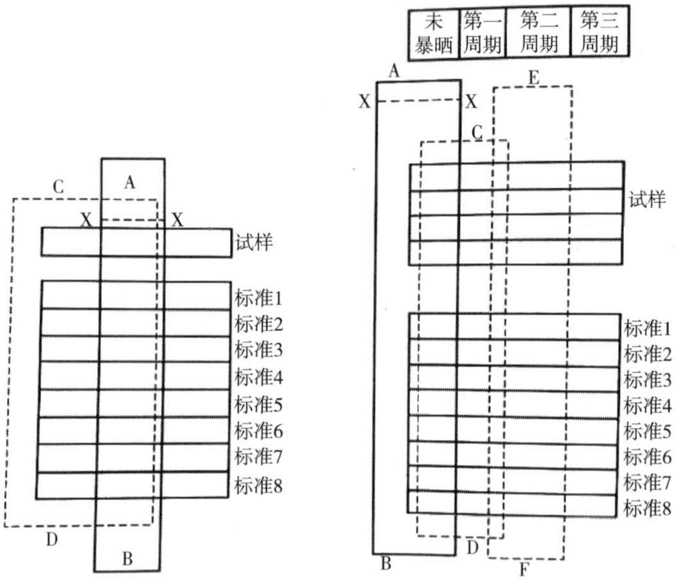

（a）　（b）

图 3-6　装样图

（2）采用水冷式设备测试时，试样夹宜放置尺寸约为 70mm×120mm 的试样，并且不同尺寸的试样可选用与试样相配的试样夹。如果测试需要，试样也可以放在白卡纸上，而蓝色羊毛标准则必须放在白卡纸背衬上进行暴晒。遮板必须与试样和蓝色羊毛标准的未暴晒面紧密接触，使暴晒和未暴晒部分界限分明，但不可过分紧压。试样的尺寸和形状应与蓝色羊毛标准相同，以免对暴晒与未暴晒部分目测评级时，面积较大的试样对照面积较小的蓝色羊毛标准，会因颜色的面积不同引起视觉误差，从而导致耐光牢度等级的评定误差。

（3）测试绒毛织物时，可在蓝色羊毛标准下垫衬硬卡，以使光源至蓝色羊毛标准的距离与光源至绒毛织物表面的距离相同。但是，必须避免遮盖物将试样未暴晒部分的表面压平。绒毛织物的暴晒面积应不小于 50mm×40mm。

四、试验方法选择

（1）方法一。其特点是通过检查试样来控制暴晒周期，每块试样需配备一套蓝色羊毛标准。该方法检测结果准确，一般用于对评级有争议时使用。

按图 5-8（a）排列试样和蓝色羊毛标准，在试样和蓝色羊毛标准的中段 1/3 处放置遮盖物 AB。在规定条件下暴晒，暴晒过程中，不时提起遮盖物 AB，检查试样的光照效果。当试样的暴晒和未暴晒部分之间的色差达灰色样卡 4 级时，用遮盖物 CD 遮盖试样和蓝色羊毛标准的左侧 1/3 处，继续暴晒，至试样的暴晒和未暴晒部分之间的色差达灰色样卡 3 级时为止。

如果蓝色羊毛标准 7 的褪色比试样先达到灰卡 4 级，此时即可停止暴晒。这是因为，当试样的耐光色牢度达 7 级以上时，需要很长的时间暴晒才能达到灰色样卡 3 级的色差。而且，当耐光色牢度为 8 级时，这样的色差就不可能测到。所以，当蓝色羊毛标准 7 以上产生的色差等于灰色样卡 4 级时，即可在蓝色羊毛标准 7-8 级进行评定。

（2）方法二。其基本特点是只需用一套蓝色羊毛标准对一批具有不同耐光色牢度的试样进行试验，可以节省蓝色羊毛标准的用料。以蓝色羊毛标准的变色情况来控制暴晒周期。此方法适用于大量试样同时进行测试。

在测试时，按图 5-8（b）排列试样和蓝色羊毛标准，用遮盖物 AB 将试样和蓝色羊毛标准总长的 1/5 遮盖，按规定条件进行暴晒。暴晒过程中，不时提起遮盖物检查蓝色羊毛标准的光照效果。当能观察出蓝色羊毛标准 2 的变色达到灰色样卡 3 级时，对照在蓝色羊毛标准 1、标准 2、标准 3 上所呈现的变色情况，初评试样的耐光色牢度。

将遮盖物 AB 重新准确地放在原先位置上继续暴晒，当暴晒至蓝色羊毛标准 3 上的变色与灰色样卡 4 级相同时，再按图 5-8（b）所示位置放上另一遮盖物 CD，重叠盖在第一个遮盖物 AB 上继续暴晒，至蓝色羊毛标准 4 的变色达到灰色样卡 4 级时为止。然后，保留其他遮盖物在原处不动，再按图 5-8（b）所示位置放上遮盖物 EF，继续暴晒，直至在蓝色羊毛标准 7 上产生的色差达到灰色样卡 4 级，或者在最耐光的试样上产生的色差达到灰色样卡 3 级。

（3）方法三。该方法是将试样只与两块蓝色羊毛标准一起暴晒，一块按规定为最低允许色牢度的蓝色羊毛标准，另一块为更低色牢度的蓝色羊毛标准。连续暴晒，直到在最低允许色牢度的蓝色羊毛标准的分段面上达到灰色样卡 4 级（第一阶段）或 3 级（第二阶段）的色差。该法用于核对与某种性能规格是否一致，是最常用的方法。

（4）方法四。该方法是将试样只与指定的参比样一起连续暴晒，直到参比样上达到灰色样卡 4 级或 3 级的色差。该法常用于检验是否符合某一商定的参比样。

（5）方法五。在实际应用中，常将染色织物置于规定条件下暴晒一定时间后，用变色灰色样卡评定其日晒变（褪）色牢度。

五、试验步骤

（1）根据所选检测方法，将装好的试样夹垂直排列于设备的试样架上，用没有试样而装着硬卡的试样夹填满所有试样架上的空当。

（2）开启氙弧灯，在预定的条件下，对试样和蓝色羊毛标准同时进行暴晒。

（3）在试样的暴晒和未暴晒部分之间的色差达到灰色样卡 3 级后，停止试验。

（4）移开所有遮盖物，露出试样和蓝色羊毛标准试验后的两个或三个分段面，其中有的已暴晒过多次。与至少一处未受到暴晒的部分一起，在标准光源箱中比较，并根据试样和蓝色羊毛标准的相应变色，进行耐光色牢度的评定。

六、耐光色牢度等级评定

目测试样暴晒和未暴晒部分间的色差，显示相似变色蓝色羊毛标准的号数即为试样的耐光色牢度等级。如果试样所显示的变色在两个相邻蓝色羊毛标准的中间，则应评判为中间级数，如 4-5 级；如果试样颜色比蓝色羊毛标准 1 更易褪色，则评为 1 级；如果不同阶段的色差上得出了不同的评定，则可取其算术平均值作为试样耐光色牢度，以最接近的半级或整级来表示。当级数的算术平均值为 1/4 或 3/4 时，则评定应取其邻近的高半级或一级。

七、原始记录汇总

根据测试方法的要求，完成原始记录汇总，见表 3-7。

表 3-7　耐光色牢度原始记录单

耐光色牢度　　江苏盛虹纺织品检测中心有限公司 Jiangsu Shenghong Textiles Testing Center Co.,LTD.

江苏盛虹纺织品检测中心有限公司　　SHWS-003-2019

检测标准：________　样品编号：________　抽样日期：________

结果：

备注：

检测：________　审核：________　日期：________

共　页，第　页

知识点二　纺织品耐磨性能检测

纺织品耐磨性能
课程讲解

一、基本知识

织物的耐磨性是指抵抗磨损的能力，磨损是指织物间或与其他物质间反复摩擦，织物逐渐磨损而破损的现象。磨损是纺织品损坏的主要原因之一，如服装三口、床单、沙发布、地毯等，它直接影响织物的耐用性。测定织物耐磨性的方法很多，有平磨（模拟袖、臂、袜底），曲磨（如肘、膝），折边磨（领口、裤边），动态磨（模拟人体实际穿用活动时，较符合实际），翻动磨（模拟洗衣时）。

影响耐磨性的因素主要是织物本身的结构及构成织物的纤维，具有较好的弹性恢复时，则织物越耐磨，此外，织物厚度也与其耐磨性有关，厚度越小，则耐磨性越低。

二、技术依据与基本原理

1. **主要技术依据**

《Y522 型圆盘式织物平磨仪说明书》与 GB/T 21196—2007《纺织品　马丁代尔法织物耐磨性的测定》。

2. **基本原理**

（1）圆盘法。先将圆形织物试样固定在工作圆盘上。然后，工作圆盘匀速回转，在一定的压力下砂轮对试样产生摩擦作用，使试样产生环状磨损。根据织物表面的磨损程度或织物物理性能的变化，评定织物的耐磨性能。

（2）马丁代尔法试样破损的测定。安装在马丁代尔耐磨仪试样夹具内的圆形试样，在规定的负荷下，以轨迹为李莎茹（Lissajous）图形的平面运动与磨料（即标准织物）进行摩擦，试样夹具可绕其与试样水平面垂直的轴自由转动。根据试样破损的总摩擦次数，确定织物的耐磨性能。

（3）马丁代尔法质量损失的测定。在以马丁代尔法为操作方法的试验过程中，间隔称取试样的质量，根据试样的质量损失，确定织物的耐磨性能。

（4）马丁代尔法外观变化的评定。在以马丁代尔法为操作方法的试验过程中，间隔称取试样的质量，根据试样的外观变化，确定耐磨性能。具体操作时，可采用以下两种方法中的一种，与同一织物未测试试样进行比较，评定试样的表面变化。

①进行摩擦试验至协议的表面变化，确定达到规定表面变化所需的总摩擦次数。

②以协议的摩擦次数进行摩擦试验后，评定表面所发生的变化程度。

三、仪器设备与用具

1. **圆盘法**

Y522 型圆盘式织物平磨仪（图 3-7）、天平（精度为 0.001g）、画样板、剪刀及织物试样若干种。

2. 马丁代尔法

马丁代尔织物耐磨仪（图3-8）、磨料、毛毡、泡沫塑料、圆刀切割器、直尺、放大镜及织物试样若干种。

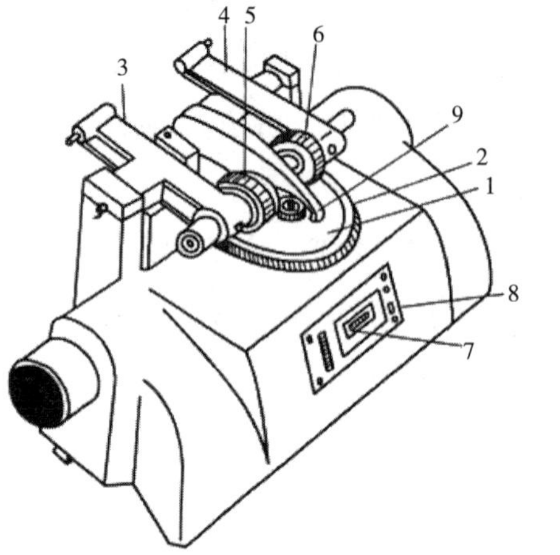

图3-7　Y522型圆盘式织物平磨仪

1—试样　2—工作圆盘　3—左方支架　4—右方支架　5—左方砂轮磨盘　6—右方砂轮磨盘　7—计数器　8—开关　9—吸尘管

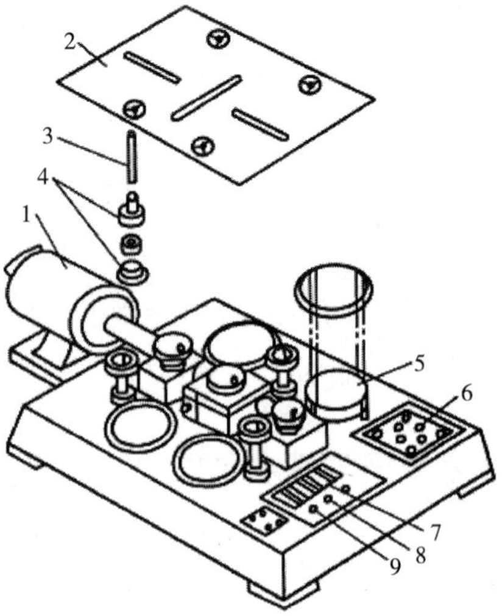

图3-8　马丁代尔织物耐磨仪

1—电动机　2—上面板　3—心轴　4—试样夹头　5—磨台　6—砝码　7—计数器　8—启动按钮　9—停止按钮

四、试样准备

按取样要求准备试验样品。

1. 圆盘法取样

（1）取样。试样为圆形，其直径为125mm，共有5块，并且在试样中央剪一个小孔。

（2）试验参数选择。根据织物类型选取试验参数，具体见表3-8。以协议的摩擦次数进行摩擦试验，评定表面所发生的变化程度。

表3-8　不同织物的加压重量和适用砂轮号数

织物类型	砂轮种类（砂轮号数）	加压重量/g
粗厚织物	A-100（粗号）	750（或1000）
一般织物	A-150（中号）	500（或750、250）
薄型织物	A-280（细号）	125（或250）

2. 马丁代尔法取样

（1）取样。取直径为38mm的圆形试样，一般至少3块。对提花织物或花色组织的织物，应注意试样包含图案各部分的所有特征。磨料的直径应至少为140mm。

（2）试验参数选择——试样破损测定法。当试样出现下列情形时作为摩擦终点，即为试样破损。

①机织物中至少有两根独立的纱线完全断裂。

②针织物中一根纱线断裂造成外观上的一个破洞。

③起绒或割绒织物表面绒毛被磨损至露底或有绒簇脱落。

④非织造布上因摩擦造成孔洞，其直径至少为5mm。

⑤涂层织物的涂层部分被破坏露出基布，或者有片状脱落。

磨损试验的检查间隔见表3-9。

表3-9　磨损试验的检查间隔

试验系列	预计试样出现破损的摩擦次数	检查间隔/次
0	≤2000	200
a	>2000且≤5000	1000
b	>5000且≤20000	2000
c	>20000且≤50000	5000
d	>40000	10000

注　1. 当试验接近终点时，可减少间隔，直到终点。
　　2. 选择检查间隔应经有关方面同意。

确定试样负荷重量：服用类（非涂层）、家用纺织品（不包括家具装饰布、床上亚麻制品）为（595±7）g；服用类（涂层）（198±2）g；装饰类、工作服、床上亚麻制品、产业用织物为（795±7）g。

五、试验步骤

1. 圆盘法试验步骤

（1）逐块称重试样磨前重量。

（2）安装试样，并注意试样表面要平整。

（3）选择适当的砂轮和加压重量，放下左右支架。

（4）调节吸尘管高度，使之高出试样1~1.5mm。

（5）将计数器拨至协议摩擦次数。

（6）开启吸尘管的调压手轮，使吸尘风量适中。

（7）启动仪器，试验至规定摩擦次数。

（8）取下试样，清理砂轮。

（9）称重试样磨后重量。

（10）重复以上操作，直至完成规定的试样数。

2. 马丁代尔法试验步骤：试样破损测定法

（1）试样安装，并将试样摩擦面朝下。

（2）磨料安装，将毛毡放在磨台上，再把磨料放在毛毡上，固定毛毡和磨料，取下加压重锤。

（3）启动仪器，直至达到预先设置的摩擦次数。检查整个试样摩擦面内的破损迹象，如果还未出现破损，将试样夹具重新放在仪器上，开始进行下一个检查间隔的试验和评定，直到摩擦终点即观察到试样破损。使用放大装置查看试样。

注：对于不熟悉织物，建议进行预试验，以每2000次摩擦为检查间隔，直至达到摩擦终点。

六、试验结果评定

1. 圆盘法试验

（1）根据每一个试样在试验前后的质量差异，计算其质量损失率。

（2）计算相同摩擦次数下各个试样质量损失率的平均值。

2. 马丁代尔法试验

（1）测定每一块试样发生破损时的总摩擦次数，以试样破损前累计的摩擦次数作为耐磨次数。

（2）如果需要，计算耐磨次数的平均值及平均值的置信区间。

（3）如果需要，按标准 GB/T 250—2008 评定试样摩擦区域的变色。

七、原始记录汇总

根据测试方法的要求，完成原始记录汇总，见表3-10。

表3-10　耐磨性能测试原始记录单

	耐磨性能测试	江苏盛虹纺织品检测中心有限公司 Jiangsu Shenghong Textiles Testing Center Co.,LTD.
江苏盛虹纺织品检测中心有限公司		SHWS-003-2019
检测标准：________	样品编号：________	抽样日期：________
结果：		
备注：		
检测：________	审核：________	日期：________
	共　页，第　页	

知识点三　纺织品拉伸性能检测

纺织品拉伸性能

课程讲解

一、基本知识

织物拉伸断裂是指织物在拉伸外力的作用下，产生伸长变形，最终导致其断裂破坏的现象。表示织物拉伸性能的指标有断裂强力和断裂伸长率等，断裂强力是指织物受外力直接拉伸到断裂时所需的最大力，单位是牛（N）。通常断裂强力指标用来评定日照、洗涤、磨损以及各种整理对织物内在质量的影响。织物的断裂伸长率是指织物拉伸到断裂时的伸长量与其原长之比，是一种相对伸长指标，它与织物的耐用性和服装的伸展性有密切的关系。织物拉伸断裂试验一般采用织物试样的经（纵）向、纬（横）来测定，测试前，试样应在标准大气条件下进行调湿处理，否则会影响测试结果。

目前，织物拉伸性能的测试方法有条样法和抓样法两种，根据试样是否需要拆边纱，其中条样法又可分为拆纱法条样和剪切法条样两种。

二、技术依据与基本原理

1. 主要技术依据

GB/T 3923. 1—2013《纺织品　织物拉伸性能　第 1 部分：断裂强力和断裂伸长率的测定（条样法）》和 GB/T 3923. 2—2013《纺织品　织物拉伸性能　第 2 部分：断裂强力的测定（抓样法）》。

2. 基本原理

（1）条样法。试样的整个宽度全部被夹持在规定尺寸的夹钳中，然后以恒定伸长速率拉伸试样直至断脱，记录断裂强力和断裂伸长。

（2）抓样法。试样宽度的中央部分被夹持在规定尺寸的夹钳中，然后以规定拉伸速度拉伸试样至断脱，测定其断裂强力。织物拉伸断裂试验时试样的夹持方法如图 3-9 所示。

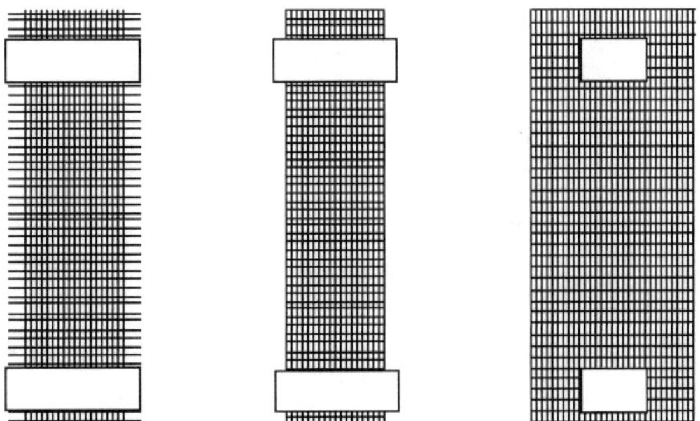

（a）拆纱法条样　（b）剪切法条样　（c）抓样法条样

图 3-9　织物拉伸断裂试验时试样的夹持方法

三、仪器设备与用具

拉伸性能测试仪器采用等速伸长（CRE）织物强力测试仪，仪器的类型主要有 YG065 型电子织物强力仪和 YG026 型电子织物强力仪两种，如图 3-10 和图 3-11 所示。

1. YG065 型电子织物强力仪

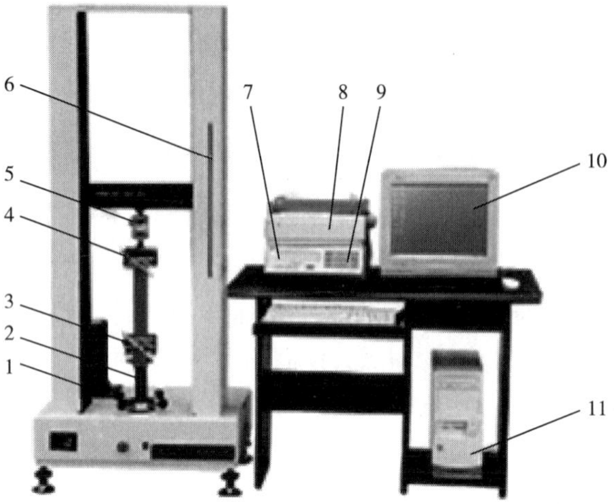

图 3-10　YG065 型电子织物强力仪示意图

1—下夹持器升降手柄　2—升降丝杠　3—下夹持器　4—上夹持器　5—传感器　6—隔距定位　7—控制箱显示屏　8—打印机　9—仪器操作键　10—显示器　11—电脑主机箱

2. YG026 型电子织物强力仪

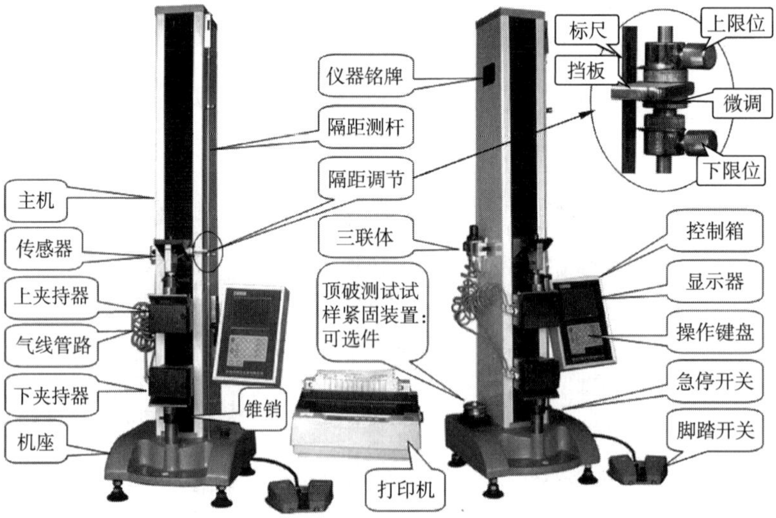

图 3-11　YG026 型电子织物强力仪示意图

四、试样准备

1. **条样法取样**

（1）拆纱条样（适用于机织物）。距布边 15cm 以上，沿单向有代表性裁剪尺寸 6cm×（33~35）cm 的试样，数量为五经五纬，拆两侧边纱至 5cm 宽（一般 0.5cm 毛边，稀松织物 1cm 毛边），拆纱条样取样如图 3-12 所示。

（2）剪切条样（适用于针织物、涂层织物、非织造物和不易拆边纱的机织物）。距布边 15cm 以上，沿单向有代表性裁剪尺寸 5cm×(33~35) cm 的试样，数量为五经五纬，条样法取样如图 3-13 所示。

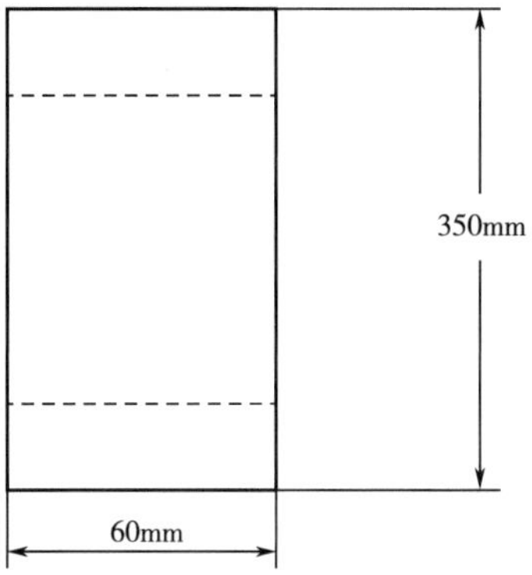

图 3-12　拆纱条样取样示意图

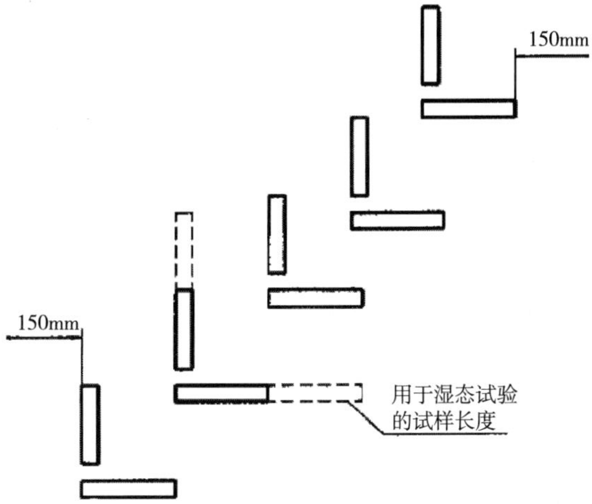

图 3-13　条样法取样示意图（梯形取样）

（3）试验参数选择。上、下夹钳隔距和拉伸速度的选择见表 3-11；预加张力的确定见表 3-12。

表 3-11　条样法试验长度和速度设置

断裂伸长率/%	隔距长度/mm	拉伸速度/(mm/min)
<8	200±1	20
8~75	200±1	100
>75	100±1	100

表 3-12　条样法预加张力设置

预加张力/N	一般织物的单位面积质量/(g/m^2)	非织造物的单位面积质量/(g/m^2)
2	<200	<150
5	200~500	150~500
10	>500	>500

2. 抓样法取样（适用于机织物）

（1）取样。距布边15cm以上，沿单向有代表性裁剪尺寸10cm×(20~23) cm的试样，距长度方向的一边37.5mm处画一条平行于该边的标记线，见图3-14。数量为五经五纬。

（2）试验参数选择。拉伸速度为（50±5）mm/min；隔距为（100±1）mm；抓样试验夹持试样面积的尺寸应为（25mm±1mm）×(25mm±1mm)，并且试样夹持为无预张力夹持。

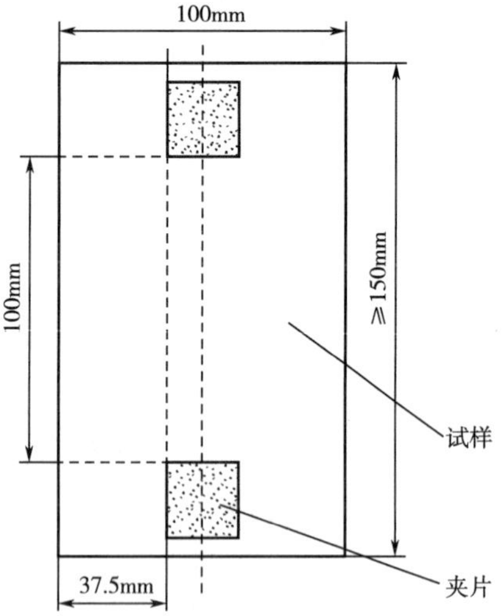

图3-14　抓样法取样示意图

3. 调湿

调湿条件：温度（20±2）℃，湿度（65±4）%，调湿时间不少于4h。

4. 试验条件

（1）干态试验，试样应按规定预调湿、调湿平衡；试验应在标准大气中进行。

（2）湿态试验，把试样置于17~30℃的蒸馏水或去离子水中润湿。

5. 国内外不同标准比较

拉伸断裂强力检测不同标准对比如表3-13所示。

表3-13　拉伸断裂强力检测不同标准对比

测试方法	测试标准	试样尺寸/（cm×cm）	夹持距离/mm	拉伸速度/（mm/min）	夹持宽度/mm
抓样法	ASTM D5034—2009（2017）	15×10	75	300	25
	ISO 13934-2—2014	20×10	100	50	25
	JIS L1096—2010	15×10	75	300	25
	GB/T 3923.2—2013	15×10	100	50	25
条样法	ASTM D5035—2011（2019）	15×2.5	75	300	25
	ISO 13934-1—2013	30×5	伸长率<8%，200mm/min；8%~75%，200mm/min；>75%，100mm/min	20 100 100	50
	JIS L1096—2010	30×5	200	150/300	50
	GB/T 3923.1—2013	同ISO			

五、试验步骤

1. **仪器参数及功能设置**

依次按“总清”“复位”“设定”键，进入参数设定状态。设定完毕后，按“实验”键进入工作状态。

2. **调节夹距**

操作台隔距调节到规定夹距（20cm 或 10cm）。

3. **装夹试样**

上夹头锁紧，下加预加张力进行装加试样。

4. **测试拉伸**

松开锁紧手柄，按“拉伸”键，试样断裂自动回升。

5. **测试记录**

六、试验结果评定

（1）拉伸断裂强力。

①条样法。平均值在 10N 以下，修约至 0.1N；平均值在 10~1000N，修约至 1N；平均值在 1000N 以上，修约至 10N。

②抓样法。平均值在 100N 以下，修约至 1N；平均值在 100~1000N，修约至 10N；平均值在 1000N 以上，修约至 100N。

（2）拉伸断裂伸长率。采用条样法测试。平均值在 8%以下，修约至 0.2%；平均值在 8%~50%，修约至 0.5%；平均值在 50%以上，修约至 1%。

七、原始记录汇总

根据测试方法的要求，完成原始记录汇总，见表 3-14。

表 3-14　拉伸断裂测试原始记录单

拉伸断裂试验

江苏盛虹纺织品检测中心有限公司
Jiangsu Shenghong Textiles Testing Center Co.,LTD.

江苏盛虹纺织品检测中心有限公司　　SHWS-028-2019

检测标准：__________　样品编号：__________　抽样日期：__________

经向强力/N　　纬向强力/N

续表

结果：________________________ ________________________

经向伸长率/% 纬向伸长率/%

结果：________________________ ________________________

备注：

检测：____________ 审核：____________ 日期：____________

共 页，第 页

知识点四 纺织品防水性能检测

纺织品防水性能

课程讲解

一、基本知识

防水是指织物抵抗由水引起变潮和渗透的性质。拒水是指纺织品中，纤维、纱线或织物的抗润湿性能。因此，谈到“防水”时，常将“拒水”包括在内。

织物防水性能的测试方法主要有沾水法、静水压法及雨水法。其中，沾水法用于测试各种织物的表面抗湿性，不适应测定织物的渗水率，一般用于拒水性能测试；静水压法用于测试织物的抗渗水性，主要用于紧密织物，如帆布、油布、苫布、帐篷布及防雨服装布等；雨水法多用于测试织物的渗透防护性能。

二、技术依据与基本原理

1. 主要技术依据

GB/T 4744—2013《纺织品 防水性能的检测和评价 静水压法》和 GB/T 4745—2012《纺织品 防水性能的检测和评价 沾水法》。

2. 基本原理

（1）沾水法。把试样安装在卡环上，并与水平成 45°角放置，试样中心位于喷嘴下面规定的距离，并用规定体积的蒸馏水或去离子水喷淋试样。然后，通过试样外观、评定标准及图片的比较，来确定其沾水等级。

（2）静水压法。以织物承受的静水压来表示水透过织物所遇到的阻力。在标准大气条件下，试样的一面承受一个持续上升的水压，直到另一面有三处渗水为止，并记录此时的压力。

三、试验方法选择

（一）静水压法

1. 仪器设备、用具及试样

织物静水压测试仪（图 3-15）、蒸馏水（或去离子水）、钢尺（刻度为 1mm）、剪刀及织物试样若干种。

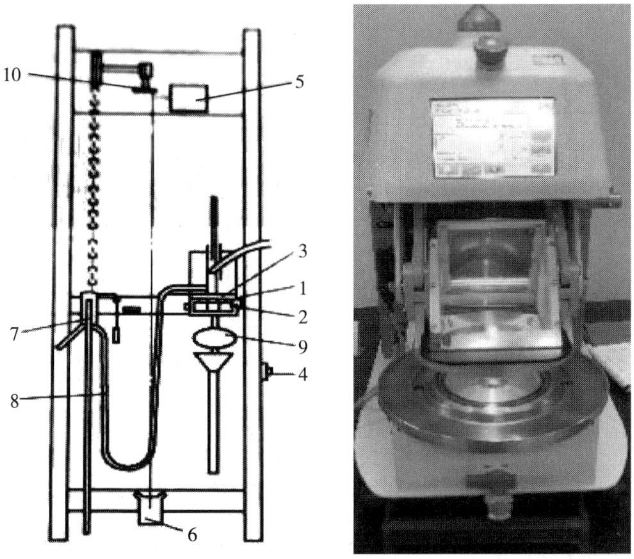

图 3-15　织物静水压仪

1—试样　2—夹布座　3—加压盖　4—开关　5—电动机　6—踏板
7—玻璃钟罩　8—橡皮管　9—反光镜　10—摩擦轮

2. 试样准备

（1）按取样要求准备试验样品。

（2）在织物的不同部位至少取 5 块试样，且尺寸约为 170mm×170mm（也可不剪下）。并且，在取样后，尽量少用手触摸。

3. 试验步骤

（1）掀起加压盖 3，将织物试样固定在布夹座 2 上，并将加压盖压下。

（2）在储水箱内注入蒸馏水。打开开关 4，使电动机 5 启动，并用脚踏踏板 6，使水位玻璃钟罩 7 上升，提高水位。

（3）细心观察反光镜 9 中的织物，当发现有水滴透过织物时（在布面上出现 3 滴水珠)，即为测试终点，立即放松踏板，停止提高水位。

(4) 记录此时的水压，以 kPa（或 cmH_2O）表示。

(5) 用手将玻璃钟罩 7 拉下，回复水位到零点。

(6) 重复上述操作，直至完成规定的试样数。

4. 试验结果

计算试验数据的平均值，以 kPa（或 cmH_2O）来表示每次试验结果及其平均值。

（二）沾水法

1. 仪器设备、用具及试样

织物沾水测试仪（图 3-16）、250mL 烧杯、蒸馏水（或去离子水）、钢尺（刻度为 1mm）、剪刀及织物试样若干种。

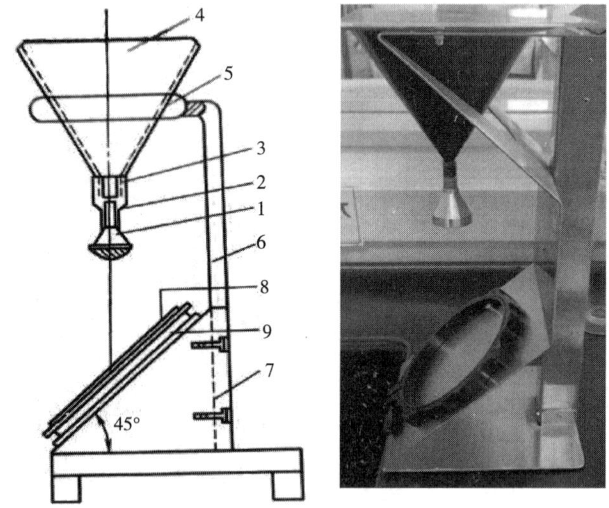

图 3-16　织物沾水测试仪

1—喷嘴　2—喷嘴缩颈　3—橡皮管　4—漏斗　5—支架　6—立柱

7—样品座　8—试样　9—金属棚架

2. 试样准备

(1) 按取样要求准备试验样品。

(2) 从织物的不同部位至少取 3 块尺寸为 180mm×180mm 的试样，并且取样后尽量少用手触摸。

3. 试验步骤

(1) 将试样正面向上箍紧在金属绷架 9 上，织物的放置应是经向与水流下的方向一致。

(2) 将 250mL 蒸馏水快速倒入漏斗 4 中，控制喷淋时间为 25~30s。

(3) 淋水一停，迅速将夹持器连同试样一起拿开，使织物正面向下几乎成水平。然后，对着一个硬物轻轻敲打两次（在绷框径向上相对的两点各一次），敲打后，试样仍在夹持器上，观察试样润湿程度。

（4）沾水性评级。根据试样润湿程度，用表 3-15 沾水等级评定表中最接近的下列文字描述，以及如图 3-17 所示基于 AATCC 片等级的 ISO 淋水试验等级图的级别来评定其等级，不评中间等级。当检测深色织物时，图片标准会变得不十分准确，主要依据文字描述来评定。

表 3-15　沾水等级评定表

沾水等级	文字描述	相当于 ISO /级	相当于 AATCC /分
5	受淋表面没有润湿，在表面也未有小水珠	5	100
4	受淋表面没有润湿，但在表面沾有小水珠	4	90
3	受淋表面有不连接的小面积润湿	3	80
2	受淋表面有一半润湿，这通常是指小块不连接的润湿面积的总和	2	70
1	受淋表面全部润湿	1	50

4. 试验结果

报告每一块受检试样的沾水等级。

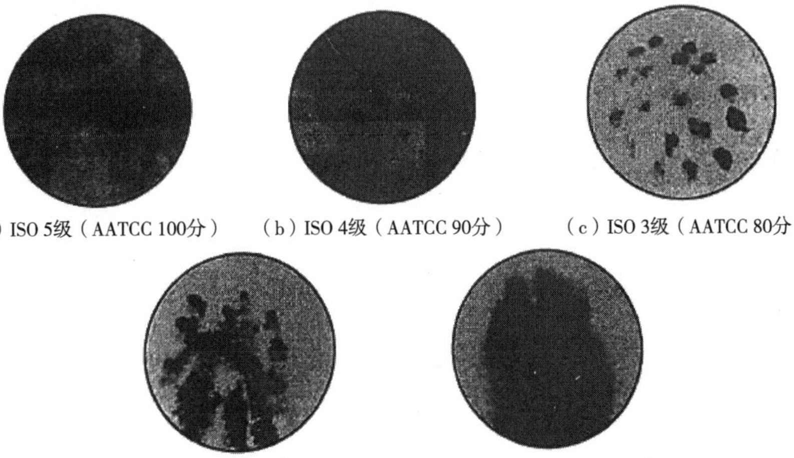

（a）ISO 5级（AATCC 100分）　（b）ISO 4级（AATCC 90分）　（c）ISO 3级（AATCC 80分）

（d）ISO 2级（AATCC 70分）　（e）ISO 1级（AATCC 50分）

图 3-17　基于 AATCC 图片等级的 ISO 淋水试验等级图

四、原始记录汇总

根据测试方法的要求，完成原始记录汇总，见表 3-16。

表 3-16　防水性能测试原始记录单

防水性能测试　　江苏盛虹纺织品检测中心有限公司 Jiangsu Shenghong Textiles Testing Center Co.,LTD.

江苏盛虹纺织品检测中心有限公司　　SHWS-003-2019

<table>
<tr><td rowspan="2">来样日期</td><td rowspan="2" colspan="2"></td><td rowspan="4" colspan="3">检测方法</td><td>GB/T</td></tr>
<tr><td>ISO</td></tr>
<tr><td rowspan="2">仪器名称</td><td rowspan="2" colspan="2"></td><td>ASTM</td></tr>
<tr><td>其他</td></tr>
<tr><td>仪器编号</td><td colspan="2"></td><td colspan="3">测试单位</td><td></td></tr>
<tr><td>试样面积/cm^2</td><td colspan="6"></td></tr>
<tr><td>温度/℃</td><td colspan="2"></td><td colspan="3">相对湿度/%</td><td></td></tr>
<tr><td>样品编号</td><td colspan="5">测试结果</td><td>平均值</td></tr>
<tr><td></td><td></td><td></td><td></td><td></td><td></td><td></td></tr>
<tr><td></td><td></td><td></td><td></td><td></td><td></td><td></td></tr>
<tr><td></td><td></td><td></td><td></td><td></td><td></td><td></td></tr>
<tr><td></td><td></td><td></td><td></td><td></td><td></td><td></td></tr>
</table>

备注：

检测：________　　审核：________　　日期：________

共　页，第　页

知识点五　纺织品接缝处纱线抗滑移性能检测

具体检测方法见 GB/T 13772.1—2008《纺织品　机织物接缝处纱线抗滑移的测定　第 1 部分：定滑移量法》、GB/T 13772.2—2018《纺织品　机织物接缝处纱线抗滑移的测定　第 2 部分：定负荷法》、GB/T 13772.3—2008《纺织品　机织物接缝处纱线抗滑移的测定　第 3 部分：针夹法》及 GB/T 13772.4—2008《纺织品　机织物接缝处纱线抗滑移的测定　第 4 部分：摩擦法》。

任务五　夹克产品检测报告（表 3-17）

表 3-17　检测报告　　报告编号（No.）：

产品名称 Product Name	夹克	检验类别 Test Type	委托检验
样品数量 Sum of Sample	1 件	样品状态 Sample State	符合检验要求

续表

委托单位 Consigner	名称 Name	苏州市晨煊纺织 科技有限公司	电话 Telephone	13829023289
	地址 Address	江苏吴江区盛泽镇 西二环路 1188 号	邮编 Postcode	215228
送样日期 Sampling Date		2020 年 6 月 10 日	检验日期 Test Date	2020 年 6 月 15 日
检验项目 Test Items		pH 值、甲醛含量、可分解致癌芳香胺燃料、异味、耐水色牢度、耐酸汗渍色牢度、耐碱汗渍色牢度、耐摩擦色牢度、水洗尺寸变化率、耐皂洗色牢度、耐光色牢度、缝子纰裂程度、撕破强力、洗前起皱级差和洗后外观		
检验依据 Test Basis		FZ/T 81008—2021《夹克衫》 GB 18401—2010《国家纺织产品基本安全技术规范》B 类		

检验结果 Test Results						
通用技术要求 General Technical Requirements						
序号 Ser. #	项目 Item		测试方法 Test Method	检测结果 Test Results	技术要求 Tech. Req.	结论 Conclusion
1	pH 值		GB/T 7573—2009	6. 3	4. 0~8. 5	合格
2	甲醛含量/(mg/kg)		GB/T 2912. 1—2009	35	≤75	合格
3	可分解致癌芳香胺染料/(mg/kg)		GB/T 17592—2011	未检出*	≤20	合格
4	异味		GB 18401—2010	无	无	合格
5	耐水色牢度/级	变色	GB/T 5713—2013	4	≥3	合格
		沾色		4	≥3	
6	耐酸汗渍色牢度/级	变色	GB/T 3922—2013	3-4	≥3	合格
		沾色		3-4	≥3	
7	耐碱汗渍色牢度/级	变色	GB/T 3922—2013	3-4	≥3	合格
		沾色		3-4	≥3	
8	耐干摩擦色牢度/级	沾色	GB/T 3920—2008	3	≥3	合格
其他技术要求 Other Technical Requirements						
9	耐水洗尺寸变化率/%	领大	GB/T 8629—2017，4N，晾干	-0. 5	≥-1. 5	合格
		胸围		-0. 5	≥-2. 5	
		衣长		-1. 0	≥-3. 5	
10	耐皂洗色牢度/级	变色	GB/T 3921—2008，A1	3-4	≥3	合格
		沾色		3-4	≥3	
11	耐湿摩擦色牢度/级	沾色	GB/T 3920—2008	3-4	≥3	合格
12	耐光色牢度/级	变色	GB/T 8427—2019	2-3	≥3	不合格

续表

<table>
<tr><th>序号
Ser. #</th><th colspan="2">项目
Item</th><th>测试方法
Test Method</th><th>检测结果
Test Results</th><th>技术要求
Tech. Req.</th><th>结论
Conclusion</th></tr>
<tr><td rowspan="3">13</td><td rowspan="3">缝子纰裂程度/cm</td><td>后背缝</td><td rowspan="3">GB/T 21294—2014，9. 2. 1</td><td>0. 3</td><td>≤0. 6</td><td rowspan="3">合格</td></tr>
<tr><td>袖窿缝</td><td>0. 2</td><td>≤0. 6</td></tr>
<tr><td>摆缝</td><td>0. 3</td><td>≤0. 6</td></tr>
<tr><td>14</td><td colspan="2">撕破强力/N</td><td>GB/T 3917. 1</td><td>经：12. 5
纬：8. 7</td><td>≥7</td><td>合格</td></tr>
<tr><td rowspan="3">15</td><td rowspan="3">洗后外观</td><td>接缝
平整度/级</td><td rowspan="3">GB/T 8629—2017，4N，晾干</td><td>4</td><td>≥3</td><td>合格</td></tr>
<tr><td>变色/级</td><td>4-5</td><td>≥4</td><td>合格</td></tr>
<tr><td>其他外观</td><td>符合</td><td>GB/T 21295—2014</td><td>合格</td></tr>
<tr><td colspan="7">注　* 可分解致癌芳香胺染料实验室检出限 20mg/kg。</td></tr>
</table>

<table>
<tr><td>贴样</td><td colspan="2"></td></tr>
<tr><td>备注</td><td colspan="2">仅对来样负责
(Only responsible to the submitted samples)</td></tr>
<tr><td>主检
Tested by</td><td></td><td rowspan="4">签发日期（Date）：

年　月　日</td></tr>
<tr><td>制表
Compiled by</td><td></td></tr>
<tr><td>校核
Checked by</td><td></td></tr>
<tr><td>审批
Approved by</td><td></td></tr>
</table>

知识链接一　国际标准

一、国际标准的作用

国际标准的主要作用体现在三个方面：第一，有利于消除国际贸易中的技术壁垒，促进贸易自由化；第二，有利于促进科学技术进步、提高产品质量和效益；第三，有利于促进国际技术交流与合作。因此，国际标准对国际贸易和信息交流具有重要影响。

二、国际标准化机构

国际标准化组织（ISO）和国际电工委员会（IEC）是两个最大的国际标准化机构。ISO 发布的主要是除了电工，电子以外的其他专业如机械、冶金、化工、石油、土木、农业、轻工、食品、纺织等领域的国际标准。IEC 发布的主要是电工、电子领域的国际标准。ISO 和 EC 共同担负着推进国际标准化活动、制定国际标准的任务。

1. **国际标准化组织**（ISO）

国际标准化组织（ISO）正式成立于 1947 年 2 月，是世界上最大和最具权威的标准化机构，它是一个非政府性的国际组织，总部设在日内瓦。我国是创始成员国之一，但由于历史原因，我国于 1978 年成为正式成员。

ISO 的主要任务是：制定国际标准，协调世界范围内的标准化工作，组织各成员国和技术委员会进行信息交流。ISO 的工作领域很广泛，除电工、电子以外，涉及其他所有学科，其技术工作由各技术组织承担。按专业性质不同，ISO 设立了 167 个技术委员会（TC），各技术委员会又可以根据需要设立若干分技术委员会（SC）。

2. **国际电工委员会**（IEC）

1906 年 6 月，在英国伦敦正式成立了国际电工委员会（IEC），是世界上成立最早的国际标准化组织，总部设在日内瓦，我国于 1957 年 8 月正式加入 IEC。IEC 的宗旨是促进电气、电子工程领域中标准化及有关方面问题的国际合作，增进国际了解。工作领域主要包括电力、电子、电信和原子能方面电工技术等，主要成果是制定 IEC 国际标准和出版多种出版物。

三、国际标准的采用

目前，国际标准化正向高新技术方向拓宽领域，同时，也在保护人类生存、健康，保持生态平衡和保护环境方面作出了极大的贡献。ISO/IEC 导则 3 指出：ISO 和 IEC 作为国际标准化机构，所制定的国际标准必须尽可能最大限度地、不做变更地提供作为国家标准。ISO/IEC 导则 21 指出：采用国际标准是指国家标准等效于、相当于、基于有关的国际标准，或者认可国际标准享有与国家标准同等的地位。

1. **采用程度和表示方法**

根据我国《采用国际标准和国外先进标准管理办法》第三章第十一条规定：我国标准采用国际标准或国外先进标准的程度分为等同买用、等效采用和非等效采用。

2. **我国实施采用国际标准标志产品**

为了加快我国的产品标准化步伐，与国际标准化发展趋势相适应，提高我国产品在国际市场上的竞争能力，国家技术监督局分三批公布了《实施采用国际标准标志产品及相应标准目录》，纺织部分已有棉、毛、丝、麻、针织、化纤、巾被、线带、服装 9 大类 72 项被列入其中。

四、ISO 和 IEC 标准的特点和制定程序

自从关贸总协定《标准守则》于1980年实施以来，国际标准化机构致力于标准、技术规程、试验方法和认证制度的国际协调与统一，这对于消除国际贸易中的技术壁垒发挥了积极作用。

1. ISO 和 IEC 标准的特点

ISO 和 IEC 标准具有以下五个特点：第一，重视基础标准的制定；第二，测试方法标准的数量最多；第三，突出安全标准和卫生标准；第四，适当增加产品标准的数量；第五，反映发达国家的一般水平。

2. ISO 和 IEC 标准的制定程序

ISO 和 IEC 标准的制定程序十分严格和复杂，从1990年起，根据 ISO 和 IEC 统一的导则，包括“技术工作程序”“标准制定方法”和“标准的起草与表述规则”，按统一的程序和方法制定国际标准。

知识链接二　数据的正确采集与异常值的处理

由于纺织品检测涉及大量的数据，所以只有正确地采集数据和合理地处理数据，才能保证正确的结果。数据处理的基本原则就是全面合理地反映测量的实际情况。

一、数据的正确采集

1. 按标准规定进行采集

在检测中首先要认真解读标准，按标准要求进行操作。具体如下。

（1）织物断裂强力。如果试样在钳口5mm以内断裂，则作为钳口断裂，数据采集按标准处理。

（2）数值采集的时间。如厚度、弹性等，应按规定时间读取数据。

（3）测量的精确度。如精确到1mm，精确到10N，精确到1位小数等。

（4）纤维含量（化学分析法）。两个试样试验结果绝对差值大于1%时，应进行第三个试样试验，试验结果取三次试验的平均值。

（5）化纤含油量。两平行试样的差异超过平均值的20%时，应进行第三个试样的试验，试验结果以三次试验的算术平均值表示。

（6）撕破强力。如取最大值、5峰值、12峰值、中位值及积分值等。

2. 使用正确的方法进行采集

（1）读取滴定管或移液管液面读数时，试验员的视线应与凹液面成水平。

（2）在指针式仪表上读取数值时，试验员的视线应与指针正对平视。

（3）在评级时（色牢度、色差、起球、外观、纱线条干及平整度等），试验员眼睛观察的位置应参照相应标准的规定。

（4）读取数值的时间。如天平数值的稳定等。

（5）读取数值的精度。在一般情况下，应读到比最小分度值多一位；若读数在最小分度值上，则后面应加个零。

二、异常值的处理

异常值是在试验结果数据中比其他数据明显过大或过小的数据。如何处理异常值，一般有以下几种方法。

（1）异常值保留在样本中，参加其后的数据分析。

（2）允许剔除异常值，即把异常值从样本中排除。

（3）允许剔除异常值，并追加适宜的测试值计入。

（4）找到实际原因后修正异常值。

异常值出现的原因之一是试验中固有随机变异性的极端表现，它属于总体的一部分；原因之二是由于试验条件和试验方法的偏离所产生的结果，或是由于观察、计算、记录中的失误所造成的。所以，对异常值处理时，先要寻找异常值产生的原因。如确信是原因之二造成的，应舍弃或修正；若是由原因之一造成的异常值，就不能简单地舍弃，可以用统计的方法处理［详见 GB/T 6379《测试方法与结果的准确度（正确度与精密度）》］。

三、数值修约

数值修约是通过省略原数值的最后若干位数字，调整所保留的末位数字，使最后所得到的值最接近原数值的过程。

在许多检验方法标准中，对试验结果计算的修约位数都有要求。比如，织物强力试验，计算结果 10N 及以下，修约至 0.1N；大于 10N 且小于 1000N，修约至 1N；1000N 以上，修约至 10N。

因此，数值修约首先应根据标准对最终结果的要求，然后根据数值修约的规则进行。

1. 进舍规则

（1）拟舍弃数字的最左一位数字小于 5 时，则舍去，即保留的各位数字不变。比如，将 12.1498 修约到一位小数，得 12.1。

（2）拟舍弃数字的最左一位数字不小于 5，而其后跟有并非全部为 0 的数字时，则进一，即保留的末位数字加 1。

（3）拟舍弃数字的最左一位数字为 5，而右面无数字或皆为 0 时，若所保留的末位数字为奇数（1，3，5，7，9）则进一，为偶数（2，4，6，8，0）则舍弃。比如，在修约间隔为 0.1（或 10^{-1}）的前提下，1.050 可修约为 1.0，0.350 可修约为 0.4。

根据以上进舍规则，可以总结为“四舍六进五考虑，五后非零则进一，五后皆零看奇偶，五为奇则进一，五前为偶则不进。”

2. 不允许连续修约

拟修约数字应在确定修约位数后一次修约获得结果，而不得多次连续修约。比如，修约 15.4546 至个位数，正确的做法为 15.4546 修约为 15；不正确的做法为 15.4546 先修约为 15.455，再修约为 15.46，然后修约为 15.5，最后修约为 16。其具体方法可参考 GB/T 8170—2008《数值修约规则与极限数值的表示和判定》。

知识链接三　测量不确定度浅析

一、不确定度的概念

一切测量结果都不可避免地具有不确定度。不确定度反映被测量值的分散性，是与测量结果相联系的参数。不确定度的大小，反映了测量结果可信赖程度的高低，即不确定度小的测量结果可信赖程度高，反之则低。

误差是指测量值与真值之差。但是，由于真值往往是未知的，所以误差实际上是测量值与约定真值之差。同时，误差是可修正的。

不确定度既是一个范围，也是一个区间。不确定度可以用统计分析的方法评定，也可以用其他的方法，如先验数据、经验等。

二、不确定度的来源

（1）被测量的定义不完善和理论认识不足。

（2）实现被测量的定义的方法不理想（近似或假设）。

（3）抽样的代表性不够，即被测量的样本不能代表所定义的被测量物品。

（4）对测量过程受环境影响的认识不周全，或对环境条件的测量与控制不完善。

（5）对模拟仪器的读数存在人为偏移。

（6）测量仪器的分辨率或鉴别率不够。

（7）赋予计量标准的值或标准物质的值不准。

（8）引用的、用于数据计算的常量和其他参数不准。

（9）测量方法和测量程序的近似性和假定性。

（10）其他因素所导致（未预料因素的影响）。

由此可见，测量的不确定度一般来源于随机性和模糊性。前者归因于条件不充分，而后者则归因于实物本身概念不明确。

拓展练习　运动服综合检测任务实施

【项目导入】

江苏盛虹纺织品检测中心有限公司与客户苏州市晨煊纺织科技有限公司签订合同，针对客户提供的运动服产品的相关性能进行检测，对其产品质量给出评价。检测公司在接到该订单后，为了更加准确有效地完成合同，将不同性能检测任务分发给各部门，最终汇总形成一份完整的运动服产品检测报告。

【课程思政目标】

（1）通过对盛虹集团有限公司及江苏盛虹纺织品检测中心有限公司的介绍，使学生认识到中国企业在世界中的影响力，培养学生的爱国情怀。

（2）通过企业的真实纺织品检测案例，培养学生的科学严谨、踏实求真精神。

【学习目标】

（1）根据客户要求进行任务分解。

（2）运用纺织品检测知识，熟练掌握运动服产品的相关检测。

（3）对测试结果能够进行正确表达和评价。

（4）具备分析影响测试结果准确性的能力。

【能力目标】

（1）具备运动服产品综合检测能力。

（2）检测标准的选择和应用。

【素养目标】

（1）培养学生具有良好的职业道德和职业素养。

（2）培养学生团队合作精神和创新精神。

【知识点】

运动服产品的技术要求、检测任务实施、报告编写等。

【技能点】

（1）测试标准的选择与解读。

（2）检测方法的学习和使用。

（3）样品的制备、测试、数据分析。

（4）测试报告的填写。

任务一　企业测试任务单填写

江苏盛虹纺织品检测中心有限公司

TEXTILE TESTING APPLICATION（纺织品测试申请表）

SHWS-4.1-2-01　From No.（编号）SH-WS 4042719

Invoice Information（开票信息）：________

Applicant Name（申请公司名称）：________

Address（地址）：________

Contact Person（联系人）：________　Telephone（电话）：________　Fax（传真）：________

Buyer（买家）：________　Order No.（订单号）：________　Style（款号）：________

Sample Description（样品描述）：________

Brand Standard（品牌标准）：☐ Marks & Spencer　☐李宁　☐安踏　☐美邦　☐森马　☐以纯　☐利郎　☐其他____

Requirement Grade（要求等级）：☐优等品　☐一等品　☐合格品

Standards/Methods Used（采用标准/方法）：☐ ISO　☐ AATCC/ASTM　☐ JIS　☐ JB　☐ FZ/T　☐ Other ____

Sample No.（样品编号）：________　Sample Quantity（样品数量）：________

Test Required（测试项目）：________

Dimensional Stability/尺寸稳定性	Method/方法	Physical/物理性能	Method/方法
☐ Washing/水洗	________	☐ Tensile Strength/断裂程度	________
☐ Dry Heat/干热	________	☐ Tear Strength/撕裂程度	________
☐ Steam/汽蒸	________	☐ Seam Slippage/接缝滑落	________
Colour Fastness/色牢度		☐ Seam Strength/接缝强度	________
☐ Washing/水洗	________	☑ Bursting Strength/顶破/胀破程度	________
☐ Dry-cleaning/干洗	________	☐ Pilling Resistance/起毛起球	________
☐ Rubbing/摩擦	________	☐ Abrasion Resistance/耐磨性	________
☐ Light/光照	________	☐ Yarn Count/纱线密度	________
☑ Perspiration/汗渍	________	☐ Fabric weight/织物克重	________
☐ Water/水渍	________	☐ Threads Per Unit Length/织物密度	________
☐ Chlorinated Water/氯化水	________	☐ Flammability/燃烧性能	________
☐ Chlorine Bleach/氯漂	________	☐ Washing Appearance/洗后外观	________
☐ Non-Chlorine Bleach/非氯漂	________	☐ Down Proof/防沾绒	________
Functional/功能性		Chemical/化学性能	
☐ Spray Rating/泼水	________	☐ Fibre Content/成分分析	________
☐ Rain Test/雨淋	________	☐ pH Value/pH 值	________
☐ Hydrostatic Pressure Test/静水压	________	☐ Formaldehyde Content/甲醛	________
☑ Air Permeability/透气性	________	☐ Azo Test/偶氮染料	________
☐ Water Vapour Permeability/透湿性	________	☐ Heavy Metal/重金属	________
☑ Ultraviolet/抗紫外线	________	☐国家纺织产品基本安全技术规范	GB 18401—2010
☐ Chromaticity/荧光度	________	Other Testing（其他）	耐升华色牢度

Working Days（工作日）________天　　报告传递方式：☐自取　☐邮寄　☐短信　☐邮件

Return Remained Sample（剩余样品是否归还）：☐ Yes（是）　☐ No（否）　Expense（费用）：________

Report（报告）：☐ Chinese Report（中文报告）　☐ English Report（英文报告）

Authorized Signature（申请人签名）：________　Date（日期）：________

Received Signature（接收人签名）：________　Date（日期）：________

吴江盛泽镇西二环路 1188 号　邮政编码：215228　No. 1188Xierhuan Road, Shengze, Wujiang　Post Code：215228

Tel：+86-0512-63525197　Fax：+86-0512-63525390　E-mail：jczx@shgroup.cn

任务二　测试任务分解

实验室在接收到客户的检测委托单后，会经过“合同评审”“任务分解（图 3-18）”“样品准备”“测试仪器准备”“测试环节”“原始记录汇总、审核”“报告编制、发送客户”等七个步骤。纺织品检测流程如图 1-2 所示。

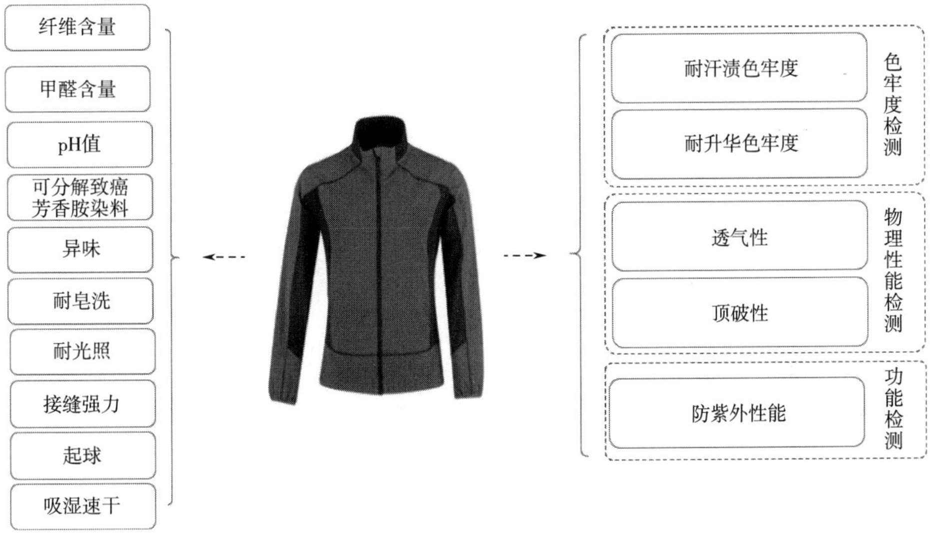

图 3-18　运动产品测试任务分解

任务三　运动服产品技术要求

依据国家针对运动服的检测标准进行技术要求分析，标准为 GB/T 22853—2019《针织运动服/Knitted sportswears》。

一、要求内容

要求分为内在质量和外观质量两个方面。内在质量包括纤维含量、甲醛含量，pH 值、异味、可分解致癌芳香胺染料，色牢度（耐皂洗色牢度、耐摩擦色牢度、耐汗渍色牢度、耐水色牢度、耐光色牢度、耐光、汗复合色牢度、拼接互染色牢度）、裤后裆缝接缝强力、顶破强力、起球、水洗尺寸变化率，水洗后扭曲率、吸湿速干性能、洗后外观。外观质量包括表面疵点、规格尺寸偏差、对称部位尺寸差异、缝制规定等项指标。

二、分等规定

（1）质量等级分为优等品、一等品、合格品。

（2）内在质量按批评等，外观质量按件评等，两者结合按最低等级定等。

（3）内在质量各项指标，以检验结果最低一项作为该批产品的评等依据。

（4）同一件产品上发现属于不同品等的外观质量问题时，按最低品等定等。在同一件产品上只允许有两个同等级的极限表面疵点存在，超过者应降低一个等级。

三、内在质量要求

（1）内在质量要求见表 3-18。

表 3-18　内在质量要求

项目			优等品	一等品	合格品
纤维含量/%			按 GB/T 29862—2013 规定执行		
甲醛含量/（mg/kg）			按 GB 18401—2010 规定执行		
pH 值					
异味					
可分解致癌芳香胺染料/（mg/kg）					
面料	耐皂洗色牢度/级 ≥	变色	4	4	3-4
		沾色	4	3-4	3
	耐摩擦色牢度/级 ≥	干摩	4	3-4	3
		湿摩（成人）	3-4	3（深色 2-3）	2-3（深色 2）
		湿摩（儿童）	3-4	3	2-3
	耐汗渍色牢度/级 ≥	变色	4	3-4	3
		沾色	4	3-4	3
	耐水色牢度/级 ≥	变色	4	3-4	3
		沾色	4	3-4	3
	耐光色牢度/级 ≥	深色	4-5	4	3
		浅色	4	3	3
耐光、汗复合色牢度（碱性）/级 ≥			4	3-4	3
拼接互染色牢度/级 ≥		沾色	4-5	4	
里料	耐皂洗色牢度/级 ≥	变色	3-4		
		沾色	3		
	耐摩擦色牢度/级 ≥	湿摩（成人）	2		
		湿摩（儿童）	2-3		
	耐汗渍色牢度/级 ≥	变色	3		
		沾色	3		
	耐水色牢度/级 ≥	变色	3		
		沾色	3		
裤后裆缝接缝强力/N ≥		面料	140		

续表

项目		优等品	一等品	合格品
顶破强力/N　≥		250		
起球/级　≥		3-4	3	
水洗尺寸变化率/%	直向/横向	-4.0~+2.0	-5.5~+2.0	-6.5~+3.0
水洗后扭曲率/%　≤	上衣	4.0	6.0	7.0
	西裤	1.5	2.5	3.5
吸湿速干性能	滴水扩散时间/s　≤	3		
	蒸发速率/(g/h)　≥	0.18		
	芯吸高度/mm　≥	100		
洗后外观		整体无明显变色；面料无破损；缝线无脱开；印（烫）花部位不允许开裂、起泡、起皮及脱落；绣花部位不允许严重起皱、变形；附件不允许破损、脱落及锈蚀；严重影响外观的不允许		

注　色别分档参照 GSB 16—2159—2007 标准，>1/12 标准深度为深色，≤1/12 标准深度为浅色。

（2）儿童服装还应符合 GB 31701—2015 的相关规定。

（3）本色及漂白产品不考核耐皂洗色牢度、耐摩擦色牢度、耐汗渍色牢度及耐水色牢度。

（4）荧光色服装合格品的耐光色牢度可降半级。

（5）耐光、汗复合色牢度仅考核直接接触皮肤的单层服装。

（6）拼接互染色牢度仅考核深色与浅色相拼的产品。

（7）弹力织物（指含有弹性纤维的织物或罗纹织物）及镂空、抽条、烂花结构的产品不考核顶破强力，对于多层结构产品顶破强力整体测试。

（8）起球仅考核服装面料的正面，正面磨毛，起绒，植绒类产品不考核。

（9）弹力织物不考核横向水洗尺寸变化率。

（10）紧口类产品以及短裤不考核水洗后扭曲率。

（11）吸湿速干性能仅考核在服装上明示具有该功能的产品。

四、外观质量要求

1. 表面疵点

表面疵点评等规定见表 3-19，表面疵点类型参照 GSB 16—2500—2008 评定。

表 3-19　表面疵点评等规定

疵点名称	优等品	一等品	合格品
色差　≥	相同主辅料之间 4 级 面料之间 4-5 级	相同面料之间 4 级 主辅料之间 3-4 级	相同面料之间 3-4 级 主辅料之间 3 级

续表

疵点名称	优等品	一等品	合格品
纹路歪斜（条格产品）/% ≤	3.0	4.0	6.0
油污、水渍、极光、折痕、色花、粗纱、色纱、横路、露底	不允许	主次要部位：不允许 次要部位：轻微允许	轻微允许
明线曲折高低 ≤	主要部位 0.2cm，其他部位 0.5cm		
扣与眼位置互差 ≤	0.3cm	0.5cm	
缝纫不平服、领型歪斜	不允许	轻微允许	明显允许、显著不允许
跳针	链式线迹不允许；其他线迹 1 针 2 处，不得连续		链式线迹不允许；其他线迹 1 针 3 处或 2 针 1 处
漏缝、修疤、烫黄、丢工、缺件及破损性疵点	不允许		

注 1. 主要部位是指上衣前身上部的三分之二（包括领窝露面部分），裤类无主要部位。
2. 轻微：直观上不明显，通过仔细辨认才可看出。
明显：不影响整体效果，但能看到疵点的存在。
显著：明显影响总体效果。

2. 规格尺寸偏差（表 3-20）

表 3-20 规格尺寸偏差 单位：cm

类别		优等品	一等品	合格品
长度方向（衣长、袖长、裤长、裙长）	60 及以上	±1.0	±2.0	±2.5
	60 以下	±1.0	±1.5	±2.0
宽度方向（1/2 胸围、1/2 腰围）		±1.0	±1.5	±2.0

3. 对称部位尺寸差异（表 3-21）

表 3-21 对称部位尺寸差异 单位：cm

类别	优等品≤	一等品≤	合格品≤
≤5	0.3	0.4	0.5
>5 且≤15	0.6	0.8	1.0
>15 且≤76	0.8	1.0	1.2
>76	1.0	1.2	1.5

4. 缝制规定

（1）服装合肩处、裤裆合缝处及缝迹边缘应加固。

（2）缝制产品时应采用强力、缩率及色泽与面料相适应的缝纫线（装饰线除外）。

任务四　性能检测

知识点一　纺织品耐升华色牢度检测

纺织品耐升华色牢度

课程讲解

一、技术依据与试样准备

1. **主要技术依据**

GB/T 5718—1997《纺织品　色牢度试验　耐干热（热压除外）色牢度》。

2. **试样准备**

取尺寸为 40mm×100mm 的试样，其正面与一块尺寸 40mm×100mm 的多纤维贴衬织物相接触，沿四边缝合，形成组合试样；或者夹于两块尺寸为 40mm×100mm 的单纤维贴衬织物之间，其中第一块由试样同类纤维制成（对混纺织品，则由其中的主要纤维制成），第二块由聚酯纤维制成。根据检测温度不同，可制作若干个组合试样。

二、仪器设备与用具

熨烫升华色牢度测试仪变色灰色样卡及沾色灰色样卡。

三、试验步骤

（1）每次取三份组合试样，平摊在两块金属加热板中。分别设置检测温度为（150±2）℃、（180±2）℃及（210±2）℃，试样所受压力（4±1）kPa 下，加热处理 30s。

（2）取出试样，在标准大气条件［温度为（20±2）℃，相对湿度为（65±4）%］中放置 4h。拆去缝线，评定原样变色牢度等级和白布沾色牢度等级。

四、原始记录汇总

根据测试方法的要求，完成原始记录汇总，见表 3-22。

表 3-22　耐升华色牢度原始记录单

耐升华色牢度　　江苏盛虹纺织品检测中心有限公司 Jiangsu Shenghong Textiles Testing Center Co.,LTD.

江苏盛虹纺织品检测中心有限公司　　SHWS-003-2019

检测标准：________　样品编号：________　抽样日期：________

结果：

备注：

检测：________　审核：________　日期：________

共　页，第　页

知识点二　纺织品防紫外性能检测

纺织品防紫外性能
课程讲解

一、基本知识

紫外线是波长在 100~400mm 的电磁波，按波长的不同分为长波紫外线、中波紫外线及短波紫外线。长波紫外线（UVA，波长为 320~400nm）占紫外线总量的 95%~98%，能量较小，能够穿透玻璃、某些衣物及人的表皮，适量的照射可以促进维生素 D 的合成，但照射过度，会损伤皮肤及皮下组织，使皮肤变黑，并诱发皮肤疾病，引起免疫抑制等；中波紫外线（UVB，波长为 280~320nm）占紫外线总量的 2%~5%，能量大，可穿过人的表皮，引起晒伤、皮肤肿瘤及皮炎等；短波紫外线（UVC，波长为 200~280nm）能量最大，作用最强，可引起晒伤、基因突变及肿瘤，但在未到达地面之前，几乎已被臭氧层完全吸收，对人类不会造成任何伤害。因此，需要防护的主要是中波和长波紫外线。用来描述抗紫外性能的相关概念如下。

（1）日光紫外线辐射（UVR）。波长为 280~400nm 的电磁辐射。

（2）日光紫外线（UVA）。波长为 315~400nm 的日光紫外线辐射。

（3）日光紫外线（UVB）。波长为 280~315nm 的日光紫外线辐射。

（4）紫外线防护系数（UPF）。皮肤无防护时计算出的紫外线辐射平均效应与皮肤有织物防护时计算出的紫外线辐射平均效应的比值。

（5）日光辐照度 E（A）。在地球表面所接受到的太阳发出的单位面积和单位波长的能量，单位为 $W/(m^2 \cdot nm)$。

（6）红斑。由各种各样的物理或化学作用引起的皮肤变红。

（7）红斑作用光谱。与波长为 λ 相关的红斑辐射效应。

（8）光谱透射比 T（λ）。波长为 λ 时，透射辐通量与入射辐通量之比。

二、技术依据与基本原理

1. 主要技术依据

GB/T 18830—2009《纺织品　防紫外线性能的评定》。

2. 基本原理

用单色或多色的 UV 射线辐射试样，收集总的光谱透射射线，测定出总的光谱透射比，并计算出试样的 UPF 值。仪器可采用平行光束照射试样，可用一个积分球收集所有透射光线；也可采用光线半球照射试样，收集平行的透射光线。

三、仪器设备与用具

仪器设备与用具 YG（B）912E（或 HD902C 型）型织物防紫外线性能测试仪等，该仪器的配置如下。

（1）UV 光源。提供波长为 290~400nm 的 UV 射线。

（2）积分球。积分球的总孔面积不超过积分球内表面积的 10%。

（3）单色仪。适合于波长为 290~400nm 的光谱带宽的测定。

（4）UV 透射滤片。仅透过波长小于 400nm 的光线，且无荧光产生。

（5）试样夹。使试样在无张力或在预定拉伸状态下保持平整。在操作时，应避免该装置遮挡积分球的入口。

（6）计算机。采集和处理数据。

四、试样准备

（1）按取样要求准备试验样品。对于匀质材料，至少要取 4 块有代表性的试样，距布边 5cm 以内的织物应舍去；对于具有不同色泽或结构的非匀质材料，每种颜色和每种结构至少要试验 2 块试样。

（2）试验的调湿。调湿和试验应按 GB 6529—2008 进行，如果试验装置未放在标准大气条件下，经过调湿的试样从密闭容器中取出至试验完成应不超过 10min。

五、试验步骤

（1）启动 UV 光源。

（2）进行测试（测试时，一般计算机软件有提示，可按照提示逐步操作）。在放置试样时，应将穿着时远离皮肤的织物面朝着 UV 光源。

（3）测试结果可保存或输出，结果包含长波紫外线（UVA）透射比、中波紫外线（UVB）透射比及紫外线防护系数（UPF）。

六、结果处理

（1）中、长波紫外线透射比与紫外线防护系数的计算。

①计算每个试样长波紫外线（UVA）透射比的算术平均值 $T(\mathrm{UVA})_i$，并计算其平均值 $T(\mathrm{UVA})_{\mathrm{Av}}$，保留两位小数。

$$T(\mathrm{UVA})_i = \frac{1}{m}\sum_{\lambda=315}^{400} T_i(\lambda)$$

②计算每个试样中波紫外线（UVB）透射比的算术平均值 $T(\mathrm{UVB})_i$，并计算其平均值 $T(\mathrm{UVB})_{\mathrm{Av}}$，保留两位小数。

$$T(\mathrm{UVB})_i = \frac{1}{k}\sum_{\lambda=290}^{315} T_i(\lambda)$$

式中：$T_i(\lambda)$ ——试样 i 在波长 λ 时的光谱透射比；

m、k——315~400nm 和 290~315nm 各自的测定次数。

上面两式仅适用于测定波长间隔 $\Delta\lambda$ 为定值（如 5nm）的情况。

③计算每个试样 i 的紫外线防护系数（UPF）。并计算其平均值 UPF_{Av}，修约到整数。

$$UPF_i = \frac{\sum_{\lambda=290}^{400} E(\lambda)\varepsilon(\lambda)\Delta(\lambda)}{\sum_{\lambda=290}^{400} T(\lambda)E(\lambda)\varepsilon(\lambda)\Delta(\lambda)}$$

式中：E（λ）——日光光谱辐照度，$W/(m^2 \cdot nm)$；

ε（λ）——相对的红斑效应；

T（λ）——试样 i 在波长为 λ 时的光谱透射比；

Δ（λ）——波长间隔，nm。

（2）匀质试样。对于匀质材料，以所测试样中最低的紫外线防护系数（UPF）值作为样品的紫外线防护系数（UPF）值。当样品的紫外线防护系数（UPF）值大于 50 时，可表示为“UPF>50”。

（3）非匀质试样。对于具有不同颜色或结构的非匀质材料，应对各种颜色或结构进行测试，以其中最低的紫外线防护系数（UPF）值作为样品的紫外线防护系数（UPF）值。

七、评定

按本标准测定，当样品的 UPF>40，且 T（UVA）$_{Av}$<5%时，可称为“防紫外线”。

八、纺织品抗紫外线性能检测不同标准的比较

纺织品抗紫外线性能检测不同标准的比较见表 3-23。

表 3-23　纺织品抗紫外线性能检测不同标准的比较

标准	GB/T 18830—2009	EN 13758. 1—2006	AATCC 183—2020
范围	适用于各种织物	适用于各种织物，但不适用于距皮肤一定距离的产品。另外，对某些有小花点或结构变化的织物不适用	防紫外线织物
样品规格	试样尺寸满足仪器要求	试样尺寸满足仪器要求	50mm×50mm 或直径为 50mm 的圆
测试条件	标准大气条件	温带：温度为（20±2）℃，相对湿度为（65±2）%；热带：温度为（27±2）℃，相对湿度为（65±2）%，不需要预调湿	温度为（21±1）℃，相对湿度为（65±2）%，需要预调湿

续表

样品选择	匀质	至少取 4 块具有代表性的试样	至少取 4 块具有代表性的试样	至少取 2 块具有代表性的试样，一块为干态，另一块为湿态，其含水率为(150+5)%
	非匀质	不同颜色或结构的试样，每种颜色和每种结构至少取 2 块，以最低的紫外线防护系数（UPF）值作为样品的紫外线防护系数（UPF）值	不同颜色或结构的试样，每种颜色和每种结构至少取 2 块，以最低的紫外线防护系数（UPF）值作为外线防护系数（UPF）值作为样品的紫样品的紫外线防护系数（UPF）值	不同颜色或结构的试样，每种颜色和每种结构至少取 2 块，以最低的紫外线防护系数（UPF）值作为样品的紫外线防护系数（UPF）值
测试波长间隔/nm		$0<\lambda\leqslant 5$	$0<\lambda\leqslant 5$	$\lambda=2$ 或 5
日光紫外线辐射（UVR）波段范围		290～400	290～400	290～400
测试要求		将试样放在仪器中，使试样在无张力或在预定拉伸状态下保持平整		
测试方法		将试样穿着时远离皮肤的一面朝着 UV 光源	将试样穿着时远离皮肤的一面朝着 UV 光源	将试样穿着时远离皮肤的一面朝着 UV 光源。这样每次测量与上次相着交 45°
结果		紫外线防护系数（UPF）值，T_{UVA} 和 T_{UVB}	紫外线防护系数（UPF）值，T_{UVA} 和 T_{UVB}	紫外线防护系数（UPF）值，紫外线阻隔率，以及 T_{UVA} 和 T_{UVB}

九、原始记录汇总

根据测试方法的要求，完成原始记录汇总，见表 3-24。

表 3-24　防紫外测试原始记录单

防紫外测试

江苏盛虹纺织品检测中心有限公司
Jiangsu Shenghong Textiles Testing Center Co.,LTD.

江苏盛虹纺织品检测中心有限公司　　SHWS-003-2019

检测标准：________　样品编号：________　抽样日期：________

结果：

备注：

检测：________　审核：________　日期：________

共　页，第　页

知识点三　纺织品耐汗渍色牢度检测

具体检测方法见 GB/T 3922—2013《纺织品　色牢度试验　耐汗渍色牢度》。

知识点四　纺织品透气性能检测

具体检测方法见 GB/T 5453—1997《纺织品　织物透气性的测定》。

知识点五　纺织品顶破性能检测

具体检测方法见 GB/T 19976—2005《纺织品　顶破强力的测定　钢球法》、GB/T 7742.1—2005《纺织品　织物胀破性能　第 1 部分：胀破强力和胀破扩张度的测定　液压法》及 GB/T 7742.2—2005《纺织品　织物胀破性能　第 2 部分：胀破强力和胀破扩张度的测定　气压法》。

任务五　运动服类产品检测报告（表 3-25）

表 3-25　检测报告　　　　报告编号（No.）：

<table>
<tr><td colspan="2">产品名称
Product Name</td><td>运动服</td><td>检验类别
Test Type</td><td>委托检验</td></tr>
<tr><td colspan="2">样品数量
Sum of Sample</td><td>1 套</td><td>样品状态
Sample State</td><td>符合检验要求</td></tr>
<tr><td rowspan="2">委托单位
Consigner</td><td>名称
Name</td><td>苏州市晨煊纺织
科技有限公司</td><td>电话
Telephone</td><td>13829023289</td></tr>
<tr><td>地址
Address</td><td>江苏吴江区盛泽镇
西二环路 1188 号</td><td>邮编
Postcode</td><td>215228</td></tr>
<tr><td colspan="2">送样日期
Sampling Date</td><td>2021 年 5 月 20 日</td><td>检验日期
Test Date</td><td>2021 年 5 月 22 日</td></tr>
<tr><td colspan="2">检验项目
Test Items</td><td colspan="3">纤维含量、pH 值、甲醛含量、可分解致癌芳香胺燃料、异味、耐水色牢度、耐酸汗渍色牢度、耐碱汗渍色牢度、耐摩擦色牢度、耐皂洗色牢度、耐光色牢度、水洗尺寸变化率、起毛起球、顶破强力、洗后扭曲率和洗后外观质量</td></tr>
<tr><td colspan="2">检验依据
Test Basis</td><td colspan="3">GB 18401—2010《国家纺织产品基本安全技术规范》B 类
GB/T 22853—2019《针织运动服》</td></tr>
<tr><td colspan="5">检验结果 Test Results</td></tr>
<tr><td colspan="5">通用技术要求 General Technical Requirements</td></tr>
</table>

续表

序号 Ser. #	项目 Item		测试方法 Test Method	检测结果 Test Results	技术要求 Tech. Req.	结论 Conclusion
1	pH 值		GB/T 7573—2009	6. 3	4. 0~8. 5	合格
2	甲醛含量/(mg/kg)		GB/T 2912. 1—2009	35	≤75	合格
3	可分解致癌芳香胺染料/(mg/kg)		GB/T 17592—2011	未检出*	≤20	合格
4	异味		GB 18401—2010	无	无	合格
5	耐水色牢度/级	变色	GB/T 5713—2013	4	≥3	合格
		沾色		4	≥3	
6	耐酸汗渍色牢度/级	变色	GB/T 3922—2013	3-4	≥3	合格
		沾色		3-4	≥3	
7	耐碱汗渍色牢度/级	变色	GB/T 3922—2013	3-4	≥3	合格
		沾色		3-4	≥3	
8	耐干摩擦色牢度/级	沾色	GB/T 3920—2008	3	≥3	合格
其他技术要求 Other Technical Requirements						
9	耐水洗尺寸变化率/%	领大	GB/T 8629—2017，4N，晾干	-0. 5	≥-2. 0	合格
		胸围		-0. 5	≥-2. 5	
		衣长		-1. 0	≥-3. 0	
10	耐皂洗色牢度/级	变色	GB/T 3921—2008，A1	3-4	≥3-4	合格
		沾色		3-4	≥3	
11	耐湿摩擦色牢度/级	沾色	GB/T 3920—2008	3-4	≥2-3	合格
12	耐光色牢度/级	变色	GB/T 8427—2019	2-3	≥3	不合格
13	耐光汗复合色牢度（碱)/级	变色	GB/T 14576—2009	2-3	≥3	不合格
14	耐拼接互染色牢度/级	沾色	GB/T 31127—2014	3-4	≥4	不合格
15	顶破强力/N		GB/T 19976—2005	310	≥250	合格
16	起毛起球/级		GB/T 4802. 1—2008	3-4	≥3	合格
17	水洗尺寸变化率/%	经	GB/T 8629—2017，4N，晾干	-2. 5	-6. 5~+3. 0	合格
		纬		-1. 5		
18	水洗扭曲率/%		GB/T 8629—2017，4N，晾干	2. 0	≤7. 0	合格
19	洗后外观		GB/T 8629—2017，4N，晾干	符合	GB/T 22853—2019，5. 3	合格
20	纤维含量/%		FZ/T 01057. 3—2007	100%聚酯纤维	100%聚酯纤维	合格
注　按 GB/T 4841. 3—2006 规定，颜色深于 1/12 染料染色深度色卡为深色，颜色不深于 1/12 染料染色深度色卡为浅色。						

续表

贴样		
备注	仅对来样负责 (Only responsible to the submitted samples)	
主检 Tested by		签发日期（Date）： 年　月　日
制表 Compiled by		
校核 Checked by		
审批 Approved by		

◯ 项目四 T恤综合检测任务实施

【项目导入】

江苏盛虹纺织品检测中心有限公司与客户苏州市晨煊纺织科技有限公司签订合同，针对客户提供的 T 恤产品的相关性能进行检测，对其产品质量给出评价。检测公司在接到该订单后，为了更加准确有效地完成合同，将不同性能检测任务分发给各部门，最终汇总形成一份完整的客户 T 恤产品检测报告。

【课程思政目标】

（1）通过对盛虹集团有限公司及江苏盛虹纺织品检测中心有限公司发展的介绍，使学生认识到科技创新对中国企业长远发展的深厚影响，培养学生科学探索的精神。

（2）通过企业的真实纺织品检测案例，培养学生的工匠精神、劳模精神。

【学习目标】

（1）根据客户要求进行任务分解。

（2）运用纺织品检测知识，熟练掌握 T 恤产品的相关检测。

（3）对测试结果能够进行正确表达和评价。

（4）具备分析影响测试结果准确性的能力。

【能力目标】

（1）具备 T 恤产品综合检测能力。

（2）检测标准的选择和应用。

【素养目标】

（1）培养学生具有良好的职业道德和职业素养。

（2）培养学生团队合作精神和创新精神。

【知识点】

T 恤产品的技术要求、检测任务实施、报告编写等。

【技能点】

（1）测试标准的选择与解读。

（2）检测方法的学习和使用。

（3）样品的制备、测试、数据分析。

（4）测试报告的填写。

任务一　企业测试任务单填写

江苏盛虹纺织品检测中心有限公司

TEXTILE TESTING APPLICATION（纺织品测试申请表）

SHWS-4. 1-2-01　Form No. （编号）SH-WS 4042719

Invoice Information（开票信息）：________

Applicant Name（申请公司名称）：________

Address（地址）：________

Contact Person（联系人）：________　Telephone（电话）：________　Fax（传真）：________

Buyer（买家）：________　Order No. （订单号）：________　Style（款号）：________

Sample Description（样品描述）：________

Brand Standard（品牌标准）：☐ Marks & Spencer　☐李宁　☐安踏　☐美邦　☐森马　☐以纯　☐利郎　☐其他____

Requirement Grade（要求等级）：☐优等品　☐一等品　☐合格品

Standards/Methods Used（采用标准/方法）：☐ ISO　☐ AATCC/ASTM　☐ JIS　☐ JB　☐ FZ/T　☐ Other ____

Sample No. （样品编号）：________　Sample Quantity（样品数量）：________

Test Required（测试项目）：________

Dimensional Stability/尺寸稳定性	Method/方法	Physical/物理性能	Method/方法
☐ Washing/水洗	____	☐ Tensile Strength/断裂程度	____
☐ Dry Heat/干热	____	☐ Tear Strength/撕裂程度	____
☐ Steam/汽蒸	____	☐ Seam Slippage/接缝滑落	____
Colour Fastness/色牢度		☐ Seam Strength/接缝强度	____
☐ Washing/水洗	____	☐ Bursting Strength/顶破/胀破程度	____
☐ Dry-cleaning/干洗	____	☐ Pilling Resistance/起毛起球	____
☐ Rubbing/摩擦	____	☐ Abrasion Resistance/耐磨性	____
☐ Light/光照	____	☐ Yarn Count/纱线密度	____
☐ Perspiration/汗渍	____	☐ Fabric weight/织物克重	____
☐ Water/水渍	____	☐ Threads Per Unit Length/织物密度	____
☐ Chlorinated Water/氯化水	____	☐ Flammability/燃烧性能	____
☑ Chlorine Bleach/氯漂	____	☐ Washing Appearance/洗后外观	____
☐ Non-Chlorine Bleach/非氯漂	____	☐ Down Proof/防沾绒	____
Functional/功能性		Chemical/化学性能	
☐ Spray Rating/泼水	____	☐ Fibre Content/成分分析	____
☐ Rain Test/雨淋	____	☐ pH Value/pH 值	____
☐ Hydrostatic Pressure Test/静水压	____	☐ Formaldehyde Content/甲醛	____
☐ Air Permeability/透气性	____	☐ Azo Test/偶氮染料	____
☐ Water Vapour Permeability/透湿性	____	☐ Heavy Metal/重金属	____
☐ Ultraviolet/抗紫外线	____	☐国家纺织产品基本安全技术规范	GB 18401—2010
☐ Chromaticity/荧光度	____	Other Testing（其他）勾丝性能	

Working Days（工作日）________天　报告传递方式：☐自取　☐邮寄　☐短信　☐邮件

Return Remained Sample（剩余样品是否归还）：☐ Yes（是）　☐ No（否）　Expense（费用）：________

Report（报告）：☐ Chinese Report（中文报告）　☐ English Report（英文报告）

Authorized Signature（申请人签名）：________　Date（日期）：________

Received Signature（接收人签名）：________　Date（日期）：________

吴江盛泽镇西二环路 1188 号　邮政编码：215228　No. 1188Xierhuan Road，Shengze，Wujiang　Post Code：215228

Tel：+86-0512-63525197　Fax：+86-0512-63525390　E-mail：jczx@ shgroup. cn

任务二　测试任务分解

实验室在接收到客户的检测委托单后，会经过“合同评审”“任务分解（图 4-1）”“样品准备”“测试仪器准备”“测试环节”“原始记录汇总、审核”“报告编制、发送客户”等七个步骤。纺织品检测流程如图 1-2 所示。

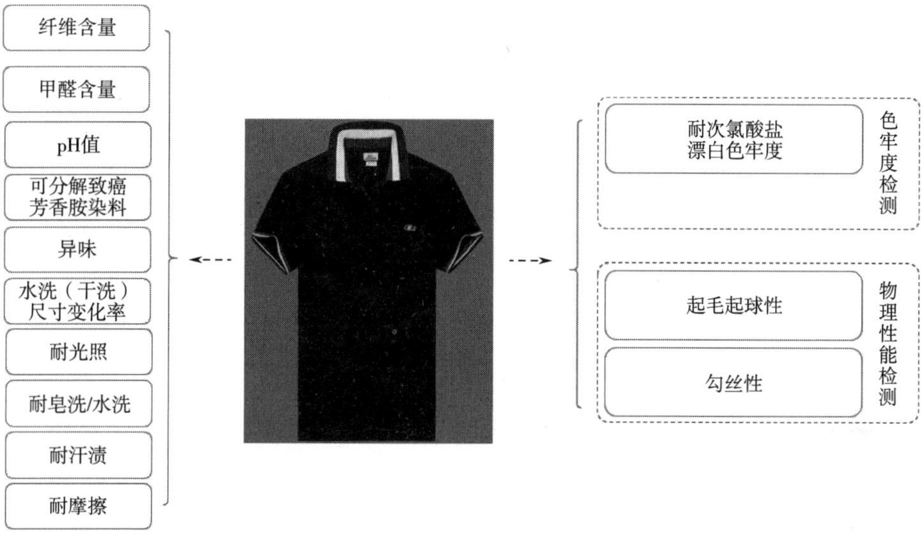

图 4-1　T 恤产品测试任务分解

任务三　T 恤产品技术要求

依据国家针对 T 恤的检测标准进行技术要求分析，标准为 GB/T 22849—2014《针织 T 恤衫/Knitted T-shirt》。

一、要求内容

要求分为内在质量和外观质量两个方面，内在质量包括纤维含量，甲醛含量，pH，异味，可分解致癌芳香胺染料，水洗尺寸变化率，水洗后扭曲率，顶破强力，起球，耐光．汗复合色牢度，耐光色牢度，耐皂洗色牢度，耐水色牢度，耐汗渍色牢度，耐摩擦色牢度，印（烫）花耐皂洗色牢度，印（烫）花耐摩擦色牢度，拼接互染程度，洗后外观质量等项指标。外观质量包括表面疵点、规格尺寸偏差，对称部位尺寸差异、缝制规定等项指标。

二、分等规定

（1）针织 T 恤衫分为优等品、一等品、合格品。

（2）针织T恤衫的质量定等：内在质量按批评等，外观质量按件评等，两者结合并按最低等级定等。

（3）内在质量各项指标，以试验结果最低一项作为该批产品的评等依据。

（4）在同一件产品上发现属于不同品等的外观质量问题时，按最低等评等。在同一件产品上只允许有两个同等级的极限表面疵点存在，超过者应降低一个等级。

三、内在质量要求

（1）内在质量要求见表4-1。

表4-1　内在质量要求

项目		优等品	一等品	合格品
纤维含量/%		按GB/T 29862—2013规定执行		
甲醛含量/(mg/kg)		按GB 18401—2010规定执行		
pH值				
异味				
可分解致癌芳香胺染料/(mg/kg)				
水洗尺寸变化率/%	直向、横向	-3.0~+1.5	-5.0~+2.0	-6.0~+3.0
水洗后扭曲率/%　≤		4.0	5.0	6.0
顶破强力/N　≥		250		
起球/级　≥		3-4	3	3
耐光、汗复合色牢度（碱性）/级　≥		4	3-4	3
耐光色牢度/级　≥	深色	4	4	3-4
	浅色	4	3	
耐皂洗色牢度/级　≥	变色	4-5	4	3-4
	沾色	4	3-4	3
耐水色牢度/级　≥	变色	4	3-4	3
	沾色	4	3-4	3
耐汗渍色牢度/级　≥	变色	4-5	3-4	3
	沾色	3-4	3-4	3
耐摩擦色牢度/级　≥	干摩	4	3-4	3
	湿摩	3	3（深2-3）	2-3（深2）
印（烫）花耐皂洗色牢度/级　≥	变色	4	3-4	3
	沾色	3-4	3	3
印（烫）花耐摩擦色牢度/级　≥	干摩	3-4	3	3
	湿摩	3	3（深2-3）	2-3（深2）

续表

项目	优等品	一等品	合格品
拼接互染程度（沾色）/级 ≥	4-5	4	
洗后外观质量	印花部位不允许起泡、脱落、开裂，绣花部位缝纫线无严重不平整，贴花部位无脱开，附件无脱落、锈蚀		

注 色别分档按 GSB 16—2159—2007 执行，>1/12 标准深度为深色，≤1/12 标准为浅色。

（2）拼接互染程度只考核深色、浅色相拼接的产品。

（3）含毛 30%及以上的产品不考核耐光、汗复合色牢度。

（4）起球只考核正面，正面磨毛，起绒、植绒类产品不考核。

（5）镂空、抽条、烂花和弹力织物不考核顶破强力。

（6）弹力织物横向不考核水洗尺寸变化率，紧口类产品不考核水洗后扭曲率。

（7）弹力织物指含有弹性纤维的织物或罗纹织物。

四、外观质量要求

1. 表面疵点评等规定

表面疵点评等规定见表 4-2。

表 4-2 表面疵点评等规定

疵点名称	优等品	一等品	合格品
色差 ≥	4-5 级	主料之间 4-5 级 主辅料之间 4 级	主料之间 4 级 主辅料之间 3 级
纹路歪斜（条格） ≤	3%	4%	6%
缝纫曲折高低 ≤	0. 2cm		0. 5cm
止口反吐	不允许	0. 3cm 及以内	0. 5cm 及以内
熨烫变黄、变色、水渍亮光	不允许		不允许
底边脱针	每面 1 针 2 处，但不得连续，骑缝处缝牢，脱针不超过 1cm		每面 1 针 3 处，但不得连续，骑缝处缝牢，脱针不超过 1. 5cm

注 表面疵点程度按 GSB 16—2500—2008 规定执行。
未列入表内的疵点按 GB/T 8878—2014 表面疵点评等规定执行。

2. 规格尺寸偏差

规格尺寸偏差见表 4-3。

表 4-3 规格尺寸偏差 单位：cm

项目	优等品	一等品	合格品
衣长	±1.0	-1. 5~+2. 0	-2. 0
1/2 胸围	±1.0	±1. 5	-2. 0

续表

项目		优等品	一等品	合格品
袖长	长袖	±1.5	−1.5~+2.0	−2.5
	短袖	−1.0	−1.0	−2.0
领大		±0.5	±1.0	±1.5

3. 对称部位尺寸偏差

对称部位尺寸偏差见表4-4。

表4-4　对称部位尺寸偏差　　单位：cm

尺寸范围	优等品　≤	一等品　≤	合格品　≤
≤5cm	0.2	0.3	0.4
>5cm 且≤15cm	0.5	0.5	0.8
>15cm 且≤76cm	0.8	1.0	1.2
>76cm	1.0	1.5	1.5

4. 缝制规定

加固部位：合肩处、缝迹边缘。

缝制应牢固，线迹要平直、圆顺、松紧适宜。

拼接要平复，领型端正、平服，门襟平直，袖底边宽窄一致，熨烫平整，缝道烫出，线头修清，无杂物。

锁眼部位不允许毛脱。链式缝纫不允许跳针断线。

任务四　性能检测

知识点一　纺织品耐次氯酸盐漂白色牢度检测

纺织品耐次氯酸盐漂白色牢度课程讲解

一、技术依据与试样准备

1. 主要技术依据

GB/T 7069—1997《纺织品　色牢度试验　耐次氯酸盐漂白色牢度》。

2. 试样准备

（1）织物类。取尺寸为40mm×100mm的试样一块。

（2）纱线类。将纱线编成织物，取尺寸为40mm×100mm试样一块；或者将纱线紧密地单层绕于一尺寸为40mm×100mm的薄片材料上。

（3）散纤维类。取足够量散纤维，充分梳压后，制成尺寸为40mm×100mm的薄层，缝于一块不会影响次氯酸盐对试样作用的织物上，以作为支撑。

二、仪器设备与试剂

（1）可关闭的玻璃或瓷容器，用于放置试样及漂白溶液。评定变色用灰色样卡；

（2）皂液，每升含肥皂5g，用于浸湿拒水织物；

（3）30%H_2O_2 溶液2.5mL/L或5g/L的 $NaHSO_3$ 溶液；

（4）NaClO工作液，其由下列组分的NaClO溶液配制：140～160g/L有效Cl；120～170g/L NaCl；20g/L NaOH（最大）；20g/L Na_2CO_3（最大）；0.01g/L Fe（最大）。然后，用三级水将NaClO浓溶液20.0mL稀释至1L。最后，用10g/L的无水 Na_2CO_3 溶液调节至pH值为11.0±0.2，温度为（20±2）℃，其中每升约含2g有效Cl。

三、试验步骤

（1）试样处理。如果试样受过拒水整理，则需将其在温度为25～30℃的肥皂液中充分浸湿，以除去试样上多余皂液，使保持约为自身干质量的溶液。如果试样未受过拒水整理，则需将级水中浸湿，除去试样上多余水分。

（2）将上述试样立即展开，放入（20±2）℃的NaClO溶液中，浴比为1∶50。

（3）关闭容器使试样在（20±2）℃溶液中静置60min，并且避免阳光直晒。

（4）取出试样，先在流动冷水中冲洗，然后放入用2.5mL/L 30%的 H_2O_2 溶液或5g/L Na_2SO_3 溶液中，在室温下搅动10min，再经流动冷水充分冲洗，除去多余的水分，悬挂在温度不超过60℃的空气中干燥最后，用变色灰色样卡评定试样的变色级别。

四、原始记录汇总

根据测试方法的要求，完成原始记录汇总，见表4-5。

表4-5　耐次氯酸盐漂白色牢度原始记录单

耐次氯酸盐漂白色牢度　　江苏盛虹纺织品检测中心有限公司 Jiangsu Shenghong Textiles Testing Center Co.,LTD.

江苏盛虹纺织品检测中心有限公司　　SHWS-003-2019

检测标准：＿＿＿＿＿＿　样品编号：＿＿＿＿＿＿　抽样日期：＿＿＿＿＿＿

结果：

备注：

检测：＿＿＿＿＿＿　审核：＿＿＿＿＿＿　日期：＿＿＿＿＿＿

共　页，第　页

知识点二　纺织品起毛起球性检测

具体检测方法见 GB/T 4802. 1—2008《纺织品　织物起毛起球性能的测定　第 1 部分：圆轨迹法》、GB/T 4802. 2—2008《纺织品　织物起毛起球性能的测定　第 2 部分：改型马丁代尔法》、GB/T 4802. 3—2008《纺织品　织物起毛起球性能的测定　第 3 部分：起球箱法》及 GB/T 4802. 4—2008《纺织品　织物起毛起球性能的测定　第 4 部分：随机翻滚法》。

知识点三　纺织品勾丝性能检测

具体检测方法见 GB/T 11047—2008《纺织品　织物勾丝性能评定　钉锤法》。

任务五　T 恤产品检测报告（表 4-6）

表 4-6　检测报告　　　　报告编号（No.）：

产品名称 Product Name		T 恤	检验类别 Test Type	委托检验
样品数量 Sum of Sample		1 套	样品状态 Sample State	符合检验要求
委托单位 Consigner	名称 Name	苏州市晨煊纺织 科技有限公司	电话 Telephone	13829023289
	地址 Address	江苏吴江区盛泽镇 西二环路 1188 号	邮编 Postcode	215228
送样日期 Sampling Date		2021 年 5 月 20 日	检验日期 Test Date	2021 年 5 月 22 日
检验项目 Test Items		纤维含量、pH 值、甲醛含量、可分解致癌芳香胺燃料、异味、耐水色牢度、耐酸汗渍色牢度、耐碱汗渍色牢度、耐摩擦色牢度、耐皂洗色牢度、耐光色牢度、水洗尺寸变化率、起毛起球、顶破强力、洗后扭曲率和洗后外观质量。		
检验依据 Test Basis		GB 18401—2010《国家纺织产品基本安全技术规范》B 类 GB/T 22849—2014《针织 T 恤衫》		

检验结果 Test Results

通用技术要求 General Technical Requirements

序号 Ser. #	项目 Item	测试方法 Test Method	检测结果 Test Results	技术要求 Tech. Req.	结论 Conclusion
1	pH 值	GB/T 7573—2009	6. 3	4. 0~8. 5	合格
2	甲醛含量/(mg/kg)	GB/T 2912. 1—2009	35	≤75	合格

续表

序号 Ser. #	项目 Item		测试方法 Test Method	检测结果 Test Results	技术要求 Tech. Req.	结论 Conclusion
3	可分解致癌芳香胺染料/(mg/kg)		GB/T 17592—2011	未检出*	≤20	合格
4	异味		GB 18401—2010	无	无	合格
5	耐水色牢度/级	变色	GB/T 5713—2013	4	≥3	合格
		沾色		4	≥3	
6	耐酸汗渍色牢度/级	变色	GB/T 3922—2013	3-4	≥3	合格
		沾色		3-4	≥3	
7	耐碱汗渍色牢度/级	变色	GB/T 3922—2013	3-4	≥3	合格
		沾色		3-4	≥3	
8	耐干摩擦色牢度/级	沾色	GB/T 3920—2008	3	≥3	合格
其他技术要求 Other Technical Requirements						
9	耐水洗尺寸变化率/%	领大	GB/T 8629—2017，4N，晾干	-0.5	≥-2.0	合格
		胸围		-0.5	≥-2.5	
		衣长		-1.0	≥-3.0	
10	耐皂洗色牢度/级	变色	GB/T 3921—2008，A1	3-4	≥3-4	合格
		沾色		3-4	≥3	
11	耐湿摩擦色牢度/级	沾色	GB/T 3920—2008	3-4	≥2-3	合格
12	耐光色牢度/级	变色	GB/T 8427—2019	2-3	≥3	不合格
13	耐光汗复合色牢度（碱)/级	变色	GB/T 14576—2009	2-3	≥3	不合格
14	耐拼接互染色牢度/级	沾色	GB/T 31127—2014	3-4	≥4	不合格
15	顶破强力/N		GB/T 19976—2005	310	≥250	合格
16	起毛起球/级		GB/T 4802.1—2008	3-4	≥3	合格
17	水洗尺寸变化率/%	经	GB/T 8629—2017，4N，晾干	-2.5	-6.5~+3.0	合格
		纬		-1.5		
18	水洗扭曲率/%		GB/T 8629—2017，4N，晾干	2.0	≤6.0	合格
19	洗后外观		GB/T 8629—2017，4N，晾干	符合	GB/T 22849—2014，4.3.1	合格
20	纤维含量/%		FZ/T 01057.3—2007	100%聚酯纤维	100%聚酯纤维	合格
注　*可分解致癌芳香胺染料实验室检出限 20mg/kg。						

续表

<table>
<tr><td>贴样</td><td colspan="2"></td></tr>
<tr><td>备注</td><td colspan="2">仅对来样负责
(Only responsible to the submitted samples)</td></tr>
<tr><td>主检
Tested by</td><td></td><td rowspan="4">签发日期（Date)：

年　月　日</td></tr>
<tr><td>制表
Compiled by</td><td></td></tr>
<tr><td>校核
Checked by</td><td></td></tr>
<tr><td>审批
Approved by</td><td></td></tr>
</table>

知识链接一　检测结果的准确度

检测结果的准确度是得到的测定结果与真实值之间的接近程度，准确度用误差表示。检测工作的重要性要求检测结果具有一定的准确度，但在客观上又存在着误差。因此，认真分析误差产生的原因，将误差的各种因素加以控制，使误差减小到最小，就能有效地提高检测结果的准确度。

一、误差产生的原因

检测误差产生的原因是多方面的，主要表现在以下五个方面。

1. **计量器具、设备的误差**

由于仪器设备本身不够精确而导致的误差。若仪器的稳定性、精确度、灵敏度不符合要求，在检测过程中就会产生检测误差。

2. **环境条件的误差**

检测环境条件直接影响检测结果。检测精度要求越高，环境条件改变对检测结果的影响就越明显。

3. **检测方法的误差**

由检测方法本身不够完善所造成的误差。

4. **检测人员的误差**

检测人员自身的一些主观因素造成的误差。

5. **受检产品的误差**

抽样检验是从整批产品中抽取少量产品进行检测，并对整批产品作出是否合格的判断。

由于批量内单位产品的质量特性通常具有波动性，其均匀性、稳定性随时都在发生微小变化，因而抽样代表性的差异将影响到检测结果。

二、对误差因素的控制

1. 计量器具与设备的选择

在满足准确度的前提下，应选择相应级别的计量器具和设备进行检测。若采用高级别的计量器具和设备去检测要求低的产品，就会使检测成本增加；若使用低级别的计量器具和设备去检测要求高的产品，其检测结果就会达不到技术规定的准确度，也不符合标准要求。比如，二组分纤维混纺产品定量化学分析法分析天平的精度为0.0002g，若是千分之一的精度就不够要求。

2. 检测环境与检测过程的控制

纺织品质量检测应在符合要求的环境中进行。比如，检测毛织物的平方米重量时，湿度过低，温度过高，且放置时间达不到吸湿平衡所需的时间，其检测结果就会偏低，与设定值相差较大，影响检验结果的判定。由此可见，对检测环境的控制是提高检验结果准确度的必要条件之一。

3. 检测方法的选择

纺织品同一质量项目的测定在标准中常有几种检验方法。不同的检验方法对质量项目的检测结果实际上有差异。这除了与检验人员的主观条件和实验室的具体情况有关外，也有因同一检测项目不同检验方法所采用的仪器设备和试剂的种类不同，造成了检验结果的差异。在检验工作中，要求检验人员在执行标准的前提下，熟悉和掌握不同检验方法的特点和差异，根据试样的种类和性质，以及对检测结果准确度的要求，选择最合适的检验方法。

4. 对检测人员的要求

降低检测误差，提高检测结果的准确度，关键在于提高检测人员的素质。只有要求严格、训练有素的人，才能较好地完成检测任务。

5. 受检产品误差的控制

受检产品的误差控制主要涉及正确抽样和制备试样。目前，采用的抽样方法是依据产品验收检验标准中的随机抽样法，即依照随机原则要求，每抽取一个样品的过程都要保证抽样的随机性都必须根据被抽产品的实际情况而定，保证其具有真正的代表性。

知识链接二　纺织品检测实验室功能

纺织品检测实验室根据检测内容不同可以主要分为物理检测实验室、纺织品色牢度检测实验室、功能检测实验室和生态指标检测实验室，每个检测实验室承担了不同的检测内容。

一、物理检测实验室

纺织品物理性能实验室可以进行纺织品的克重、厚度、回潮率、沾水、吸水、渗水、透气、耐磨、抗起球、顶破、悬垂、硬挺度、褶皱回复、纱线捻度等性能的测试。

主要试验仪器有：烘箱、电子天平、圆盘取样器、织物厚度仪、织物透气仪、织物顶破仪、撕破强力仪、沾水性测试仪、毛细效应测试仪、抗渗水性测试仪、悬垂性仪、褶皱回复性试验仪（水平法、垂直法）、刚柔性试验仪（斜面法）、耐磨与抗起球性试验仪（马丁旦尔法）、耐磨试验仪（圆盘砂轮法）、多功能织物耐磨仪、抗起球试验仪（圆轨迹法）、标准评级光源箱、纱线捻度测定仪等。

二、纺织品色牢度检测实验室

纺织品色牢度检测实验室可以进行纺织品各项色牢度测试，如纺织品耐摩擦色牢度、纺织品耐皂洗色牢度、纺织品耐汗渍色牢度、纺织品耐光照色牢度、纺织品耐熨烫色牢度、纺织品耐唾液色牢度、纺织品耐升华色牢度、纺织品耐次氯酸盐漂白色牢度等性能的测试。

主要试验仪器有：Y571 系列耐摩擦色牢度测试仪、SW-14、SW-8 及 SW-12A 型耐皂洗色牢度测试仪、YG631 型汗渍色牢度测试仪、耐光色牢度测试仪、YG 605 熨烫升华色牢度仪、恒温箱、变色灰色样卡及沾色灰色样卡等。

三、功能检测实验室

纺织品功能检测实验室可以进行纺织品各项功能测试，如纺织品透气性能、纺织品透湿性能、纺织品吸水性能、纺织品防水性能、纺织品防紫外性能、纺织品防静电等性能的测试。

主要试验仪器有：YG461 型织物透气测试仪、YG216 型（或 YG501 型等）织物透湿测试、织物静水压测试仪、YG（B）912E（或 HD902C 型）型织物防紫外线性能测试仪、织物感应式静电测试仪及天平等。

四、生态指标检测实验室

纺织品生态指标检测实验室可以进行纺织品生态指标测试，如纺织品 pH 值、甲醛含量、禁用偶氮染料、重金属离子等项目的检测。

主要试验仪器有：pHS-3C 数字酸度计、分光光度计、气相色谱仪、高效液相色谱仪、原子吸收分光光度计等。

图 4-2 为纺织品检测实验室功能区，图 4-3 为纺织品检测实验室场景。

- 纺织品检测实验室
  - 物理检测实验室
    - 纺织品拉伸性能检测
    - 纺织品撕破性能检测
    - 纺织品顶破性能检测
    - 纺织品耐磨性能检测
    - 纺织品接缝滑移性能检测
    - 纺织品起毛起球性能检测
    - 纺织品勾丝性能检测
    - 纺织品尺寸稳定性检测
  - 纺织品色牢度检测实验室
    - 纺织品耐摩擦色牢度检测
    - 纺织品耐皂洗色牢度检测
    - 纺织品耐汗渍色牢度检测
    - 纺织品耐光照色牢度检测
    - 纺织品耐熨烫色牢度检测
    - 纺织品耐唾液色牢度检测
    - 纺织品耐升华色牢度检测
    - 纺织品耐次氯酸盐漂白色牢度检测
  - 功能检测实验室
    - 纺织品透气性能检测
    - 纺织品透湿性能检测
    - 纺织品吸水性能检测
    - 纺织品防水性能检测
    - 纺织品防紫外性能检测
    - 纺织品防静电性能检测
  - 生态指标检测实验室
    - pH值检测
    - 甲醛含量检测
    - 禁用偶氮染料检测
    - 重金属离子检测

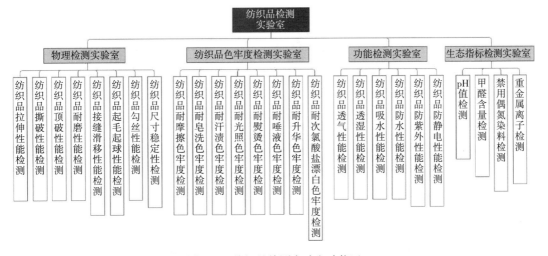

图 4-2　纺织品检测实验室功能区

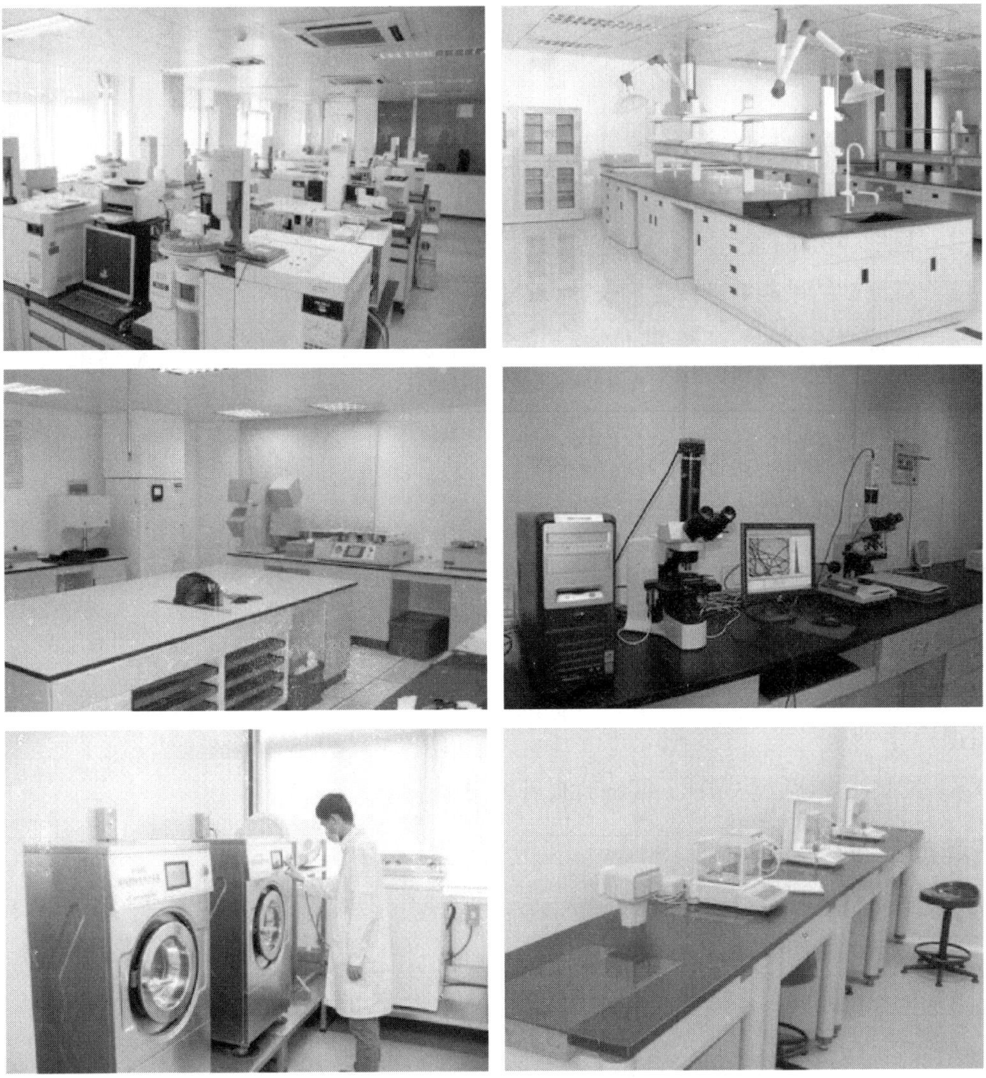

图 4-3　纺织品检测实验室场景

拓展练习　童装综合检测任务实施

【项目导入】

江苏盛虹纺织品检测中心有限公司与客户苏州市晨煊纺织科技有限公司签订合同，针对客户提供的童装产品的相关性能进行检测，对其产品质量给出评价。检测公司在接到该订单后，为了更加准确有效地完成合同，将不同性能检测任务分发给各部门，最终汇总形成一份完整的童装产品检测报告。

【课程思政目标】

（1）通过对中国纺织标杆企业的学习，拓展专业课程的教育教学功能的同时提升思想政治教育的实效。

（2）通过企业的真实纺织品检测案例，培养思想政治坚定、德技并修的高素质劳动者和技术技能人才。

【学习目标】

（1）根据客户要求进行任务分解。

（2）运用纺织品检测知识，熟练掌握童装产品的相关检测。

（3）对测试结果能够进行正确表达和评价。

（4）具备分析影响测试结果准确性的能力。

【能力目标】

（1）具备童装产品综合检测能力。

（2）检测标准的选择和应用。

【素养目标】

（1）培养学生具有良好的职业道德和职业素养。

（2）培养学生团队合作精神和创新精神。

【知识点】

童装的技术要求、检测任务实施、报告编写等。

【技能点】

（1）测试标准的选择与解读。

（2）检测方法的学习和使用。

（3）样品的制备、测试、数据分析。

（4）测试报告的填写。

任务一　企业测试任务单填写

江苏盛虹纺织品检测中心有限公司

TEXTILE TESTING APPLICATION（纺织品测试申请表）

SHWS-4.1-2-01　Form No.（编号）SH-WS 4042719

Invoice Information（开票信息）：____________________

Applicant Name（申请公司名称）：____________________

Address（地址）：____________________

Contact Person（联系人）：__________　Telephone（电话）：__________　Fax（传真）：__________

Buyer（买家）：__________　Order No.（订单号）：__________　Style（款号）：__________

Sample Description（样品描述）：____________________

Brand Standard（品牌标准）：☐ Marks & Spencer　☐李宁　☐安踏　☐美邦　☐森马　☐以纯　☐利郎　☐其他_____

Requirement Grade（要求等级）：☐优等品　☐一等品　☐合格品

Standards/Methods Used（采用标准/方法）：☐ ISO　☐ AATCC/ASTM　☐ JIS　☐ JB　☐ FZ/T　☐ Other _____

Sample No.（样品编号）：__________　Sample Quantity（样品数量）：__________

Test Required（测试项目）：__________

Dimensional Stability/尺寸稳定性	Method/方法	Physical/物理性能	Method/方法
☐ Washing/水洗	______	☐ Tensile Strength/断裂程度	______
☐ Dry Heat/干热	______	☐ Tear Strength/撕裂程度	______
☐ Steam/汽蒸	______	☐ Seam Slippage/接缝滑落	______
Colour Fastness/色牢度		☐ Seam Strength/接缝强度	______
☐ Washing/水洗	______	☐ Bursting Strength/顶破/胀破程度	______
☐ Dry-cleaning/干洗	______	☐ Pilling Resistance/起毛起球	______
☐ Rubbing/摩擦	______	☐ Abrasion Resistance/耐磨性	______
☐ Light/光照	______	☐ Yarn Count/纱线密度	______
☐ Perspiration/汗渍	______	☐ Fabric weight/织物克重	______
☐ Water/水渍	______	☐ Threads Per Unit Length/织物密度	______
☐ Chlorinated Water/氯化水	______	☐ Flammability/燃烧性能	______
☐ Chlorine Bleach/氯漂	______	☐ Washing Appearance/洗后外观	______
☐ Non-Chlorine Bleach/非氯漂	______	☐ Down Proof/防沾绒	______
Functional/功能性		Chemical/化学性能	
☐ Spray Rating/泼水	______	☐ Fibre Content/成分分析	______
☐ Rain Test/雨淋	______	☑ pH Value/pH 值	______
☐ Hydrostatic Pressure Test/静水压	______	☑ Formaldehyde Content/甲醛	______
☐ Air Permeability/透气性	______	☑ Azo Test/偶氮染料	______
☐ Water Vapour Permeability/透湿性	______	☑ Heavy Metal/重金属	______
☐ Ultraviolet/抗紫外线	______	☐国家纺织产品基本安全技术规范 GB 18401—2010	
☐ Chromaticity/荧光度	______	Other Testing（其他）耐唾液色牢度，防静电	

Working Days（工作日）________天　报告传递方式：☐自取　☐邮寄　☐短信　☐邮件

Return Remained Sample（剩余样品是否归还）：☐ Yes（是）　☐ No（否）　Expense（费用）：________

Report（报告）：☐ Chinese Report（中文报告）　☐ English Report（英文报告）

Authorized Signature（申请人签名）：__________　Date（日期）：__________

Received Signature（接收人签名）：__________　Date（日期）：__________

吴江盛泽镇西二环路1188号　邮政编码：215228　No. 1188Xierhuan Road, Shengze, Wujiang　Post Code: 215228

Tel：+86-0512-63525197　Fax：+86-0512-63525390　E-mail：jczx@shgroup.cn

任务二　测试任务分解

实验室在接收到客户的检测委托单后，会经过“样品接单”“任务分解（图 4-4）”“样品准备”“样品测试”“测试环节”“原始记录汇总、审核”“报告编制、发送客户”等七个步骤。纺织品检测流程如图 1-2 所示。

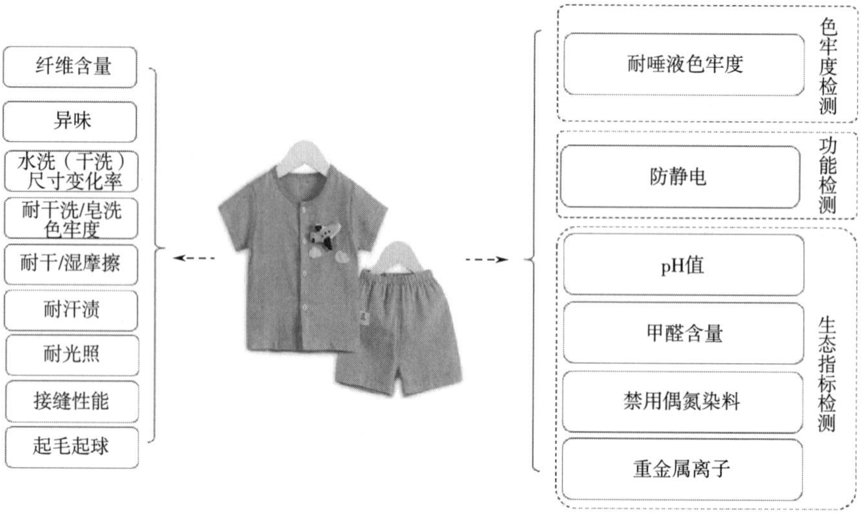

图 4-4　童装产品测试任务分解

任务三　童装类产品技术要求

依据国家针对童装的检测标准进行技术要求分析，标准号为 GB/T 39508—2020《针织婴幼儿及儿童服装/Knitted garments for infants and children》。

一、使用说明

成品使用说明按 GB 5296. 4—2012 规定。

二、号型规格

（1）号型设置按 GB/T 1335. 2—2008 规定。

（2）成品主要部位规格按 GB/T 1335. 2—2008 有关规定自行设计。

三、原材料

1. 面料

按有关纺织面料标准选用符合本标准质量要求的面料。

2. **里料**

采用与所用面料相适宜并符合本标准质量要求的里料。

3. **辅料**

（1）衬布、垫肩、花边和织带。采用与所用面料尺寸变化率、性能、色泽相适宜的衬布和垫肩、花边和织带，其质量应符合本标准规定。

（2）缝线。采用与所用面料、辅料性能、色泽相适宜的缝线，绣花线的缩率应与面料相适宜。

（3）纽扣、拉链及附件。采用适合所用面料的纽扣，拉链及其他附件，纽扣表面光洁、无缺损，附件应无残疵、无尖锐点和锐利边缘，经洗涤和/或熨烫后不变形、不变色、不沾色、不生锈。拉链啮合良好、光滑流畅。

四、经纬纱向

后身、袖子的允斜程度不大于3%，前身底边不倒翘。西裤的允斜程度不大于3%。

五、对条对格

（1）面料有明显条、格在1.0cm及以上的按表4-7规定。

表4-7　对条对格　　单位：cm

部位名称	对条、对格规定	备注
左右前身	条料顺直，格料对横，互差不大于0.3	遇格子大小不一时，以衣长二分之一上部为主
袋与前身	条料对条，格料对格，互差不大于0.3。斜料贴袋左右对称，互差不大于0.5（阴阳条格例外）	遇格子大小不一时，以袋前部为主
领尖、驳头	条料对称，互差不大于0.2	遇有阴阳格，以明显条格为主
袖子	条料顺直，格料对横，以袖山为准，两袖对称，互差不大于0.5	—
背缝	条料对条，格料对横，互差不大于0.3	遇格子大小不一时，以上背部为主
摆缝	格料对横，袖窿10.0以下互差不大于0.4	—
裤侧缝	中裆线以下对横，互差不大于0.5	以明显条格为主
裤前中线	条料顺直，允斜不大于0.5	—
前后裆缝	条格对称，格料对横，互差不大于0.4	—

注　特别设计不受此限。

（2）条格花型允斜程度不大于3%。

（3）倒顺毛（绒）、阴阳格原料，全身顺向一致（特殊设计除外）。

（4）特殊图案面料以主图为准，全身顺向一致。

六、拼接

(1) 儿童服装拼接如下。

①领里。避开肩缝，二接一拼。立领不允许拼接。

②大衣挂面。大衣挂面下三分之一处避开眼位二接一拼。

③袖子。单片袖拼角，不大于袖围的四分之一。

④腰头。只允许在裤后裆缝处。

(2) 装饰性拼接除外。

七、色差

各部位面料的色差以及套装中上装与裤（裙）子的色差不低于4级，领子、驳头，前披肩与大身的色差高于4级，里料的色差以及覆黏合衬或多层料所造成的色差不低于3-4级（特殊设计除外）。

八、外观疵点

成品各部位的疵点允许存在程度按表4-8规定，成品各部位划分见图4-5。每个独立部位只允许疵点一处，未列入本标准的疵点按其形态，参照表4-8相似疵点执行。

表4-8 成品各部位的疵点允许存在程度 单位：cm

疵点名称	程度	各部位允许存在程度		
		1号部位	2号部位	3号部位
线状疵点	轻微	不允许	2.0以下	3.0以下
	明显	不允许	不允许	2.0以下
条状疵点	轻微	不允许	允许	允许
	明显	不允许	不允许	允许
块状疵点	轻微	不允许	0.5及以下	1.0及以下
	明显	不允许	不允许	0.5以下
纬档	轻微	不允许	允许	允许两处
	明显	不允许	不允许	允许
压痕褶皱	轻微	不允许	5.0及以下	10.0及以下
	明显	不允许	不允许	5.0及以下
油、锈、色斑疵	轻微	不允许	0.2及以下	0.3及以下
	明显	不允许	不允许	不允许

注 1. 疵点程度描述。

轻微：疵点在直观上不明显，通过仔细辨认才可看出。

明显：不影响总体效果，但能明显感觉到疵点的存在。

2. 表中线状疵点和条块状疵点的允许值是指同一件产品上同类疵点的累计尺寸。

3. 特殊设计或装饰除外。

图 4-5　成品各部位划分

九、缝制

（1）针距密度按表4-9规定。

表4-9　针距密度　　单位：cm

项目		针距密度	备注
明暗线	细线	不少于14针/3cm	特殊需要除外
	粗线	不少于10针/3cm	
包缝线		不少于9针/3cm	—
手工针		不少于7针/3cm	肩缝、袖窿、领子不少于9针
三角针		不少于5针/3cm	以单面计算
锁眼	细线	不少于12针/1cm	—
	粗线	不少于9针/1cm	—
钉扣	细线	每眼不少于8根线	缠脚线高度与止口厚度相适应
	粗线	每眼不少于4根线	

注　细线为20tex及以下缝纫线，粗线为20tex以上缝纫线。

（2）各部位缝制平服，线路顺直、整齐、牢固，针迹均匀，上下线松紧适宜，无跳线，断线，起止针处及袋口应回针缉牢。

（3）领子平服，不反翘，领子部位明线不允许有接线。

（4）绱袖圆顺，前后基本一致。

（5）袋布的垫料要折光边或包缝；袋与袋盖方正、圆顺；袋口两端应打结。

（6）滚条、压条要平服，宽窄一致。

（7）松紧带裤腰或裙腰应松紧均匀、宽窄一致。

（8）外露缝份应全部包缝，各部位缝份不小于0.8cm，领、袋，门襟、止口等特殊部位除外。

（9）袖窿、袖缝、摆缝、底边、袖口、挂面里口等部位要叠针。

（10）锁眼定位准确，大小适宜，扣与眼对位，整齐牢固。眼位不偏斜，锁眼针迹美观、整齐、平服。

（11）钉扣牢固，扣脚高低适宜，线结不外露。钉扣不得钉在单层布上（装饰扣除外），缠脚高度与扣眼厚度相适宜，缠绕三次以上（装饰扣不缠绕），收线打结应结实完整。

（12）扣与扣眼上下要对位。四合扣牢固，上下要对位，吻合适度，无变形或过紧现象。

（13）绱门襟拉链平服，左右高低一致。

（14）商标耐久性标签准确、清晰，位置端正。

（15）对称部位基本一致。

（16）领子部位不允许跳针。其余部位30cm内不得有连续跳针或两处及以上单跳针。

链式线迹不允许跳针。

（17）装饰物（绣花、镶嵌等）牢固、平服。

（18）裤（裙）子侧缝顺直，西裤扭曲率不大于2%，筒裙类产品扭曲率不大于3%，短裤不考核。

（19）裤后裆缝用双道线或链式线缝合。

十、规格尺寸允许偏差

成品主要部位规格尺寸允许偏差按表4-10规定。

表4-10　成品主要部位规格尺寸允许偏差

部位名称		允许偏差（cm）
衣长		±1.0
胸围		±1.5
领大		±0.6
总肩宽		±0.6
短袖长		±0.4
长袖袖长	圆袖	±0.6
	连肩袖	±1.0
裤（裙）长		±1.0
腰围		±1.0

十一、整烫外观

（1）各部位熨烫平服、整洁，无烫黄、水渍及亮光。

（2）覆黏合衬部位不允许有脱胶、渗胶、起皱、起泡及沾胶。

十二、理化性能

（1）成品理化性能按表4-11规定。

表4-11　理化性能

项目	分等要求		
	优等品	一等品	合格品
纤维含量/%	符合GB/T 29862—2013规定		
甲醛含量/(mg/kg)	符合GB 18401—2010规定		
pH值			
可分解致癌芳香胺染料/(mg/kg)			
异味			

续表

项目			分等要求		
			优等品	一等品	合格品
尺寸变化率/% ≥	水洗	领大	-1.0	-1.5	-2.0
		胸围	-3.5	-2.0	-2.5
		衣长	-1.5	-2.5	-3.5
		腰围	-1.0	-1.5	-3.5
		裤长	-1.5	-2.5	-3.5
		裙长	-1.5	-2.5	-3.5
	干洗	领大	-1.5		
		胸围	-2.0		
		衣长	-2.0		
		腰围	-2.0		
		裤长	-2.0		
		裙长	-2.0		
覆黏合衬剥离强力/N ≥			6		
面料色牢度/级 ≥	耐干洗	变色	4-5	4	3-4
		沾色	4-5	4	3-4
	耐皂洗	变色	4	3-4	3
		沾色	4	3-4	3
	拼接互染	沾色	4-5	4	
	耐干摩擦	沾色	4	3-4	3
	耐湿摩擦	沾色	4	3-4	3
	耐汗渍	变色	4	3-4	3
		沾色	4	3-4	3
	耐水	变色	4	3-4	3
		沾色	4	3-4	3
	耐光	变色	4	4（浅色 3）	3
里料色牢度/级 ≥	耐干洗	沾色	4-5	4	3-4
	耐皂洗	沾色	3		
	耐干摩擦	沾色	3-4		
	耐汗渍	变色	3		
		沾色	3		
	耐水	变色	3		
		沾色	3		
装饰件和绣花线耐皂洗/级 ≥		变色	3-4		
		沾色	3-4		

续表

项目		分等要求		
		优等品	一等品	合格品
装饰件和绣花线耐干洗/级 ≥	变色	3-4		
	沾色	3-4		
面料起球/级　≥		4	3-4	3
接缝性能	缝子纰裂程度/cm	符合 GB/T 21295—2014 规定		
	接缝强力/N			
	裤后裆缝接缝强力/N			
撕破强力/N		符合 GB/T 21295—2014 规定		
儿童上衣拉带安全规格		符合 GB/T 22702—2019 规定		
童装绳索和拉带安全要求		符合 GB/T 22705—2019 规定		
洗涤干燥后外观质量（外观平整度、接缝外观平整度、洗涤后外观）		符合 GB/T 21295—2014 规定		

（2）按 GB/T 4841. 3—2006 的规定，颜色深于 1/12 染料染色标准深度为深色，颜色浅于或等于 1/12 染料染色标准深度为浅色。

（3）成品水洗后的尺寸变化率、耐皂洗色牢度、水洗拼接互染不考核使用说明中标注不可水洗的产品。成品干洗后的尺寸变化率、耐干洗色牢度不考核使用说明中标注不可干洗的产品。水洗拼接互染只考核深色与浅色相拼接的产品。

（4）尺寸变化率中，领大只考核关门领。腰围不考核松紧腰围，褶皱处理或纬向弹性产品不考核横向尺寸变化率。

（5）覆黏合衬剥离强力只考核上衣的领子和大身部位，且不考核复合，喷涂面料的剥离，非织造布黏合衬如在试验中无法剥离则不考核此项目。

（6）蚕丝纤维含量≥50%的织物色牢度允许程度按 GB/T 18132—2016 规定。

（7）起绒、植绒类面料、深色面料的耐湿摩擦色牢度的合格品考核指标允许比本标准降半级。

（8）织物平方米质量在 $52g/m^2$ 及以下的纰裂允许程度指标按 GB/T 18132—2016 规定。接缝性能按本标准要求执行。外层仅起装饰作用部分不考核接缝性能。

（9）起绒织物不考核起球。

任务四　性能测试

知识点一　纺织品耐唾液色牢度检测

纺织品耐唾液色牢度课程讲解

一、基本知识

唾液中除大量的水分外，还含有淀粉酶、溶菌酶、过氧化物酶、黏液蛋白、磷脂、磷蛋白氨基酸、钠、钾、钙、镁等物质。唾液褪色的机理主要是水分对纺织品中染料的溶解作用。对耐唾液色牢度指标要求一般限于婴幼儿服装和毛绒玩具制品。

二、技术依据与基本原理

1. 主要技术依据

GB/T 18886—2019《纺织品　色牢度试验　耐唾液色牢度》。

2. 基本原理

将织物试样与标准贴衬布缝合成组合试样，在人造唾液中浸透后，放在专用试验装置内，按规定压力、温度及时间处理。然后，将试样与贴衬布分别干燥。最后，用灰色样卡评定试样变色和贴衬布沾色的等级。

三、仪器设备与用具，试剂及试样准备

1. 仪器设备与用具

同耐汗渍色牢度检测所用仪器设备和工具。

2. 试剂

人造唾液。

（1）配方组成。所用试剂为化学纯，用三级水配制试液，现用现配。

每升试液含有：

六水合氯化镁（$MgCl_2 \cdot 6H_2O$）	0.17g
二水合氯化钙（$CgCl_2 \cdot 2H_2O$）	0.15g
三水合磷酸氢二钾（$K_2HPO_4 \cdot 3H_2O$）	0.76g
碳酸钾（K_2CO_3）	0.53g
氯化钠（NaCl）	0.33g
氯化钾（KCl）	0.75g

用质量分数为1%的盐酸溶液调节试液pH值至6.8±0.1。

（2）配制方法。将规定用量的钾盐和钠盐溶于900mL三级水中，加入氯化镁和氯化钙，不停搅拌，直至其完全溶解。将经过校准的pH计电极浸没在溶液中，慢慢加入1%的盐酸溶液，轻轻搅拌，使溶液的pH值达到6.8±0.1。加入三级水定容至1000mL，摇匀，避光保存。

3. 试样准备

取样要求及尺寸同耐洗色牢度检测，标准贴衬织物的选用同耐汗渍色牢度检测，并且也要将试样与标准贴衬布缝合成组合试样。

四、试验步骤

（1）按规定条件配制人造唾液，将组合试样放入试液中，使其完全润湿，必要时可稍

加压和搅拌。在室温下放置 30min。

（2）取出试样，用玻璃棒夹去试样上多余试液，或者将组合试样放在试样板上，用另一块试样板刮去试液。

（3）把试样夹在两块试样板中间，在（37±2）℃的规定温度和 12.5kPa 的大气压力下保持 4h。

（4）拆去除一短边之外的缝线，展开试样，悬挂于 60℃以下的空气中干燥。

（5）用灰色样卡评定原样变色程度及白布沾色程度。

五、原始记录汇总

根据测试方法的要求，完成原始记录汇总，见表 4-12。检测结果应记录检测所采用的标准编号；试样的详细描述；检测项目指标及检测结果等级；使用灰卡或仪器评定的试样变色级数；如果采用单纤维贴衬织物，则应记录所用的每种贴衬织物的沾色级数；如果采用多纤维贴衬织物，则应记录其型号和每种纤维的沾色级数；以及任何偏离本标准的细节及检测中的异常现象。

表 4-12　耐唾液色牢度原始记录单

耐唾液色牢度　　江苏盛虹纺织品检测中心有限公司 Jiangsu Shenghong Textiles Testing Center Co., LTD.
江苏盛虹纺织品检测中心有限公司　　SHWS-003-2019
检测标准：________　样品编号：________　抽样日期：________
结果：
备注：
检测：________　审核：________　日期：________
共　页，第　页

知识点二　纺织品禁用偶氮染料检测

纺织品禁用偶氮染料检测课程讲解

一、基本知识

偶氮染料广泛应用于纺织品、皮革制品等的染色及印花。然而，并不是所有的偶氮染料都为禁用偶氮染料。禁用偶氮染料最早是由德国政府提出的，所谓禁用偶氮染料是指在还原条件下会分解成致癌芳香胺类化合物的偶氮染料。根据德国政府规定，致癌芳香胺是指 MAK（Ⅲ）A1 和 A2 组芳香胺。MAK 是指被许用的最大浓度；MAK（Ⅲ）A1 组是指根据经验可引起人类恶性肿瘤的物质，总计 4 种；MAK（Ⅲ）A2 组是指对动物具有致癌性的物质，总计 20 种；MAK（Ⅲ）A3 组指被怀疑具有明显致癌可能的物质，需对这类物质做进一步的研究。

为满足禁用偶氮染料检测的要求，目前采用的检测技术有高效液相色谱法（ELC 法）、气相色谱—质谱联用技术（GC—MS 法）、薄层层析技术（TCL 法）。我国新修订的国家标准 GB/T 17592—2011 将前两种检测方法合并在一个标准中，取消了薄层层析法。

二、技术依据与基本原理

1. **主要技术依据**

GB/T 17592—2011《纺织品　禁用偶氮染料的测定》。

2. **基本原理**

纺织品中偶氮染料在柠檬酸盐缓冲液（pH 值为 6.0）中，用连二亚硫酸钠溶液还原分解，以产生可能存在的违禁芳香胺，用液—液分配柱或溶剂直接提取溶液中的芳香胺，浓缩后用气相色谱/质谱联用仪或气相色谱仪进行检测。

三、仪器设备与用具

（1）气相色谱仪，配有质量选择检测器（MSD）。

（2）高效液相色谱仪，配有二极管阵列检测器（DAD）。

（3）反应器，用硬质玻璃制成管状，具有密闭塞，约为 65mL。

（4）恒温水浴器，能保持温度为（70±2）℃。

（5）提取柱，内径为 20cm×2.5cm 的玻璃柱，能控制流速，具有活塞。填装时，先在底部垫少许玻璃棉，然后加入 20g 硅藻土，轻击玻璃柱，使填装结实。

四、试验试剂

（1）甲醇。

（2）乙醚。如果有需要，使用前取 500mL 乙醚，加入 5%硫酸亚铁水溶液 100mL，剧烈振摇，弃去水层，用全玻璃装置蒸馏，收集 33.5~34.5℃的馏分。

（3）0.06mol/L、pH 值为 6.0 的柠檬酸盐缓冲液。准确称取 12.526g 柠檬酸和 6.320g 氢氧化钠，溶解于水中，定容至 1000mL 后摇匀。

（4）200g/L 连二亚硫酸钠溶液。称取含量≥85%的固体连二亚硫酸钠 20g，溶于水中，定容至 100mL，现用现配。

（5）多孔颗粒状硅藻土，于 600℃灼烧 4h，冷却后储于干燥器内备用。

（6）20mg/L 芳香胺标准工作溶液。

①芳香胺标准储备液的制备。将禁用的 24 种芳香胺标准物质各用甲醇或其他合适的溶剂配成浓度为 1000mg/L 的标准储备液，储存于棕色试剂瓶中（必要时加少量无水亚硫酸钠），冷冻保存，有效期为一个月。

②20mg/L 芳香胺标准工作溶液的制备。取 0.2mL 芳香胺标准储备液于 10mL 容量瓶中，用甲醇或其他合适溶剂定容至刻度，摇匀，现配现用。同时，也可视具体需要配制成其他浓度。

（7）10μg/mL 混合内标溶液。用合适溶剂将内标化合物萘-d8（CAS No：1146-65-2）、2，4，5-三氯苯胺（CAS No：636-30-6）及蒽-d10（CAS No：1719-06-8）配制成浓度约为 10μg/mL 的混合溶液。

当检测涤纶试样时，除上述试剂外，还需氯苯及二甲苯（异构体混合物）。所用试剂均为分析纯，水为 GB/T 6682—2008 规定的三级水。

五、试样准备

（1）一般试样预处理。取代表性试样适量，剪成尺寸为 5mm×5mm 以下的碎片，混合。称取混合样 1.0g（准确至 0.01g），置于反应器中，加入 16mL 温度为（70±2）℃的柠檬酸盐缓冲液，密闭反应器，摇动使织物完全浸于液体中，置于（70±2）℃的水浴中，保温 30min，使所有纤维被充分润湿。

打开反应器，加入连二亚硫酸钠溶液 3.0mL，立即密闭并用力振荡。将反应器再次于（70±2）℃，保温 30min，使其充分还原。还原后 2min 内冷至室温。

（2）涤纶试样预处理。取代表性试样适量，剪成适当大小的碎片，混合。称取混合样 1.0g（准确至 0.01g），用无色纱线扎紧，垂直放置于萃取装置的蒸汽室内，使冷凝溶剂能够从试样上流过。

六、试验步骤

（1）试样预处理液的萃取和浓缩。

①一般试样预处理液的萃取和浓缩。对反应器中试样用玻璃棒挤压，将反应液全部倒入提取柱内，让其吸附 15min，然后分 4 次各用 20mL 乙醚洗涤反应器中试样。同样，先将

乙醚洗涤液淹入提取柱中。控制流速，再将乙醚提取液收集于圆底烧瓶中。然后，将圆底烧瓶置于真空旋转蒸发器中，于35℃左右浓缩至近1mL。最后，用缓氮气流驱除乙醚溶液，使其浓缩近干。

②涤纶试样预处理液的萃取和浓缩。加入25mL氯苯于蒸馏烧瓶中，抽提30min（或用二甲苯抽提45min），将抽提液冷却至室温，将烧瓶置于真空旋转蒸发器中，于45～60℃下浓缩。得少量残留物，用2mL甲醇将残留物溶解后转移至反应器中。在反应器中加入15mL温度为（70±2）℃的柠檬酸盐缓冲液，放入超声波浴中，于（70±2）℃处理30min，再加入200g/L连二亚硫酸钠溶液3.0mL，立即振摇，继续在（70±2）℃水浴中处理30min，使其还原充分，取出2min内冷却至室温。

（2）气相色谱—质谱（GC—MS）定性分析：

①GC—MS分析条件：色谱柱为毛细管柱DB—5MS（或HP—5MS），尺寸为30m×0.25mm×0.25μm，或相当者；进样口温度为250℃；质谱接口温度为270℃；柱温为50℃（0.5min）→150℃（8min）→230℃（20min）→260℃（5min），升温速度均为20℃/min；载气为氦气（≥99.999%），流量为1mL/min；质量扫描范围为35～350amu；离化方式为EI；离化电压为70eV；进样量为1μL；进样方式为不分流进样。

②GC—MS定性分析方法：在浓缩近干的圆底烧瓶中准确加入1mL甲醇或其他合适的溶液，混匀后静置。然后，分别取1μL标准工作溶液与试样溶液注入色谱仪，按所规定的GC—MS分析条件操作。通过比较试样与标样的保留时间及特征离子进行定性（禁用芳香胺标准物GC—MS总离子流如图4-6所示）。必要时，选用另一种或多种方法对异构体进行确认。

（3）GC—MS定量分析（内标法）。在浓缩近干的圆底烧瓶中准确加入1mL内标溶液，混匀后静置。然后，分别取1μL标准工作溶液与试样溶液注入色谱仪，按所规定的GC—MS分析条件操作。可选用离子选择方式进行定量。内标定量的具体组分见表4-13，内标法结果的计算如下式：

$$X_i = \frac{A_i \times c_i \times V \times A_{isc}}{A_{is} \times m \times A_{iss}}$$

式中：X_i——试样中分解出芳香胺 i 的含量，mg/kg；

A_i——样液中芳香胺 i 的峰面积（或峰高）；

c_i——标准工作溶液中芳香胺 i 的浓度，mg/L；

V——样液最终体积，mL；

A_{isc}——标准溶液中内标的峰面积；

A_{is}——标准工作溶液中芳香胺 i 的峰面积（或峰高）；

m——试样质量，g；

A_{iss}——样液中内标的峰面积。

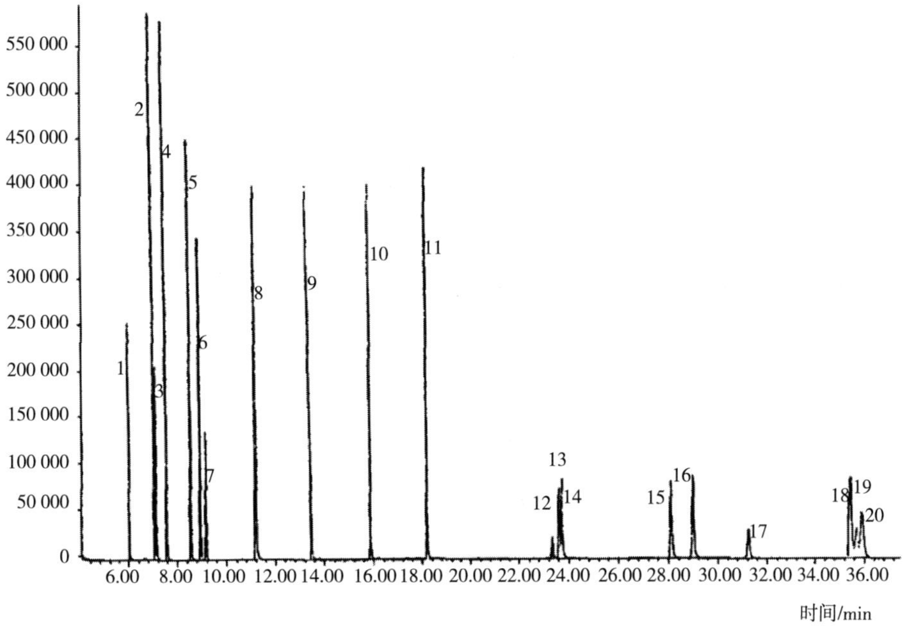

图 4-6　禁用芳香胺标准物 GC—MS 总离子流图

1—邻甲苯胺　2—2,4-二甲基苯胺；2,6—二甲基苯胺　3—2-甲氧基苯胺　4—对氯苯胺
5—2-甲氧基-5-甲基苯胺　6—2,4,5-三甲基苯胺　7—4-氯邻甲苯胺
8—2,4-二氨基甲苯　9—2,4-二氨基苯甲醚　10—2-萘胺　11—4-氨基联苯　12—4,4′二氨基二苯醚
13—联苯胺　14—4,4′二氨基二苯甲烷　15—3,3′-二甲基-4,4′-二氨基二苯甲烷　16—3,3′-二甲基联苯胺
17—4,4′二氨基二苯硫醚　18—3,3′-二氯联苯胺　19—4,4′-亚甲基-二-（2-氯苯胺）　20—3,3′-二甲氧基联苯胺

表 4-13　内标定量的具体组分

序号	芳香胺名称	内标名称
1	邻甲苯胺（*o*-toluidine）	萘-d8
2	2,4-二甲基苯胺（2,4-xylidine）	
3	2,6-二甲基苯胺（2,6-xylidine）	
4	邻氨基苯甲醚（*o*-anisidine）	
5	对氯苯胺（*p*-chloroaniline）	
6	2,4,5-三甲基苯胺（2,4,5-trimethylaniline）	
7	2-甲氧基-5-甲基苯胺（*p*-cresidine）	
8	4-氯邻甲苯胺（4-chloro-*o*-toluidine）	
9	2,4-二氨基甲苯（2,4-toluylenediamine）	
10	2,4-二氨基苯甲醚（2,4-diaminoanisole）	2,4,5-三氯苯胺氯苯胺
11	2-萘胺（2-naphthylamine）	
12	4-氨基联苯（4-aminobiphenyl）	蒽-d10
13	4,4′-二氨基二苯醚（4,4′-oxydianiline）	
14	联苯胺（benzidine）	
15	4,4′-二氨基二苯甲烷（4,4′-diaminobiphenylmethane）	

续表

序号	芳香胺名称	内标名称
16	3,3′-二甲基-4,4′-二氨基二苯甲烷 (3,3′-dimethyl-4,4′-diamninobiphenylmethane)	蒽-d10
17	3,3′-二甲基联苯胺(3,3′-dimethylbenzidine)	
18	4,4′-二氨基二苯硫醚(4,4′-thiodianiline)	
19	3,3′-二氯联苯胺(3,3′-dichlorobenzidine)	
20	3,3′-二甲氧基联苯胺(3,3′-dimethoxybenzidine)	
21	4,4-亚甲基-二-(2-氯苯胺) [4,4′-methylene-bis-(2-chloroaniline)]	

(4)高效液相色谱/二极管阵列(HPLC/DAD)分析(外标法)。

①HPLC/DAD 分析条件。液相色谱柱为 ODB C_{18}(5μm),内径为 250mm×4.6mm,或者相当者;流动相 A 为甲醇;流动相 B 为 0.575g 磷酸二氢铵、0.7g 磷酸氢二钠及 100mL 甲醇溶于 1000mL 二级水中;检测器为二极管阵列检测器(DAD);检测波长为 240nm、280nm 及 305nm;柱温为 30℃;进样量为 15.0μL;梯度,具体见表 4-14。

表 4-14 流动相 A 与流动相 B 的递变梯度表

时间/min	流动相 A/%	流动相 B/%	递变方式
0	10	90	—
50	50	50	线性
20	100	0	线性

②高效液相色谱/二极管阵列(HPLC/DAD)分析方法。准确移到 1mL 甲醇或其他合适的溶液加入圆底烧瓶中浓缩近干,混匀,静置。然后,分别取 1μL 标准工作溶液与试样溶液注入色谱仪,按上述条件操作,外标法定量的计算式(4-6)如下:

$$X_i = \frac{A_i \times C_i \times V}{A_{is} \times m}$$

式中:X_i——试样中分解出芳香胺 i 的含量,mg/kg;

A_i——样液中芳香胺的峰面积(或峰高);

c_i——标准工作溶液中芳香胺 i 的浓度,mg/L;

V——样液最终体积,mL;

A_{is}——标准工作溶液中芳香胺 i 的峰面积(或峰高);

m——试样量,g。

七、原始记录汇总

根据测试方法的要求,完成原始记录汇总,见表 4-15。检测报告应包含被检物的来源和描述、试样的预处理方法、采用的定量分析方法、检测结果、检测使用的标准、任何偏离本标准的细节以及检测日期。

表 4-15 禁用偶氮染料原始记录单

禁用偶氮染料

江苏盛虹纺织品检测中心有限公司
Jiangsu Shenghong Textiles Testing Center Co.,LTD.

江苏盛虹纺织品检测中心有限公司　　SHWS-003-2019

检测标准：________　样品编号：________　抽样日期：________

结果：

备注：

检测：________　审核：________　日期：________

共　页，第　页

知识点三　纺织品重金属离子检测

纺织品重金属离子检测课程讲解

一、基本知识

某些重金属是维持生命不可缺少的物质，但浓度过高对人体非常有害，对儿童的危害尤为严重，因为儿童对重金属的消化吸收能力远远高于成人。1991～1992 年，国际纺织品生态环境研究与测试协会正式发布了 Oeko-Tex 标准 100，该标准规定了纺织品中重金属检测项目及限定值，具体内容见表 4-16。

表 4-16 纺织品中重金属的检测项目及限定值

可萃取重金属/(mg/kg)	锑(Sb)	砷(As)	铅(Pb)	镉(Cd)	铬(Cr)	六价铬(CrⅥ)	钴(Co)	铜(Cu)	镍(Ni)	汞(Hg)
Ⅰ	30.0	0.2	0.2	0.1	1.0	低于检出限	1.0	25.0	1.0	0.02
Ⅱ、Ⅲ、Ⅳ	30.0	1.0	1.0	0.1	2.0		4.0	50.0	4.0	0.02

注 Ⅰ—婴幼儿用，Ⅱ—直接与皮肤接触，Ⅲ—不直接与皮肤接触，Ⅳ—装饰材料。

按照 2000 年版 Oeko-Tex 标准 200 所规定，纺织品上的重金属统一为可萃取重金属，即模仿人体皮肤表面环境，以人工酸性汗液对样品进行萃取所采集的重金属。对萃取下来的重金属可用原子吸收分光光度法（AAS）、电感耦合等离子发射光谱或分光光度比色法进行定量分析。

二、技术依据与基本原理

1. 主要技术依据

GB/T 17593.1—2006《纺织品　重金属的测定　第1部分：原子吸收分光光度法》、GB/T 17593.2—2006《纺织品　重金属的测定　第2部分：电感耦合等离子体原子发射光谱法》、GB/T 17593.3—2006《纺织品　重金属的测定　第3部分：六价铬分光光度法》及GB/T 17593.4—2006《纺织品　重金属的测定　第4部分：砷、汞原子荧光分光光度法》。

2. 基本原理

将纺织品试样分别用模拟酸性汗液、碱性汗液及唾液进行萃取，将萃取液在石墨炉原子吸收分光光度计或火焰原子吸收分光光度计上，分别用其各自相应的空心阴极灯做光源，在其各自相应的光谱波长处测量其吸光度。扣去空白，对照标准工作曲线确定各重金属离子的含量，计算出纺织品试样上各重金属离子的量。

三、仪器设备与用具

（1）原子吸收分光光度计（附有铬、铜、钴、镍、镉、铅及锑的空心阴极灯）；

（2）火焰原子吸收分光光度计（附有铜、锑和锌的空心阴极灯）；

（3）有塞三角烧瓶（150mL）及恒温水浴振荡器［温度为（37±2）℃，振荡频率为60次/min］。

四、试验试剂

（1）人工酸性汗液。此溶液由5g/L NaCl、2.2g/L磷酸二氢钠二水合物及0.5g/L *L*-组氨酸盐酸盐一水合物组成，并用0.1mol/L NaOH溶液调pH值为5.5，现配现用。

（2）单元素标准储备溶液（100μg/mL）。称取0.203g氯化镉（$CdCl_2 \cdot 5H_2O$）、2.630g无水硫酸钴（$CoSO_4$）（使用含7个结晶水的硫酸钴在500～550℃灼烧至恒重）、0.283g重铬酸钾（$K_2Cr_2O_7$）、0.393g硫酸铜（$CuSO_4 \cdot 6H_2O$）、0.448g硫酸镍（$NiSO_4 \cdot 6H_2O$）、0.160g硝酸铅［$Pb(NO_3)_2$］、0.440g硫酸锌、0.274g酒石酸锑钾，分别溶于水中，然后分别转移到1000mL容量瓶中，定容至刻度。不易溶解的可加热助溶，但需冷却后再往容量瓶转移。

标准储备溶液保存期在室温（15～25℃）下为6个月。当有浑浊、沉淀或颜色变化等现象出现时，应重新配制。

（3）标准工作溶液配制（10μg/mL）。根据需要，分别移取适量镉、铬、铜、镍、铅、锑、锌及钴标准储备溶液中的一种或几种于加有5mL浓硝酸的100mL容量瓶中，用水稀释至刻度后摇匀，配成浓度为10μg/mL的单标或混标标准工作溶液。标准工作溶液使用有效期为一周，当有浑浊、沉淀或颜色变化等现象出现时，应重新配制。

（4）试剂纯度为优级纯，水为 GB/T 6682—2008 规定的二级水。

五、试样准备

取代表性试样，将其尺寸剪成 5mm×5mm 以下并混匀，称取 4g（精确至 0.01g）试样两份（供平行试验用）。放入 150mL 有塞三角烧瓶中，加入酸性汗液 80mL，使纤维充分润湿，在（37±2）℃水浴锅中不断地摇动 1h，静置冷却至室温，过滤后作为分析用样液。

六、试验步骤

（1）工作曲线的绘制。将标准工作溶液用水逐级稀释成适当浓度的系列工作液，在石墨炉原子吸收分光光度计上，分别以各金属的不同吸收光波长：镉（228.8nm）、镍（232.0nm）、钴（240.7nm）、铅（283.3nm）、铜（324.7nm）、铬（357.9nm）、锑（217.6nm）、锌（213.9nm），按浓度由低到高的顺序测量各金属系列浓度工作液的吸光度（或用火焰原子吸收分光光度计上，按浓度由低到高测定铜、锑及锌系列浓度工作液的吸光度）。以元素浓度（μg/mL）为横坐标，吸光度为纵坐标，分别绘制各金属的工作曲线。

（2）测定待测金属元素的浓度。在石墨炉原子吸收分光光度计上，分别取各金属的相应吸收光波长，依次测量空白溶液和样液中待测元素的吸光度，在工作曲线上查出各待测金属元素的浓度。

（3）试样中可萃取重金属元素 i 的含量，可按下式来计算。

$$X_i = \frac{(C_i - C_{i0}) \times V \times F}{m}$$

式中：X_i——试样中可萃取重金属元素 i 的含量，μg/kg；

c_i——标液中被测元素 i 的浓度，μg/mL；

C_{i0}——空白溶液中被测元素 i 的浓度，μg/mL；

V——样液的总体积，mL；

m——试样的质量，g；

F——稀释因子。

取两次测定结果的算术平均值作为试验结果，计算结果保留小数点后两位。

（4）本方法的测定低限，见表 4-17。

表 4-17 可萃取重金属元素测定低限

元素	测定低限/(mg/kg)	
	石墨炉原子吸收分光光度法	火焰原子吸收分光光度法
镉（Cd）	0.02	—
钴（Co）	0.16	—

续表

元素	测定低限/(mg/kg)	
	石墨炉原子吸收分光光度法	火焰原子吸收分光光度法
铬（Cr）	0.06	—
铜（Cu）	0.26	1.03
镍（Ni）	0.48	—
铅（Pb）	0.16	—
锑（Sb）	0.34	1.10
锌（Zn）	—	0.32

注 不同仪器的检出限会有差异，本方法测定低限仅供参考。

七、原始记录汇总

根据测试方法的要求，完成原始记录汇总，见表4-18。试验报告应包括下列内容：本部分的编号、样品的描述、使用的仪器、试验日期、样品中各重金属的含量、与本部分的任何偏差。

表4-18 重金属离子测试原始记录单

重金属离子 江苏盛虹纺织品检测中心有限公司 Jiangsu Shenghong Textiles Testing Center Co.,LTD.

江苏盛虹纺织品检测中心有限公司 SHWS-003-2019

检测标准：________ 样品编号：________ 抽样日期：________

结果：

备注：

检测：________ 审核：________ 日期：________

共 页，第 页

小提示

为获得良好的检出限和精密度，建议在用石墨炉原子吸收分光光度计测定镉、钴、铬、铜、铅、锑时，使用基体改进剂。

知识点四　纺织品防静电性能检测

具体检测方法见 GB/T 12703.1—2021《纺织品　静电性能试验方法　第 1 部分：电晕充电法》及 GB/T 12703.2—2009《纺织品　静电性能试验方法　第 2 部分：手动摩擦法》。

知识点五　纺织品 pH 值检测

具体检测方法见 GB/T 7573—2009《纺织品水萃取液 pH 值的测定》。

知识点六　纺织品甲醛含量检测

具体检测方法见 GB/T 2912.1—2009《纺织品　甲醛的测定　第 1 部分：游离和水解的甲醛（水萃取法)》和 GB/T 2912.2—2009《纺织品　甲醛的测定　第 2 部分：释放的甲醛（蒸汽吸收法)》。

任务五　童装类产品检测报告（表 4-19)

表 4-19　检测报告　　　　报告编号（No.)：

产品名称 Product Name		童装	检验类别 Test Type	委托检验
样品数量 Sum of Sample		1 套	样品状态 Sample State	符合检验要求
委托单位 Consigner	名称 Name	苏州市晨煊纺织科技有限公司	电话 Telephone	13829023289
	地址 Address	江苏吴江区盛泽镇西二环路 1188 号	邮编 Postcode	215228
送样日期 Sampling Date		2021 年 5 月 20 日	检验日期 Test Date	2021 年 5 月 22 日
检验项目 Test Items		纤维含量、pH 值、甲醛含量、可分解致癌芳香胺燃料、异味、耐水色牢度、耐酸汗渍色牢度、耐碱汗渍色牢度、耐摩擦色牢度、耐皂洗色牢度、耐光色牢度、水洗尺寸变化率、起毛起球、顶破强力、洗后扭曲率和洗后外观质量		
检验依据 Test Basis		GB 31701—2015《婴幼儿及儿童纺织产品安全技术规范》B 类 GB/T 22853—2019《针织运动服》		
检验结果 Test Results				

续表

序号 Ser. #	项目 Item		测试方法 Test Method	检测结果 Test Results	技术要求 Tech. Req.	结论 Conclusion
通用技术要求 General Technical Requirements						
1	pH 值		GB/T 7573—2009	6.3	4.0~8.5	合格
2	甲醛含量/(mg/kg)		GB/T 2912.1—2009	35	≤75	合格
3	可分解致癌芳香胺染料/(mg/kg)		GB/T 17592—2011	未检出*	≤20	合格
4	异味		GB 18401—2010	无	无	合格
5	耐水色牢度/级	变色	GB/T 5713—2013	4	≥3	合格
		沾色		4	≥3	
6	耐酸汗渍色牢度/级	变色	GB/T 3922—2013	3-4	≥3	合格
		沾色		3-4	≥3	
7	耐碱汗渍色牢度/级	变色	GB/T 3922—2013	3-4	≥3	合格
		沾色		3-4	≥3	
8	耐干摩擦色牢度/级	沾色	GB/T 3920—2008	3	≥3	合格
9	耐湿摩擦色牢度/级	沾色	GB/T 3920—2008	3	≥2-3	合格
其他技术要求 Other Technical Requirements						
10	耐水洗尺寸变化率/%	领大	GB/T 8629—2017，4N，晾干	-0.5	≥-2.0	合格
		胸围		-0.5	≥-2.5	
		衣长		-1.0	≥-3.0	
11	耐皂洗色牢度/级	变色	GB/T 3921—2008，A1	3-4	≥3-4	合格
		沾色		3-4	≥3	
12	耐光色牢度/级	变色	GB/T 8427—2019	2-3	≥3	不合格
13	耐光汗复合色牢度（碱)/级	变色	GB/T 14576—2009	2-3	≥3	不合格
14	耐拼接互染色牢度/级	沾色	GB/T 31127—2014	3-4	≥4	不合格
15	顶破强力/N		GB/T 19976—2005	310	≥250	合格
16	起毛起球/级		GB/T 4802.1—2008	3-4	≥3	合格
17	水洗尺寸变化率/%	经	GB/T 8629—2017，4N，晾干	-2.5	-6.5~+3.0	合格
		纬		-1.5		
18	水洗扭曲率/%		GB/T 8629—2017，4N，晾干	2.0	≤7.0	合格
19	洗后外观		GB/T 8629—2017，4N，晾干	符合	GB/T 22853—2019，5.3	合格
20	纤维含量/%		FZ/T 01057.3—2007	100% 聚酯纤维	100% 聚酯纤维	合格
注 ＊可分解致癌芳香胺染料实验室检出限 20mg/kg。						

续表

<table>
<tr><td>贴样</td><td colspan="2"></td></tr>
<tr><td>备注</td><td colspan="2">仅对来样负责
(Only responsible to the submitted samples)</td></tr>
<tr><td>主检
Tested by</td><td></td><td rowspan="4">签发日期（Date）:

年　月　日</td></tr>
<tr><td>制表
Compiled by</td><td></td></tr>
<tr><td>校核
Checked by</td><td></td></tr>
<tr><td>审批
Approved by</td><td></td></tr>
</table>

项目五 礼服综合检测任务实施

【项目导入】

江苏盛虹纺织品检测中心有限公司与客户苏州市晨煊纺织科技有限公司签订合同，针对客户提供的礼服产品的相关性能进行检测，对其产品质量给出评价。检测公司在接到该订单后，为了更加准确有效地完成合同，将不同性能检测任务分发给各部门，最终汇总形成一份完整的礼服产品检测报告。

【课程思政目标】

（1）通过对盛虹集团有限公司及江苏盛虹纺织品检测中心有限公司产品的介绍，使学生认识到科技创新对于中国纺织企业的助推作用。

（2）通过企业的真实纺织品检测案例，培养学生的科学严谨的工作态度。

【学习目标】

（1）根据客户要求进行任务分解。

（2）运用纺织品检测知识，熟练掌握礼服产品的相关检测。

（3）对测试结果能够进行正确表达和评价。

（4）具备分析影响测试结果准确性的能力。

【能力目标】

（1）具备礼服产品综合检测能力。

（2）检测标准的选择和应用。

【素养目标】

（1）培养学生具有良好的职业道德和职业素养。

（2）培养学生团队合作精神和创新精神。

【知识点】

礼服产品的技术要求、检测任务实施、报告编写等。

【技能点】

（1）测试标准的选择与解读。

（2）检测方法的学习和使用。

（3）样品的制备、测试、数据分析。

（4）测试报告的填写。

任务一　企业测试任务单填写

江苏盛虹纺织品检测中心有限公司

TEXTILE TESTING APPLICATION（纺织品测试申请表）

SHWS-4.1-2-01　Form No.（编号）SH-WS 4042719

Invoice Information（开票信息）：________________

Applicant Name（申请公司名称）：________________

Address（地址）：________________

Contact Person（联系人）：________　Telephone（电话）：________　Fax（传真）：________

Buyer（买家）：________　Order No.（订单号）：________　Style（款号）：________

Sample Description（样品描述）：________________

Brand Standard（品牌标准）：☐ Marks & Spencer　☐李宁　☐安踏　☐美邦　☐森马　☐以纯　☐利郎　☐其他____

Requirement Grade（要求等级）：☐优等品　☐一等品　☐合格品

Standards/Methods Used（采用标准/方法）：☐ ISO　☐ AATCC/ASTM　☐ JIS　☐ JB　☐ FZ/T　☐ Other ____

Sample No.（样品编号）：________　Sample Quantity（样品数量）：________

Test Required（测试项目）：________

Dimensional Stability/尺寸稳定性	Method/方法	Physical/物理性能	Method/方法
☐ Washing/水洗	________	☐ Tensile Strength/断裂程度	________
☐ Dry Heat/干热	________	☐ Tear Strength/撕裂程度	________
☐ Steam/汽蒸	________	☑ Seam Slippage/接缝滑落	________
Colour Fastness/色牢度		☐ Seam Strength/接缝强度	________
☐ Washing/水洗	________	☐ Bursting Strength/顶破/胀破程度	________
☐ Dry-cleaning/干洗	________	☐ Pilling Resistance/起毛起球	________
☑ Rubbing/摩擦		☐ Abrasion Resistance/耐磨性	
☐ Light/光照		☐ Yarn Count/纱线密度	________
☑ Perspiration/汗渍	________	☐ Fabric weight/织物克重	________
☐ Water/水渍	________	☐ Threads Per Unit Length/织物密度	________
☐ Chlorinated Water/氯化水	________	☐ Flammability/燃烧性能	________
☐ Chlorine Bleach/氯漂	________	☐ Washing Appearance/洗后外观	________
☐ Non-Chlorine Bleach/非氯漂	________	☐ Down Proof/防沾绒	________
Functional/功能性		Chemical/化学性能	
☐ Spray Rating/泼水	________	☐ Fibre Content/成分分析	________
☐ Rain Test/雨淋	________	☐ pH Value/pH 值	________
☐ Hydrostatic Pressure Test/静水压	________	☐ Formaldehyde Content/甲醛	________
☐ Air Permeability/透气性	________	☐ Azo Test/偶氮染料	________
☐ Water Vapour Permeability/透湿性	________	☐ Heavy Metal/重金属	________
☐ Ultraviolet/抗紫外线	________	☐国家纺织产品基本安全技术规范	GB 18401—2010
☐ Chromaticity/荧光度	________	Other Testing（其他）________	

Working Days（工作日）________天　　报告传递方式：☐自取　☐邮寄　☐短信　☐邮件

Return Remained Sample（剩余样品是否归还）：☐ Yes（是）　☐ No（否）　Expense（费用）：________

Report（报告）：☐ Chinese Report（中文报告）　☐ English Report（英文报告）

Authorized Signature（申请人签名）：________　Date（日期）：________

Received Signature（接收人签名）：________　Date（日期）：________

吴江盛泽镇西二环路 1188 号　邮政编码：215228　No. 1188Xierhuan Road, Shengze, Wujiang　Post Code：215228

Tel：+86-0512-63525197　Fax：+86-0512-63525390　E-mail：jczx@shgroup.cn

任务二　测试任务分解

实验室在接收到客户的检测委托单后，会经过“合同评审”“任务分解（图5-1）”“样品准备”“测试仪器准备”“测试环节”“原始记录汇总、审核”“报告编制、发送客户”七个步骤。纺织品检测流程如图1-2所示。

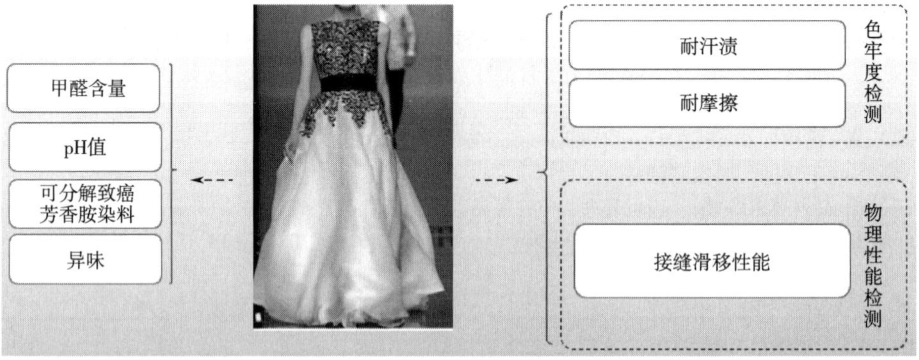

图5-1　礼服产品测试任务分解

任务三　礼服产品技术要求

依据国家针对礼服的检测标准进行技术要求分析，标准为FZ/T 81015—2016《婚纱和礼服/Wedding gown and full dress》。

一、使用说明

使用说明按GB 5296.4—2012规定。

二、号型规格

（1）号型设置按GB/T 1335.2—2008、GB/T 1335.3—2009规定。

（2）主要部位规格按GB/T 1335.2—2008，GB/T 1335.3—2009有关规定自行设计。

三、原材料

1. 面料

按国家有关纺织面料标准选用符合本标准质量要求的面料。

2. 里料

采用与所用面料相适宜并符合本标准质量要求的里料。

3. **辅料**

衬布，垫肩、装饰花边和织带：采用与所用面料、里料的性能相适宜的衬布、垫肩、装饰花边和织带，其质量应符合本标准规定。

缝线、绳带、松紧带：采用与所用面料、里料、辅料的性能相适宜的缝线，绳带、松紧带（装饰线、带除外）。

绣花线的缩率应与面料相适宜。

4. **填充物**

按国家有关标准选用复合要求的纤维或其制品。

四、经纬纱向

后身、袖子的纱线歪斜程度不大于3%，前身底边不倒翘。

五、对条对格

面料有明显条、格在1.0cm及以上的按表5-1规定。

表5-1 对条对格 单位：cm

部位名称	对条、对格规定	备注
左右前身	条料顺直、格料对横，互差不大于0.4	遇格条大小不一时，以衣长1/2上部为主
袖子	条料顺直、格料对横，以袖山为准，两袖对称互差不大于1.0	—
背缝、裙片拼接缝	条料对条、格料对横，互差不大于0.3	—
摆缝	格料对横，袖窿10.0以下互差不大于0.4	—
裙侧缝	条料顺直，格料对横，互差不大于0.3	以明显条格为主

注 特殊设计除外。

六、理化性能

成品理化性能按表5-2规定。

表5-2 理化性能

项目	分等要求		
	优等品	一等品	合格品
纤维含量/%	符合GB/T 29862—2013规定		
甲醛含量/(mg/kg)	符合GB 18401—2010规定		
pH值			
可分解致癌芳香胺染料/(mg/kg)			
异味			

续表

项目			分等要求		
			优等品	一等品	合格品
尺寸变化率[a,b]/% ≥	水洗	领大	-1.0	-1.0	-1.5
		胸围	-1.5	-2.0	-2.5
		腰围	-1.0	-1.5	-2.0
		裙长	-1.5	-2.5	-3.5
		衣长	-1.5	-2.5	-3.5
	干洗	领大	-1.5		
		胸围	-2.0		
		腰围	-1.5		
	干洗	裙长	-2.0		
		衣长	-2.0		
覆黏合衬剥离强力[c]/N ≥			6		
面料色牢度[d]/级 ≥	耐干洗	变色	4-5	4	3-4
		沾色	4-5	4	3-4
	耐皂洗	变色	4	3-4	3
		沾色	4	3-4	3
	拼接互染	沾色	4-5	4	
	耐干摩擦	沾色	4	3-4	3
	耐湿摩擦	沾色	4	3-4	3
	耐汗渍	变色	4	3-4	3
		沾色	4	3-4	3
	耐水	变色	4	3-4	3
		沾色	4	3-4	3
	耐光	变色（深色）	4	4	3
		变色（浅色）	4	3	3

a　水洗后的尺寸变化率、耐皂洗色牢度、拼接互染不考核使用说明中标注不可水洗的产品。干洗后的尺寸变化率、耐干洗色牢度不考核使用说明中标注不可干洗的产品。拼接互染考核不同颜色相拼接的产品。

b　尺寸变化率中，领大只考核关门领。腰圈不考核松紧腰围，褶皱处理或纬向弹性产品不考核横向尺寸变化率。

c　覆黏合衬剥离强力只考核领子和大身部位，且不考核复合、喷涂面料的剥离，非织造布黏合衬如在试验中无法剥离则不考核此项目。

d　蚕丝纤维含量≥50%的织物色牢度允许程度按 GB/T 18132—2016 规定。

任务四　性能检测

知识点一　纺织品耐汗渍色牢度检测

具体检测方法见 GB/T 3922—2013《纺织品　色牢度试验　耐汗渍色牢度》。

知识点二　纺织品耐摩擦色牢度检测

具体检测方法见 GB/T 3920—2008《纺织品　色牢度试验　耐摩擦色牢度》。

知识点三　纺织品接缝处纱线抗滑移性能检测

具体检测方法见 GB/T 13772.1—2008《纺织品　机织物接缝处纱线抗滑移的测定　第1部分：定滑移量法》、GB/T 13772.2—2018《纺织品　机织物接缝处纱线抗滑移的测定　第2部分：定负荷法》、GB/T 13772.3—2008《纺织品　机织物接缝处纱线抗滑移的测定　第3部分：针夹法》及 GB/T 13772.4—2008《纺织品　机织物接缝处纱线抗滑移的测定　第4部分：摩擦法》。

任务五　礼服产品检测报告（表 5-3）

表 5-3　检测报告　　　　报告编号（No.）：

产品名称 Product Name		礼服	检验类别 Test Type	委托检验
样品数量 Sum of Sample		1 件	样品状态 Sample State	符合检验要求
委托单位 Consigner	名称 Name	苏州市晨煊纺织科技有限公司	电话 Telephone	13829023289
	地址 Address	江苏吴汇区盛泽镇西二环路 1188 号	邮编 Postcode	215228
送样日期 Sampling Date		2020 年 6 月 10 日	检验日期 Test Date	2020 年 6 月 15 日
检验项目 Test Items		pH 值、甲醛含量、可分解致癌芳香胺燃料、异味、耐水色牢度、耐酸汗渍色牢度、耐碱汗渍色牢度、耐摩擦色牢度、水洗尺寸变化率、耐皂洗色牢度、耐光色牢度、缝子纰裂程度、撕破强力、洗前起皱级差和洗后外观		
检验依据 Test Basis		FZ/T 81015—2016《婚纱和礼服》 GB 18401—2010《国家纺织产品基本安全技术规范》B 类		

续表

<table>
<tr><td colspan="7">检验结果 Test Results</td></tr>
<tr><td colspan="7">通用技术要求 General Technical Requirements</td></tr>
<tr><td>序号
Ser. #</td><td colspan="2">项目
Item</td><td>测试方法
Test Method</td><td>检测结果
Test Results</td><td>技术要求
Tech. Req.</td><td>结论
Conclusion</td></tr>
<tr><td>1</td><td colspan="2">pH 值</td><td>GB/T 7573—2009</td><td>6. 3</td><td>4. 0~8. 5</td><td>合格</td></tr>
<tr><td>2</td><td colspan="2">甲醛含量/(mg/kg)</td><td>GB/T 2912. 1—2009</td><td>35</td><td>≤75</td><td>合格</td></tr>
<tr><td>3</td><td colspan="2">可分解致癌芳香胺染料/(mg/kg)</td><td>GB/T 17592—2011</td><td>未检出*</td><td>≤20</td><td>合格</td></tr>
<tr><td>4</td><td colspan="2">异味</td><td>GB 18401—2010</td><td>无</td><td>无</td><td>合格</td></tr>
<tr><td rowspan="2">5</td><td rowspan="2">耐酸汗渍色牢度/级</td><td>变色</td><td rowspan="2">GB/T 3922—2013</td><td>3-4</td><td>≥3</td><td rowspan="2">合格</td></tr>
<tr><td>沾色</td><td>3-4</td><td>≥3</td></tr>
<tr><td rowspan="2">6</td><td rowspan="2">耐碱汗渍色牢度/级</td><td>变色</td><td rowspan="2">GB/T 3922—2013</td><td>3-4</td><td>≥3</td><td rowspan="2">合格</td></tr>
<tr><td>沾色</td><td>3-4</td><td>≥3</td></tr>
<tr><td>7</td><td>耐干摩擦色牢度/级</td><td>沾色</td><td>GB/T 3920—2008</td><td>3</td><td>≥3</td><td>合格</td></tr>
<tr><td colspan="7">其他技术要求 Other Technical Requirements</td></tr>
<tr><td rowspan="3">8</td><td rowspan="3">缝子纰裂程度/cm</td><td>后背缝</td><td rowspan="3">GB/T 21294—2014,
9. 2. 1</td><td>0. 3</td><td>≤0. 6</td><td rowspan="3">合格</td></tr>
<tr><td>袖窿缝</td><td>0. 2</td><td>≤0. 6</td></tr>
<tr><td>摆缝</td><td>0. 3</td><td>≤0. 6</td></tr>
<tr><td colspan="7">注　* 可分解致癌芳香胺染料实验室检出限 20mg/kg。</td></tr>
</table>

<table>
<tr><td>贴样</td><td colspan="2"></td></tr>
<tr><td>备注</td><td colspan="2">仅对来样负责
(Only responsible to the submitted samples)</td></tr>
<tr><td>主检
Tested by</td><td></td><td rowspan="4">签发日期 (Date):

年　月　日</td></tr>
<tr><td>制表
Compiled by</td><td></td></tr>
<tr><td>校核
Checked by</td><td></td></tr>
<tr><td>审批
Approved by</td><td></td></tr>
</table>

知识链接一　纺织品检测实验室操作注意事项

一、实验室建设要求

1. **环境条件**

为了保证检验工作正常进行，并确保检测结果的准确性和有效性，根据不同的检测要求对检测设施及环境应加以控制。实验室时常出现需要控制环境条件时，实验室没有对环境条件进行监测和记录的现象。检验过程每个环节，应予有效控制，严格按照有关标准和规范进行。

2. **检验方法**

对实验室的设备应进行科学、有效地管理。本实验室虽然建立有仪器设备的评估、确认、维护、校准等管理制度，但由于种种原因，管理方法流于形式，仪器设备未能得到持续监控，常常出现超期使用的情况，这时出具的检验结果是可疑的。

3. **仪器设备管理**

检验前要对实验人员、环境、材料、设备进行验证，确保其符合预期的要求检验结束后要对检验过程、环境、设备验证，确保检测条件、人员、操作、设备运行、结果判读以及检测数据传输等符合既定要求。目前，由于没有合理安排、有效控制检验过程，本实验室时常出现检验出现异常，或是出现异常未予及时处理的情况，这种情况下的检验质量是无法保证的。

4. **实验材料的管理**

对样品的抽取、收办、分发、保管、贮存、处置和识别各环节实施有效的控制，可以确保样品的代表性、有效性和完整性。本实验室的样品管理存在不少漏洞，管理较为混乱。样品的管理台账不准确，没有做到分类存放，样品上缺乏唯一性标识签，由于样品的交接、分发与管理出现失误而导致检测的误时、误检、漏检，在实验室屡见不鲜。这就检查我们的管理方法是执行问题还是漏洞问题了。

5. **检验结果质量控制**

应建立和实施检测报告的管理程序，加强对结果报告形成的各个环节的控制，确保检验报告准确、清晰地表达检测结果。

二、仪器维护保养

仪器设备是建立纺织品检测实验室的必备硬件，也是影响检测结果的重要因素，因此，确保仪器设备的准确性与稳定性尤为关键。它们作为测试的基本装备，是体现检测实力和水平的标志之一。

仪器设备购置后，应根据供应商提供的安装环境要求，提前确认好设备的安装地点。

仪器设备的维护保养是降低设备故障率、保证仪器设备性能稳定可靠的日常手段。为防止仪器设备的无故损坏，保障仪器设备的使用寿命，首先要建立严格的维护保养机制。一般的维护保养内容包括：更换零配件；按照说明书上的要求，按时注油换油；设备使用结束后认真清理擦拭，杜绝灰尘水汽浸入。

应确保仪器设备安装在符合工作要求的环境里，例如对于温度湿度有限制的红外光谱仪要放置在恒温恒湿环境内，对振动非常敏感的扫描电子显微镜应安装在建筑物一层，经常与强酸打交道、容易被锈蚀的水浴振荡器要放置在通风橱里。要做好仪器设备的防潮、防尘、防震等工作，避免损害设备，影响精度。在设备使用过程中，应对工作水源、电源、气源的状况多加注意，并在使用结束后及时关闭。完成维护保养工作后应及时填写维护保养记录，定期维护保养可以保证仪器设备正常运转，并有助于延长设备的使用寿命。

知识连接二　纺织品检测实验室常用标识

样品管理是实验室管理的一项重要内容，选择科学、有效的样品标识表示形式可以提升样品管理水平，提高检测工作效率，确保样品管理的可靠性和准确性。实现高效、便捷的样品管理，建立科学的样品标识系统是核心和关键，它为每个样品赋予识别和记录的唯一标记，也就是样品的身份证明。有了科学的标识管理，样品不容易混乱出错。

一、实验室标识的重要性

（一）实验室安全标识

安全标识是最直观、最快捷、最有效的提示方法和手段之一。在实验室中，它不仅对实验人员起到了警示、提醒的作用，可以强化操作者对实验风险的防范意识，为实验员的安全提供了最直接最有效的保障。实验室安全标识的应用是新形势发展的需要，通过规范实验室安全标识可完善安全管理系统，不仅体现了“以人为本”的原则，而且最大程度上避免了实验室安全事故的发生。近年来，高校实验室无论在数量、设备种类还是规模上都在不断扩大，实验教学的任务亦日趋繁重，实验室的利用率较高但也存在安全管理风险问题，从不少高校实验室爆炸、火灾、有毒气体泄漏等事故中不难发现，在培养学生能力的同时，实验室安全管理同样重要，没有好的实验安全环境就无法保障实验教学顺利进行。

高校实验室是学校实践教学的重要场所，实验室安全与否会对科研与实践教学产生重要的影响。建立完善的实验室配置是实验室安全运作的重要保证，高校需要在完全满足国家安全标准的基础上加强对实验室配置的投入。各实验室根据学科特点进行科学化规范化布局，配备相应的安全设备，比如门禁、烟雾报警、有毒药品存储柜、废弃物分类区间等，配备灭火器，在明显区域设置安全出口标志等，对电气线路进行绝缘安装等，最大化保证实验室基础设施配备完整。图 5-2 为常见实验室安全标识。

图 5-2　常见实验室安全标识

（二）样品标识的重要性

样品的代表性、有效性和完整性将直接影响检测结果的准确度，因此必须对样品的取样、贮存、识别以及样品的处置等各个环节实施有效的控制，确保检验结果准确、可靠。并做好样品的保密与安全工作。

标识是信息传递的一种重要的手段，例如：对于有追溯性要求的要素，须有唯一性的标识以便于追溯；对受控对象加以标识可使受控的状态明确；为使环境物品整洁有序，提高工作效率，减少差错，可进行定置标识；危险标识、操作禁示等使员工能正规操作，避免危险等。规范、科学的标识是质量体系安全、高效、经济运转的前提条件。

二、样品标识的功能

（一）样品的标识系统

样品标识是在检测过程中识别和记录样品的唯一标记，是样品管理的关键环节，必不可少。一是区分物类，避免混淆，尤其是同一类物品的混淆；二是表明检测状态，确定已检、未检、在检、留样；三是表明样品的细分，保证分样、子样、附件的一致；四是保证样品传递过程中不发生混淆。通过样品的标识能够保证样品的唯一性和可追溯性，确保样品及所涉及的记录和文件中不发生任何混淆。

（二）标识管理的优点

（1）标识管理是以人为本的管理方法，可使工作人员在短时间内知道程序的要求。

（2）标识形象直观，容易认读和识别，简化管理，使工作有序，减少差错，有利于降低管理成本，提高工作效率。

（3）标识可作为证据或依据，标识管理是源头管理，完整规范的标识是实现追溯的手段。

（4）标识管理透明度高，为相视管理、自主管理创造了条件，便于现场人员默契配合、互相监督，发挥激励作用。

（5）标识具有安全保障作用。

三、样品的标识

为使检测样品在运输、接收、处置、保护、存储、保管和清理的各个环节中，保证检测样品的完整性，防止不同样品和不同检测状态样品不发生混淆的现象，并保护实验室和客户利益，检测实验室需加强对样品标识的管理。样品区分识别号可贴在样品上或贴（写）在样品包装物上。识别号由收样部门统一编排。

（1）唯一性标识。样品的识别包括不同样品的区分识别和样品不同检测状态的识别。是每个样品在检测过程中识别和记录的唯一的标记。

（2）状态标识。样品所处的检测状态，用“待检”“在检”“已检”和“留样”标签加以识别，如图 5-3 所示。

（3）群组标识。对于成组或成套的检测样品进行标识系统管，属于同批的组成样品，该批样品应有同一编号，并对个体再细分编序号；如样品的附件，则附件与主体必须采用同一编号，并注明每一附件序号。

（4）传递标识。是保持样品的流转记录。

（5）用表格形式表示被测样品的标识系统，见表 5-4。

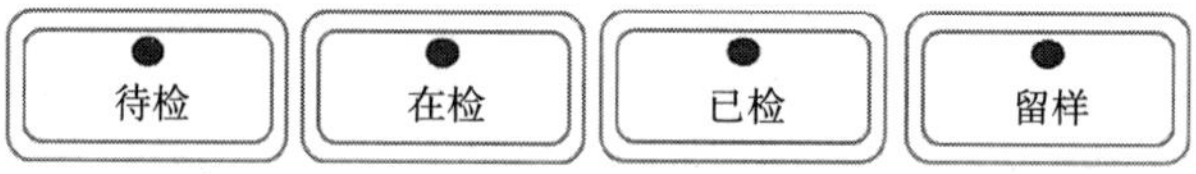

图 5-3　样品检测状态标签

表 5-4　被测样品的标识记录表

试验类别	
试验编号	
接样日期	
检测项目	
检测状态	□待检　□在检　□已检　□留样

注　使用在方框内打“√”方式标识传递标识。

样品在不同的检测状态，或样品的接收、制备、流转、贮存和处置等阶段，应根据样品的不同特点和不同要求，如样品的物理状态、样品的备样要求（如分样或混样）、复检样要求、样品形状的大小、样品制备、加工及分解要求、样品的包装状态和其他有特殊要求的样品，根据检测活动的具体情况，做好样品标识的转移工作，以保持清晰的样品识别号，保证各检测室内样品编号方式的唯一性和必要时的可追溯性。

拓展练习　风衣综合检测任务实施

【项目导入】

江苏盛虹纺织品检测中心有限公司与客户苏州市晨煊纺织科技有限公司签订合同，针对客户提供的运动服产品的相关性能进行检测，对其产品质量给出评价。检测公司在接到该订单后，为了更加准确有效地完成合同，将不同性能检测任务分发给各部门，最终汇总形成一份完整的风衣产品检测报告。

【课程思政目标】

（1）学生在专业课学习过程中认识到中国企业心无旁骛做实业、一路向上做强民族工业的使命担当。

（2）通过企业的真实纺织品检测案例，培养学生坚守初心的职业精神。

【学习目标】

（1）根据客户要求进行任务分解。

（2）运用纺织品检测知识，熟练掌握风衣产品的相关检测。

（3）对测试结果能够进行正确表达和评价。

（4）具备分析影响测试结果准确性的能力。

【能力目标】

（1）具备风衣产品综合检测能力。

（2）检测标准的选择和应用。

【素养目标】

（1）培养学生具有良好的职业道德和职业素养。

（2）培养学生团队合作精神和创新精神。

【知识点】

风衣产品的技术要求、检测任务实施、报告编写等。

【技能点】

（1）测试标准的选择与解读。

（2）检测方法的学习和使用。

（3）样品的制备、测试、数据分析。

（4）测试报告的填写。

任务一　企业测试任务单填写

江苏盛虹纺织品检测中心有限公司

TEXTILE TESTING APPLICATION（纺织品测试申请表）

SHWS-4. 1-2-01　Form No.（编号）SH-WS 4042719

Invoice Information（开票信息）：________________

Applicant Name（申请公司名称）：________________

Address（地址）：________________

Contact Person（联系人）：________　Telephone（电话）：________　Fax（传真）：________

Buyer（买家）：________　Order No.（订单号）：________　Style（款号）：________

Sample Description（样品描述）：________________

Brand Standard（品牌标准）：☐ Marks & Spencer　☐李宁　☐安踏　☐美邦　☐森马　☐以纯　☐利郎　☐其他____

Requirement Grade（要求等级）：☐优等品　☐一等品　☐合格品

Standards/Methods Used（采用标准/方法）：☐ ISO　☐ AATCC/ASTM　☐ JIS　☐ JB　☐ FZ/T　☐ Other____

Sample No.（样品编号）：________________　Sample Quantity（样品数量）：________________

Test Required（测试项目）：________________

Dimensional Stability/尺寸稳定性	Method/方法	Physical/物理性能	Method/方法
☐ Washing/水洗	________	☐ Tensile Strength/断裂程度	________
☐ Dry Heat/干热	________	☐ Tear Strength/撕裂程度	________
☐ Steam/汽蒸	________	☐ Seam Slippage/接缝滑落	________
Colour Fastness/色牢度		☑ Seam Strength/接缝强度	________
☐ Washing/水洗	________	☐ Bursting Strength/顶破/胀破程度	________
☐ Dry-cleaning/干洗	________	☑ Pilling Resistance/起毛起球	________
☐ Rubbing/摩擦	________	☐ Abrasion Resistance/耐磨性	________
☐ Light/光照	________	☐ Yarn Count/纱线密度	________
☐ Perspiration/汗渍	________	☐ Fabric weight/织物克重	________
☐ Water/水渍	________	☐ Threads Per Unit Length/织物密度	________
☐ Chlorinated Water/氯化水	________	☐ Flammability/燃烧性能	________
☐ Chlorine Bleach/氯漂	________	☐ Washing Appearance/洗后外观	________
☐ Non-Chlorine Bleach/非氯漂	________	☐ Down Proof/防沾绒	________
Functional/功能性		Chemical/化学性能	
☐ Spray Rating/泼水		☐ Fibre Content/成分分析	
☐ Rain Test/雨淋	________	☑ pH Value/pH 值	________
☑ Hydrostatic Pressure Test/静水压		☑ Formaldehyde Content/甲醛	
☐ Air Permeability/透气性	________	☑ Azo Test/偶氮染料	________
☑ Water Vapour Permeability/透湿性		☑ Heavy Metal/重金属	
☐ Ultraviolet/抗紫外线	________	☐国家纺织产品基本安全技术规范	GB 18401—2010
☐ Chromaticity/荧光度	________	Other Testing（其他）________	

Working Days（工作日）________天　　报告传递方式：☐自取　☐邮寄　☐短信　☐邮件

Return Remained Sample（剩余样品是否归还）：☐ Yes（是）　☐ No（否）　Expense（费用）：________

Report（报告）：☐ Chinese Report（中文报告）　☐ English Report（英文报告）

Authorized Signature（申请人签名）：________________　Date（日期）：________________

Received Signature（接收人签名）：________________　Date（日期）：________________

吴江盛泽镇西二环路 1188 号　邮政编码：215228　No. 1188Xierhuan Road, Shengze, Wujiang　Post Code：215228

Tel：+86-0512-63525197　Fax：+86-0512-63525390　E-mail：jczx@ shgroup. cn

任务二　测试任务实施

实验室在接收到客户的检测委托单后，会经过“样品接单”“任务分解（图 5-4）”“样品准备”“样品测试”“原始记录汇总”“报告编制”“发送客户”等七个步骤。

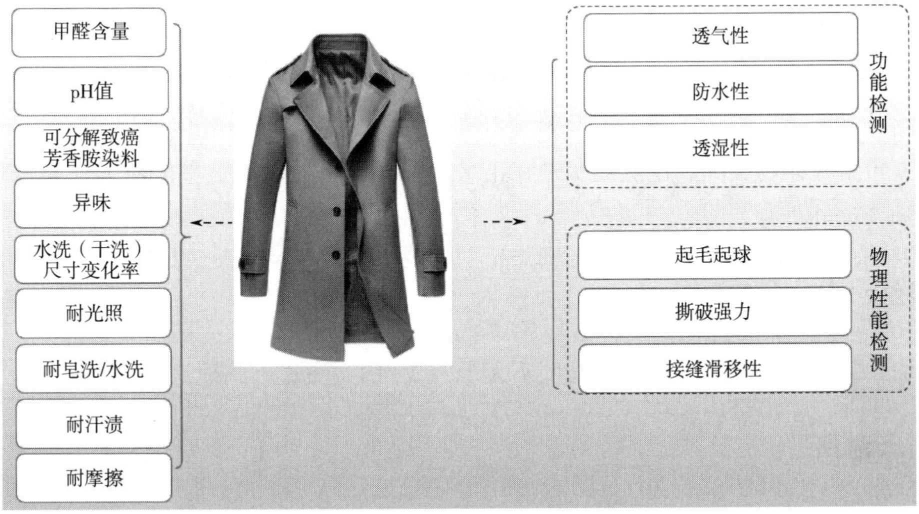

图 5-4　风衣产品测试任务分解

任务三　风衣产品技术要求

依据国家针对风衣的检测标准进行技术要求分析，标准为 FZ/T 81010—2018《风衣/Trench coats》。

一、使用说明

成品使用说明按 GB 5296.4—2012 和 GB 31701—2015 的规定执行。

二、号型规格

（1）号型设置按 GB/T 1335.2—2008 和 GB/T 1335.3—2009 规定。

（2）主要部位规格按 GB/T 1335.2—2008 有关规定自行设计。

三、原材料

1. 面料

按有关纺织面料标准选用符合本标准质量要求的面料。

2. **里料**

采用与所用面料相适宜并符合本标准质量要求的里料。

3. **辅料**

（1）衬布、垫肩、装饰花边、袋布。采用与所用面料、里料的性能相适宜的衬布、垫肩、装饰花边、袋布，其质量应符合本标准规定。

（2）缝线、绳带、松紧带。采用与所用面料、里料、辅料的性能相适宜的缝线、绳带、松紧带（装饰线、带除外）。

（3）纽扣及其他附件。采用适合所用面料的纽扣（装饰扣除外）及其他附件。纽扣、装饰扣及其他附件应表面光洁、无毛刺、无缺损、无残疵、无可触及锐利尖端和锐利边缘。

注：可触及锐利尖端和锐利边缘是在正常穿着条件下，成品上可能对人体皮肤造成伤害的锐利边缘和尖端。

四、经纬纱向

领面、后身、袖子的纱线歪斜程度不大于3%，前身底边不倒翘。

五、对条对格

（1）面料有明显条格在1.0cm及以上的按表5-5规定。

表5-5　对条对格规定　　单位：cm

部位名称	对条对格规定	备注
左右前身	条料对条、格料对横，左右对称，互差不大于0.3	—
袋与前身	条料对条、格料对格，互差不大于0.2，斜料贴袋左右对称，互差不大于0.5	格子不大不一致，以袋前都的中心为准
袖与前身	袖肘线以上与前身格料对横，互差不大于0.5	—
袖缝	袖肘线以下，前后袖缝格料对横，互差不大于0.3	—
背缝	条料对条、格料对格，互差不大于0.2	—
领子、驳头	条格左右对称，互差不大于0.3	阴阳条格以明显条格为主
摆缝	格料对横，袖窿以下10.0处，互差不大于0.4	—
袖子	条格顺直对称，以袖山为准，两袖对称，互差不大于0.5	—
后过肩	条料顺直，两头对比互差不大于0.4	—

注　1. 有颜色循环的条、格按循环对条对格。
　　2. 特殊设计除外。

（2）面料有明显条，格为 0.5～1.0cm，袋与前身条料对条，格料对格，互差不大于 0.2cm。

（3）倒顺毛、阴阳格面料，全身顺向一致。

（4）特殊图案面料以主图为准，全身顺向一致。

六、色差

（1）成品的领面、驳头，前披肩与前身色差高于 4 级，其他表面部位色差不低于 4 级。

（2）里料色差不低于 3–4 级。

七、缝制

（1）针距密度按表 5–6 规定，特殊设计除外。

表 5–6　针距密度

项目		针距密度	备注
明暗线		不少于 12 针/3cm	特殊需要除外
包缝线		不少于 11 针/3cm	—
手工针		不少于 7 针/3cm	肩缝、袖窿、领子不低于 9 针/3cm
三角针		不少于 5 针/3cm	以单面计算
锁眼	细线	不少于 12 针/cm	机锁眼
	粗线	不少于 9 针/cm	手工锁眼

（2）各部位的缝份不小于 0.8cm（领、袋，门襟、止口等特殊部位除外）；缝纫线迹顺直，整齐、平服、牢固；上下线松紧适宜，无跳线、断线，起止针处回针牢固。

（3）袖、袖头、口袋、衣片、帽子等缝合部位对称、平整、无歪斜。主要表面部位缝制皱缩按《男西服外观起皱样照》规定，不低于 4 级。

（4）绱领端正，领子平服，领面松紧适宜，不反翘。

（5）绱袖圆顺，两袖前后基本一致。

（6）滚条、压条应平服，宽窄应一致；活里子缝份应包缝。

（7）袋布的垫料应折光边或包缝。

（8）袋口两端牢固，可采用套结机或平缝机回针。

（9）袖窿、袖缝、摆缝，底边、袖口、挂面里口等部位叠针牢固。

（10）锁眼定位准确，大小适宜，扣与眼对位，整齐牢固。纽脚高低适宜，线结不外露。

（11）对称部位基本一致。

（12）商标和耐久性标签位置端正、平服。

（13）成品各部位缝纫线迹 30cm 内不得有连续跳针或一处以上单跳针，链式线迹不允许跳线。

八、规格尺寸允许偏差

成品主要部位规格尺寸允许偏差按表 5-7 规定。

表 5-7　规格尺寸允许偏差

部位名称		规格尺寸允许偏差（cm）
衣长		±1.5
胸围		±2.0
领大（关门领）		±0.7
总肩宽		±0.8
袖长	圆袖	±0.8
	连肩袖	±1.0

九、整烫

（1）各部位熨烫平服、整洁，无烫黄、水渍及亮光。

（2）覆黏合衬部位不允许有脱胶，渗胶、起皱及起泡，各部位表面不允许有沾胶。

十、理化性能

成品理化性能按表 5-8 规定，其中，3 岁以上至 14 岁儿童穿着服装的安全性能还应同时符合 GB 31701—2015 的规定。

表 5-8　成品理化性能

<table>
<tr><td rowspan="2" colspan="2">项目</td><td colspan="3">分等要求</td></tr>
<tr><td>优等品</td><td>一等品</td><td>合格品</td></tr>
<tr><td colspan="2">纤维含量/%</td><td colspan="3">符合 GB/T 29862—2013 规定</td></tr>
<tr><td colspan="2">甲醛含量/(mg/kg)</td><td rowspan="4" colspan="3">符合 GB 18401—2010 中规定</td></tr>
<tr><td colspan="2">pH 值</td></tr>
<tr><td colspan="2">可分解致癌芳香胺染料/(mg/kg)</td></tr>
<tr><td colspan="2">异味</td></tr>
<tr><td rowspan="3">水洗（干洗）尺寸变化率/%</td><td>领大</td><td colspan="2">-1.0</td><td>-1.5</td></tr>
<tr><td>衣长</td><td>-1.5</td><td>-2.5</td><td>-3.0</td></tr>
<tr><td>胸围</td><td>-1.0</td><td>-2.0</td><td>-2.5</td></tr>
</table>

续表

项目			分等要求		
			优等品	一等品	合格品
面料色牢度/级 ≥	耐皂洗	变色	4	3-4	3
		沾色	4	3-4	3
	耐干洗	变色	4-5	4	3-4
		沾色	4-5	4	3-4
	耐干摩擦	沾色	4	3-4	3
	耐湿摩擦	沾色	3-4	3	3（深色 2-3）
	耐光	变色	4	4（浅色 3）	3
	耐汗渍	变色	4	3-4	3
		沾色	4	3-4	3
	耐水	变色	4	3-4	3
		沾色	4	3-4	3
	耐热压	变色	4	3-4	3
		沾色	4	3-4	3
	拼接互染程度	沾色	4		
里料色牢度/级 ≥	耐皂洗	变色	3		
		沾色	3		
	耐水	变色	3		
		沾色	3		
	耐汗渍	变色	3		
		沾色	3		
	耐干摩擦		3		
面料起球/级　≥		光面	4	3-4	
		绒面	3-4	3	
接缝性能/cm　≤			0.6		
覆黏合衬剥离强力/N　≥			6		
撕破强度/N　≥			10		
洗后外观			样品经洗涤（包括水洗、干洗）后应符合 GB/T 21295—2014 外观质量的规定		

注　按 GB/T 4841.3—2006 规定，颜色深于 1/12 染料染色标准深度色卡为深色，颜色不深于 1/12 染料染色标准深度为浅色。

缝子纰裂程度试验结果出现滑脱、织物断裂、缝线断裂判定为不符合要求。

十一、功能性

产品功能性要求按表 5-9 规定，产品洗前及洗后均应满足相应性能要求。

表 5-9　产品功能性要求

<table>
<tr><th colspan="3" rowspan="2">检验项目</th><th colspan="3">技术指标</th></tr>
<tr><th>优等品</th><th>一等品</th><th>合格品</th></tr>
<tr><td>防风性</td><td colspan="2">透气率/(mm/s)　≤</td><td colspan="3">50</td></tr>
<tr><td rowspan="3">防水性</td><td rowspan="2">耐静水压性能/kPa
≥</td><td>面料</td><td>50</td><td>35</td><td>20</td></tr>
<tr><td>接缝处</td><td>35</td><td colspan="2">20</td></tr>
<tr><td colspan="2">沾水等级/级　≥</td><td colspan="3">4</td></tr>
<tr><td>透湿性</td><td colspan="2">透湿率/[g/(m^2·24h)]</td><td colspan="3">5000</td></tr>
</table>

任务四　性能测试

知识点一　纺织品耐汗渍色牢度检测

具体检测方法见 GB/T 3922—2013《纺织品　色牢度试验　耐汗渍色牢度》。

知识点二　纺织品耐摩擦色牢度检测

具体检测方法见 GB/T 3920—2008《纺织品　色牢度试验　耐摩擦色牢度》。

知识点三　纺织品接缝处纱线抗滑移性能检测

具体检测方法见 GB/T 13772. 1—2008《纺织品　机织物接缝处纱线抗滑移的测定　第 1 部分：定滑移量法》、GB/T 13772. 2—2018《纺织品　机织物接缝处纱线抗滑移的测定　第 2 部分：定负荷法》、GB/T 13772. 3—2008《纺织品　机织物接缝处纱线抗滑移的测定　第 3 部分：针夹法》及 GB/T 13772. 4—2008《纺织品　机织物接缝处纱线抗滑移的测定　第 4 部分：摩擦法》。

知识点四　纺织品透气性检测

具体检测方法见 GB/T 5453—1997《纺织品　织物透气性的测定》。

知识点五　纺织品防水性检测

具体检测方法见 GB/T 4744—2013《纺织品　防水性能的检测和评价　静水压法》和 GB/T 4745—2012《纺织品　防水性能的检测和评价　沾水法》。

知识点六　纺织品透湿性检测

具体检测方法见 GB/T 12704.1—2009《纺织品　织物透湿性试验方法　第 1 部分：吸湿法》和 GB/T 12704.2—2009《纺织品　织物透湿性试验方法　第 2 部分：蒸发法》。

任务五　风衣类产品检测报告（表 5-10）

表 5-10　检测报告　　　　报告编号（No.）：

<table>
<tr><td colspan="2">产品名称
Product Name</td><td>风衣</td><td>检验类别
Test Type</td><td>委托检验</td></tr>
<tr><td colspan="2">样品数量
Sum of Sample</td><td>1 套</td><td>样品状态
Sample State</td><td>符合检验要求</td></tr>
<tr><td rowspan="2">委托单位
Consigner</td><td>名称
Name</td><td>苏州市晨煊纺织
科技有限公司</td><td>电话
Telephone</td><td>13829023289</td></tr>
<tr><td>地址
Address</td><td>江苏吴江区盛泽镇
西二环路 1188 号</td><td>邮编
Postcode</td><td>215228</td></tr>
<tr><td colspan="2">送样日期
Sampling Date</td><td>2021 年 5 月 20 日</td><td>检验日期
Test Date</td><td>2021 年 5 月 22 日</td></tr>
<tr><td colspan="2">检验项目
Test Items</td><td colspan="3">纤维含量、pH 值、甲醛含量、可分解致癌芳香胺燃料、异味、耐水色牢度、耐酸汗渍色牢度、耐碱汗渍色牢度、耐摩擦色牢度、耐皂洗色牢度、耐光色牢度、水洗尺寸变化率、起毛起球、接缝处纱线抗滑移、透气性、防水性、透湿性</td></tr>
<tr><td colspan="2">检验依据
Test Basis</td><td colspan="3">GB 18401—2010《国家纺织产品基本安全技术规范》B 类
FZ/T 81010—2018《风衣》</td></tr>
</table>

<table>
<tr><td colspan="7">检验结果 Test Results</td></tr>
<tr><td colspan="7">通用技术要求 General Technical Requirements</td></tr>
<tr><td>序号
Ser. #</td><td colspan="2">项目
Item</td><td>测试方法
Test Method</td><td>检测结果
Test Results</td><td>技术要求
Tech. Req.</td><td>结论
Conclusion</td></tr>
<tr><td>1</td><td colspan="2">pH 值</td><td>GB/T 7573—2009</td><td>6.3</td><td>4.0~8.5</td><td>合格</td></tr>
<tr><td>2</td><td colspan="2">甲醛含量/(mg/kg)</td><td>GB/T 2912.1—2009</td><td>35</td><td>≤75</td><td>合格</td></tr>
<tr><td>3</td><td colspan="2">可分解致癌芳香胺染料/(mg/kg)</td><td>GB/T 17592—2011</td><td>未检出*</td><td>≤20</td><td>合格</td></tr>
<tr><td>4</td><td colspan="2">异味</td><td>GB 18401—2010</td><td>无</td><td>无</td><td>合格</td></tr>
<tr><td rowspan="2">5</td><td rowspan="2">耐水色牢度/级</td><td>变色</td><td rowspan="2">GB/T 5713—2013</td><td>4</td><td>≥3</td><td rowspan="2">合格</td></tr>
<tr><td>沾色</td><td>4</td><td>≥3</td></tr>
<tr><td rowspan="2">6</td><td rowspan="2">耐酸汗渍色牢度/级</td><td>变色</td><td rowspan="2">GB/T 3922—2013</td><td>3-4</td><td>≥3</td><td rowspan="2">合格</td></tr>
<tr><td>沾色</td><td>3-4</td><td>≥3</td></tr>
</table>

续表

序号 Ser. #	项目 Item		测试方法 Test Method	检测结果 Test Results	技术要求 Tech. Req.	结论 Conclusion
7	耐碱汗渍色牢度/级	变色	GB/T 3922—2013	3-4	≥3	合格
		沾色		3-4	≥3	
8	耐干摩擦色牢度/级	沾色	GB/T 3920—2008	3	≥3	合格
其他技术要求 Other Technical Requirements						
9	耐水洗尺寸变化率/%	领大	GB/T 8629—2017，4N，晾干	-0.5	≥-1.5	合格
		胸围		-0.5	≥-2.5	
		衣长		-1.0	≥-3.0	
10	耐皂洗色牢度/级	变色	GB/T 3921—2008，A1	3-4	≥3	合格
		沾色		3-4	≥3	
11	耐湿摩擦色牢度/级	沾色	GB/T 3920—2008	3-4	≥3	合格
12	耐光色牢度/级	变色	GB/T 8427—2019	2-3	≥3	不合格
13	耐拼接互染色牢度/级	沾色	GB/T 31127—2014	3-4	≥4	不合格
14	起毛起球/级		GB/T 4802.1—2008	3-4	≥3	合格
15	缝子纰裂/cm		GB/T 21294—2014，9.2.1	侧缝：0.4 袖缝：0.3	≥0.6	合格
注　* 可分解致癌芳香胺染料实验室检出限 20mg/kg。						
贴样						
备注	仅对来样负责 (Only responsible to the submitted samples)					
主检 Tested by			签发日期（Date）： 年　月　日			

参考文献

［1］姚穆．纺织材料学［M］．3版．北京：中国纺织出版社，2009.

［2］于伟东．纺织材料学［M］．北京：中国纺织出版社，2006.

［3］李南．纺织品检测实训［M］．北京：中国纺织出版社，2010.

［4］翁毅．纺织品检测实务［M］．北京：中国纺织出版社，2018.

［5］姜怀．纺织材料学［M］．北京：中国纺织出版社，2003.

［6］田话．纺织品检验［M］．北京：中国纺织出版社，2006.

［7］张海霞．纺织品检测技术［M］．上海：东华大学出版社，2021.

［8］赵云国．纺织品性能与检测［M］．北京：中国纺织出版社，2019.

［9］范尧明．纺织品检测［M］．北京：中国纺织出版社，2014.

［10］杨慧彤，林丽霞．纺织品检测实务［M］．上海：东华大学出版社，2016.